计算机硬件维修丛书

电脑组装与维修实战

张 军 等编著

机 械 工 业 出 版 社

本书由资深计算机硬件工程师精心编写，重点讲解了电脑的结构、电脑配件的选购、电脑组装实战、最新 UEFI BIOS 的设置与升级、硬盘分区技术、安装快速启动的 Windows 8/10 系统、电脑驱动程序的安装及设置、电脑上网及组建家庭小型局域网、提高 Windows 运行速度、系统备份与还原、数据恢复、电脑安全加密、Windows PE 启动盘的制作与应用、电脑故障分析和诊断方法，以及 Windows 系统启动与关机故障、电脑系统死机和蓝屏故障、Windows 系统错误故障、网络故障、电脑不开机/不启动故障、CPU 故障、内存故障、硬盘故障、显卡故障、U 盘故障、鼠标/键盘故障的维修实战。

本书每一章都配备储备知识和多个实战案例，其中，储备知识部分以问答形式编写，实战案例部分以任务为导向，采用图解的方式进行讲解。这样可以避免纯理论讲解，提高书籍的实用性和阅读性，使读者不但可以掌握电脑故障的维修方法，而且可以从大量的故障维修实战案例中积累维修经验，提高实战技能。

本书内容由浅入深、案例丰富、图文并茂、易学实用，不仅可以作为从事电脑组装与维修工作的专业人员的使用手册，而且可以作为普通电脑用户或办公室人员进行电脑维护的指导用书，同时也可作为中专及大专院校的参考书使用。

图书在版编目（CIP）数据

电脑组装与维修实战/张军等编著 . —北京：机械工业出版社，2017. 10
（计算机硬件维修丛书）
ISBN 978-7-111-58316-5

Ⅰ. ①电… Ⅱ. ①张… Ⅲ. ①电子计算机 - 组装 ②计算机维护 Ⅳ. ①TP30

中国版本图书馆 CIP 数据核字（2017）第 253796 号

机械工业出版社（北京市百万庄大街 22 号 邮政编码 100037）
策划编辑：王海霞 责任编辑：王海霞
责任校对：张艳霞 责任印制：张 博
三河市国英印务有限公司印刷

2017 年 11 月第 1 版·第 1 次印刷
184mm×260mm·24.5 印张·587 千字
0001 - 4000 册
标准书号：ISBN 978-7-111-58316-5
定价：79.90 元

前　言

《电脑组装与维修实战》一书每一章都配备储备知识和多个实战案例，其中，储备知识部分以问答形式编写，实战案例部分以任务为导向，采用图解的方式进行讲解。这样可以避免纯理论讲解，提高书籍的实用性和阅读性，使读者不但可以掌握电脑故障的维修方法，还可以从大量的故障维修实战案例中积累维修经验，提高实战技能。

本书写作目的

作为一名电脑维修从业人员，笔者发现很多用户在遇到一些非常简单的电脑故障时却手足无措，比如键盘和鼠标接口插反了，就送到店里来维修。再比如，用户以为显卡"坏"了，买了新的显卡，但经过检测发现是显卡驱动程序的问题，显卡本身并没问题。编写本书的目的在于让读者了解电脑的维护及维修方法，掌握电脑故障的基本处理技能，而不必"病急乱投医"。

本书主要内容

本书内容分为 26 章，内容包括：

（1）电脑的结构；（2）电脑配件的选购；（3）电脑组装实战；（4）最新 UEFI BIOS 的设置与升级；（5）硬盘分区技术；（6）安装快速启动的 Windows 8/10 系统；（7）电脑硬件驱动程序的安装及设置；（8）电脑上网及组建家庭小型局域网；（9）提高 Windows 运行速度；（10）系统备份与还原；（11）数据恢复；（12）电脑安全加密；（13）Windows PE 启动盘的制作与应用；（14）电脑故障分析和诊断方法；（15）Windows 系统启动与关机故障维修实战；（16）电脑死机和蓝屏故障维修实战；（17）Windows 系统错误故障维修实战；（18）网络故障维修实战；（19）电脑不开机/不启动故障维修实战；（20）CPU 故障维修实战；（21）主板故障维修实战；（22）内存故障维修实战；（23）硬盘故障维修实战；（24）显卡故障维修实战；（25）U 盘故障维修实战；（26）鼠标/键盘故障维修实战。

本书特色

1. 知行合一

本书采用"知识储备 + 实战"的模式进行展开，每一章都以一种硬件为主题整理了必备的理论知识和实战案例，读者可以根据故障部位进行选择性阅读。知识讲解部分采用问答形式进行编写，提高可读性；实战案例部分又融合了理论知识，理论和实践融会贯通。

2. 思路清晰

笔者针对各种电脑硬件故障总结了诊断方法和思路，这些故障诊断方法和思路凝聚了笔者多年的实战经验，读者可以在遇到问题时根据提供的诊断方法和思路"抽丝剥茧"，找到问题所在，也可以查找实战案例，寻求解决办法。

3. 实操图解

本书实战案例以电脑实操为背景，以大量实操图片配合文字讲解，系统地讲解各种电脑应用及维修技能，既生动形象，又简单易懂，让读者一看就懂。

本书适合的阅读群体

本书适合以下几类读者阅读：

- 从事电脑组装与维护工作的专业人员；
- 普通电脑用户；
- 企业中负责电脑维护的工作人员；
- 大、中专院校相关专业及培训机构的师生。

除署名作者外，参加本书编写的人员还有王红明、马广明、丁凤、韩佶洋、多国华、多国明、李传波、杨辉、贺鹏、连俊英、孙丽萍、张宝利、高宏泽、王伟伟、刘冲、丁珊珊、尹学凤、刘继任、屈晓强、韩海英、程金伟、陶晶、高红军、付新起、多孟琦、韩琴、尹腾蛟、田宏强、齐叶红、王红军等。

由于作者水平有限，书中难免出现遗漏和不足之处，恳请社会业界同人及读者朋友提出宝贵意见和真诚的批评。

编著者

目　　录

第 1 章

电脑的结构

学习目标

1. 掌握电脑软件系统和硬件系统的组成结构
2. 认识电脑主机中的各个部件，并了解其作用
3. 了解 ATX 电源各种颜色线的功能
4. 了解电脑启动过程
5. 掌握查看电脑主要硬件信息的方法

学习效果

想掌握电脑的维修技术，首先需要了解电脑的内部结构，各个部件的工作特性，以及电脑的启动原理。这样才能在判断电脑故障时，做到心中有数，迅速找到故障点。本章将讲解这些重要内容。

1.1 知识储备

要组装一台可以使用的电脑，首先要解决的问题是如何将诸多配件和连线顺利地连接起来？为了完成这个任务，就必须深入认识电脑的结构，了解电脑各个部件的结构。

▦ 1.1.1 多媒体电脑的组成

▣ 问答1：你知道多媒体电脑都由什么部件组成吗？

目前，人们日常使用的电脑主要包括台式电脑和笔记本电脑。电脑主要由硬件和软件组成。这里的"硬件"指的是电脑的物理部件，包括显示器、键盘、鼠标、主机等，如图1-1

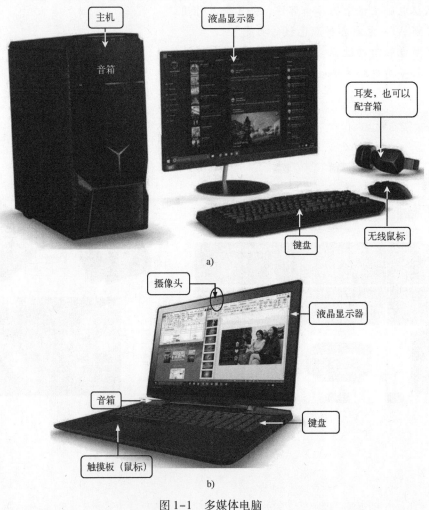

图1-1 多媒体电脑

a）台式电脑 b）笔记本电脑

所示；软件指的是指导硬件完成任务的一系列程序指令，即用来管理和操作硬件的软件，如 Windows 10、办公软件、浏览器、游戏等。

多媒体电脑除包括液晶显示器、主机、键盘、鼠标等主要部件外，还包括摄像头、打印机、音箱或耳麦等部件。启动电脑后，用户可以看到电脑中安装的操作系统、应用软件（办公软件、工具软件等）、游戏软件等。

问答 2：电脑的软件系统是什么?

软件系统由操作系统软件及应用软件组成，它是电脑系统所使用的各种程序的总称。软件的主体存储在外存储器（硬盘）中，用户通过软件系统对电脑进行控制并与电脑系统进行信息交换，使电脑按照用户的意图完成预定的任务。

软件系统和硬件系统共同构成电脑系统，两者是相辅相成、缺一不可的。电脑要执行任务，软件需要通过硬件进行四项基本功能：输入、处理、存储和输出，同时，在硬件部件之间传递数据和指令，如图 1-2 所示。

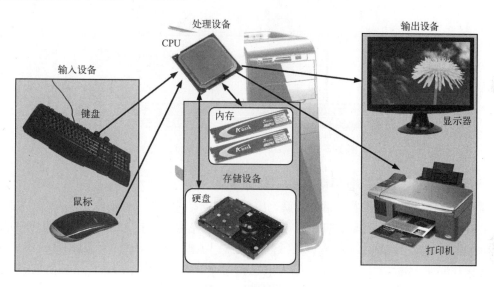

图 1-2　电脑的运行

软件系统一般分为操作系统和应用软件两大类。

（1）操作系统

操作系统主要负责管理电脑硬件与电脑软件资源，它是电脑系统的核心与基石。操作系统身负诸如管理与配置内部存储器、决定系统资源供需的优先次序、控制输入与输出装置、操作网络、管理文件系统等基本事务。操作系统还提供一个让用户与系统互动的操作接口。如图 1-3 所示为操作系统与硬件及应用程序软件的关系。

常用的操作系统有 Windows 10 操作系统、Linux 操作系统、UNIX 操作系统、服务器操作系统等。

（2）应用软件

应用软件是用各种程序设计语言编制的应用程序的集合。应用软件是为满足用户不同领域、不同问题的应用需求而提供的那部分软件。它可以拓宽电脑系统的应用领域，扩展硬件的功能，如 Office 办公软件、WPS 办公软件、视频播放软件、图像处理软件、网页制作软件、游戏、杀毒软件等。

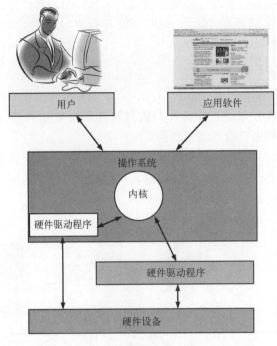

图 1-3　操作系统与硬件及应用软件的关系

问答 3：电脑硬件系统各部件的作用是什么？

所谓硬件，是指电脑的物理部件，就是用手能摸得着的实物。电脑的硬件系统通常由显示器、主机、键盘、鼠标、音箱、打印机等组成。其中，显示器的主要作用是把电脑处理完的结果显示出来，目前主流的显示器是 LED 液晶显示器；主机是电脑的核心，其内部安装了主板、CPU 等核心部件；键盘和鼠标是用来输入信息和指挥电脑主机工作的；音箱是播放声音的部件；打印机可以把电脑中的文字和图片打印到纸上。各个部件的具体作用如图 1-4 所示。

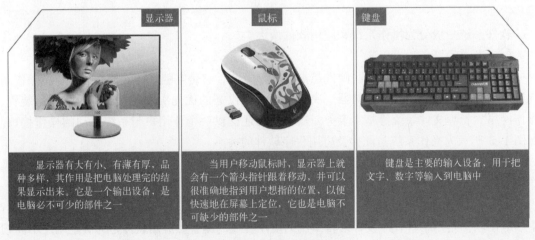

图 1-4　多媒体电脑各部件的作用

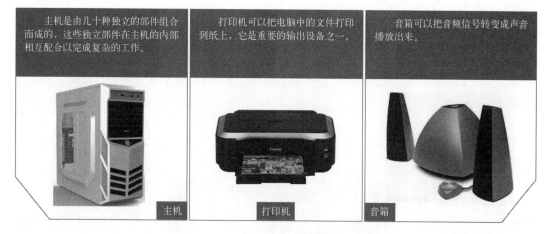

主机	打印机	音箱
主机是由几十种独立的部件组合而成的，这些独立部件在主机的内部相互配合以完成复杂的工作。	打印机可以把电脑中的文件打印到纸上，它是重要的输出设备之一。	音箱可以把音频信号转变成声音播放出来。

图1-4　多媒体电脑各部件的作用（续）

　　电脑的硬件系统主要用于完成输入、处理、存储和输出等功能。这些部件看似是独立的硬件设备，其实它们之间存在着密切的联系，所以只要用户用键盘或鼠标向电脑进行输入操作，各个设备间就会传送数据，共同完成用户的任务。硬件系统各部件之间的联系如图1-5所示。

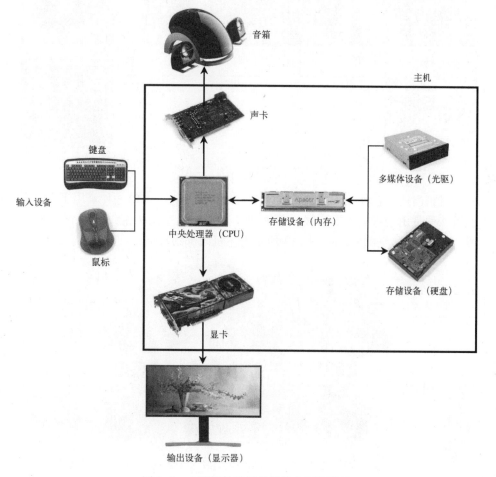

图1-5　电脑硬件系统各部件之间的联系

1.1.2　电脑主机内部详解

电脑主机可以说是整个电脑的中心,在它的内部不但有电脑的大脑——CPU,还有电脑的存储器——内存和硬盘,另外还包括主板、显卡、ATX 电源等重要设备。如图 1-6 所示为电脑主机的内部结构。

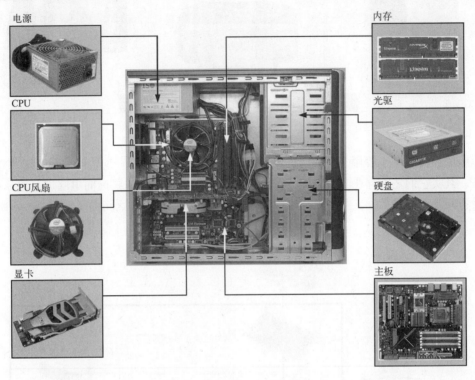

电源　内存　CPU　光驱　CPU风扇　硬盘　显卡　主板

图 1-6　电脑主机的内部结构

另外,机箱内还有各种线缆。这些线缆主要分为两种类型:第一种是用于设备间互连的数据线;第二种是用于供电的电源线。数据线一般是红色窄扁平线缆,或宽扁平线缆(也称为排线),电源线是细圆的。如图 1-7 所示为主机内部的数据线和电源线。

SATA硬盘数据线　电源线　IDE数据线　IDE数据线

图 1-7　主机内部的数据线和电源线

■ 问答1：主板在电脑中的作用

　　主机中最大、最重要的部分就是主板，也称为母版。主板是电脑各个硬件设备连接的平台，电脑的各个设备都与主板直接或间接相连。因为所有的设备都必须与主板上的 CPU 通信，所以这些设备或者直接安装在主板上，或者通过连接到主板的端口上的线缆直接联系，或者通过扩展卡间接连接到主板上。如图 1-8 所示为主板的主要部件及各种接口。

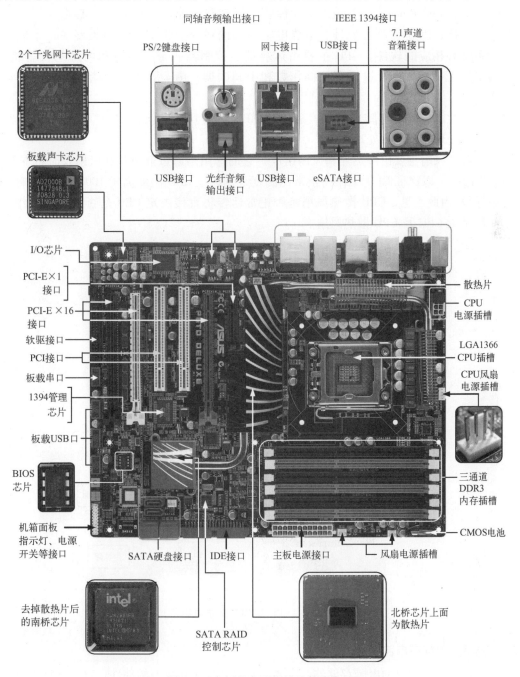

图 1-8　主板的主要部件及各种接口

从图中可以看到，主板露在外面的一些端口中，一般包括 4~8 个 USB 接口（可以连接 U 盘、打印机、扫描仪、数码相机、鼠标等设备）、一个 PS/2 键盘接口、一个 PS/2 鼠标接口、1~2 个网络接口、一个 1394 接口（连接数码摄像机等设备）、一个 eSATA 接口（连接 SATA 硬盘）、多个音频接口（连接音箱、麦克风等设备）。

问答 2：CPU 在电脑中的作用

CPU（Central Processing Unit，微处理器或处理器）是电脑的核心，其重要性好比大脑对于人一样，因为它负责处理、运算电脑内部的所有数据。CPU 的类型决定了能使用的操作系统和相应的软件。CPU 主要由运算器、控制器、寄存器组和内部总线等构成。寄存器组用于在指令执行过后存放操作数和中间数据，由运算器完成指令所规定的运算及操作。

CPU 的性能决定着电脑的性能，通常以 CPU 作为判断电脑档次的标准。目前主流的 CPU 为双核处理器和四核处理器。

CPU 散热风扇主要由散热片和风扇组成，它的作用是通过散热片和风扇及时将 CPU 发出的热量散去，以保证 CPU 工作在正常的温度范围内（CPU 温度高于 100℃，会影响 CPU 正常运行）。由此可见，CPU 散热风扇是否正常运转将直接决定 CPU 是否能正常工作。如图 1-9 所示为 CPU 及 CPU 散热风扇。

图 1-9　CPU 及 CPU 散热风扇

问答 3：内存在电脑中的作用

内存是一个很重要的电脑存储器，主要用来存储程序和数据的部件。对于电脑来说，有了内存，电脑才有记忆功能，也才能保证电脑正常工作。人们平常使用的程序，如 Windows

操作系统、打字软件、游戏软件等，一般都是安装在硬盘等外部存储器上的，但需要使用这些软件时，必须把它们调入内存中运行。这就好比在图书馆中，存放书籍的书架和书柜相当于电脑的外存，而阅览用的桌子就相当于内存，它是 CPU 要处理数据和命令的展开地点。内存的种类较多，目前主流的内存类型为 DDR3 和 DDR4。如图 1-10 所示为电脑内存及安装内存的插槽。

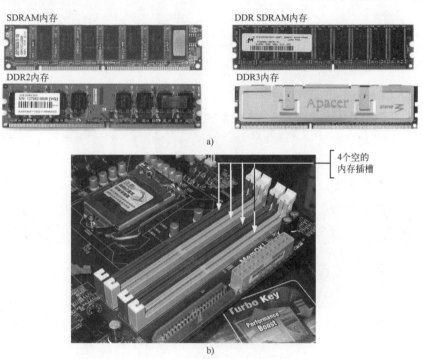

图 1-10　内存和内存插槽
a）电脑的内存　b）安装内存的插槽

问答 4：硬盘在电脑中的作用

硬盘属于外部存储器，它是用来存储电脑工作时使用的程序和数据的地方。硬盘是一个密封的盒体，内有磁头和高速旋转的盘片。当盘片旋转时，具有高灵敏读/写的磁头在盘片上来回移动，既可向盘片或磁盘写入新数据，也可从盘片或磁盘中读取已存在的数据。硬盘的接口主要有 IDE 接口、SATA 接口、USB 接口等，其中 SATA 接口为目前主流的硬盘接口。如图 1-11 所示为电脑硬盘及主板硬盘接口。

专家提示

硬盘和内存的关系

硬盘与内存都是电脑的存储设备，关闭电源后，内存中的数据会丢失，但硬盘中的数据会继续保留。当用户用键盘输入一篇文字时，文字首先被存储在内存中，此时没有在硬盘中存储。如果用户在关机前没有将输入的文字存储到硬盘中，输入的文字就会丢失。向硬盘中存储文字的方法是用文字编辑程序中的"保存"功能将内存中存储的文字转移到硬盘中存储。硬盘和内存在电脑中分别是存储仓库和中转站。

图1-11　电脑硬盘及主板硬盘接口

a) 硬盘的内部结构　b) 硬盘电路板　c) 主板硬盘接口

问答5：光驱在电脑中的作用

　　光驱即光盘驱动器，是用来读取光盘的设备。光驱是一个结合光学、机械及电子技术的产品。激光光源来自于光驱内部的一个激光二极管，它可以产生波长为 $0.54 \sim 0.68 \, \mu m$ 的光束。经过处理后，光束更集中且更能精确控制。在读盘时，光驱内部的激光二极管发出的激光光束首先打在光盘上，再由光盘反射回来，经过光检测器捕获信号，由光驱中专门的电路将它转换并进行校验，然后传输到电脑的内存，这样就可以得到光盘中的数据。光驱可分为 CD–ROM 光驱、DVD 光驱、COMBO（康宝）光驱、蓝光光驱和刻录机光驱等，如图1-12所示。光驱常用的接口主要有 IDE 接口、SATA 接口和 USB 接口等几种，如图1-13所示。

专家提示

光盘的容量

　　一般一张 CD 光盘的容量为 650 MB 左右，一张 DVD 光盘的容量为 4.7 GB 左右，一张蓝光 DVD 光盘的容量为 25 GB 左右。

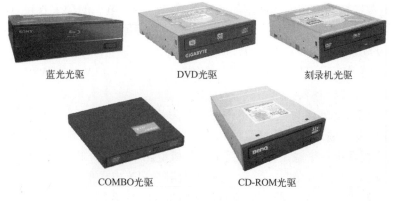

蓝光光驱   DVD光驱   刻录机光驱

COMBO光驱   CD-ROM光驱

图 1-12   电脑光驱

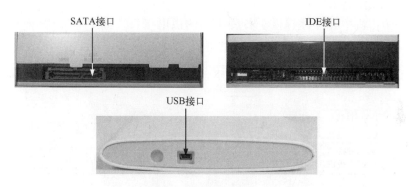

图 1-13   光驱的接口

■ 问答 6：显卡在电脑中的作用

    显卡是连接显示器和电脑主板的重要部件，承担输出显示图形的任务。显卡对电脑系统所需要的显示信息进行转换处理，并向显示器提供行扫描信号，控制显示器的正确显示。对于从事专业图形设计的人来说，显卡非常重要。显卡的输出接口类型主要有 DVI 接口、HD-MI 接口、DP 接口等。如图 1-14 所示为电脑的显卡。

图 1-14   电脑的显卡

■ 问答 7：ATX 电源如何为电脑供电？

    电源就像电脑的心脏一样，用来为电脑中的其他部件提供能源。电脑电源的作用是把

220 V 的交流电源转换为电脑内部使用的各种直流电。由于电源的功率直接影响电源的"驱动力",因此电源的功率越高越好。目前主流的多核处理器电源的输出功率都在 350 W 以上,有的甚至达到 900 W。

当 ATX 电源工作后,可以为电脑提供 + 5 V、+ 3.3 V、+ 12 V、+ 5 VSB、- 5 V 和 - 12 V 等电压。

那么,ATX 电源是如何为电脑供电的呢?在为 ATX 电源接入市电后,ATX 电源的第 16 脚(24 针电源插头)输出一个 3 ~ 5 V 的高电平信号。当用户按下电脑的电源开关后,电源开关将给电脑主板发出一个触发信号。接着,开机电路中的南桥芯片或 I/O 芯片将触发信号进行处理后,最终发出控制信号。然后,控制电路将 ATX 电源的第 16 脚(24 针电源插头)的高电位拉低,以触发 ATX 电源主电源电路开始工作,使 ATX 电源各引脚输出相应工作电压,为电脑提供工作电压。

ATX 电源为主机中的部件提供了各种不同的供电接口,如图 1-15 所示为电源的各种接头。

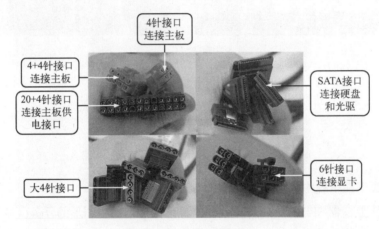

图 1-15　电源的各种接口

另外,ATX 电源的各种供电输出接口一般都是采用不同色彩的电线来表示不同的输出电压。如图 1-16 所示为电源的输出接口。

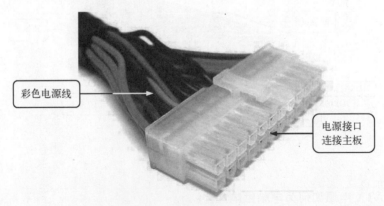

图 1-16　电源的输出接口

问题8：ATX电源不同颜色的线分别代表什么

目前主流 ATX 电源的输出电源线一般采用黄、红、橙、紫、蓝、白、灰、绿、黑9种颜色。下面详细讲解不同颜色的电源线分别代表什么，以及它们与电压间的对应关系。

1. 黄色电源线

黄色电源线是 ATX 电源中数量较多的一种，黄色电源线输出 +12 V 的电压。由于加入了 CPU 和 PCI－E 显卡供电，+12 V 电源在 ATX 电源里显得举足轻重了。

+12 V 供电为电脑中的硬盘、光驱、软驱的主轴电机和寻道电机提供电源，并作为串口设备等电路的逻辑信号电平。

+12 V 供电电压出现问题时，通常会造成下面的故障。

（1）当 +12 V 供电的电压输出不正常时，常会造成硬盘、光驱、软驱的读盘性能不稳定。

（2）当 +12 V 电压偏低时，通常会造成光驱挑盘故障；硬盘的逻辑坏道增加，经常出现坏道，系统容易死机，无法正常使用硬盘；造成 PCI－E 显卡无法正常工作；CPU 无法正常工作，造成死机故障。

2. 红色电源线

红色电源线输出 +5 V 电压，红色电源线的数量与黄色电源线相当。+5 V 供电电压主要为 CPU、PCI、AGP、ISA 等集成电路提供工作电压，是电脑中主要的工作电源。由于 +5 V 供电主要为 CPU 等主要设备供电，因此它的供电稳定性直接关系着电脑系统的稳定性。

3. 橙色电源线

橙色电源线输出 +3.3 V 电压。+3.3 V 电压是 ATX 电源专门设置的一个电压，主要为内存提供电源。最新的 24 针电源接口中，着重加强了 +3.3 V 供电电压。该电压要求严格，输出稳定，纹波系数要小，输出电流要在 20 A 以上。

如果 +3.3 V 供电电压出现问题，将会直接引起内存供电电路故障，导致内存工作不稳定，出现死机或无法启动的故障。

4. 紫色电源线

紫色电源线输出的电压为 +5 VSB 待机电源，即 ATX 电源通过电源主板接口的第9针向主板提供电压为 +5 V、电流为 720 mA 的供电电源。这个供电电压主要为网络唤醒和开机电路及 USB 接口电路使用。

如果紫色供电出现问题，将会出现无法开机的故障。

5. 蓝色电源线

蓝色电源线输出 -12 V 供电电压。-12 V 供电电压主要为串口提供逻辑判断电平，电流不大，一般在 1 A 以下，即使电压偏差过大，也不会造成电脑故障。目前的主板设计几乎已经不使用这个输出，而通过对 +12 VDC 的转换获得需要的电流。

6. 白色电源线

白色电源线输出 -5 V 供电电压，目前主流的 ATX 电源基本都取消了白色电源线。白色电源线输出的 -5 V 供电电压主要为逻辑电路提供判断的电平，逻辑电路需要电流很小，一般不会影响系统正常工作。

7. 绿色电源线

绿色电源线为电源开关端，通过此电源线的电平来控制 ATX 电源的开启。当该端口的信号电平高于 1.8 V 时，主电源为关；当信号电平低于 1.8 V 时，主电源为开。使用万用表测得该脚的输出信号电平一般为 4 V 左右，因为该电源线输出的电压为信号电平。

8. 灰色电源线

灰色电源线为电源信号线（POWER – GOOD）。一般情况下，灰色电源线的输出电压如果在 2 V 以上，那么电源就可以正常使用；如果灰色电源线的输出电压在 1 V 以下，那么电源将不能保证系统的正常工作，必须被更换。这也是判断电源寿命以及电源是否合格的主要手段之一。

9. 黑色电源线

黑色电源线为地线，其他颜色的电源线需要和黑色线配合才能为电脑提供供电。在 ATX 电源的各种输出接口中都会有黑色地线，在 ATX 主板电源接口中共有 8 根黑色线。

1.1.3 多核电脑的启动过程

问题 1：电脑开机时是如何启动的

电脑能否成功地启动取决于电脑硬件、BIOS 和操作系统能否正常工作，它们中无论哪个有错误发生，都可能导致启动终止。当启动出现错误时，显示屏上一般都会出现相应错误提示，或电脑会发出蜂鸣声。

开启电脑的关键是启动主板的 BIOS 程序，BIOS 程序通过读取配置信息开始启动过程，接着 BIOS 将这些配置信息与电脑硬件（如 CPU、显示卡、硬盘等）相比较。当硬件设备有自身的 BIOS（如显卡）时，需要从启动 BIOS 获得资源，启动 BIOS 会按需分配这些系统资源，如图 1-17 所示。

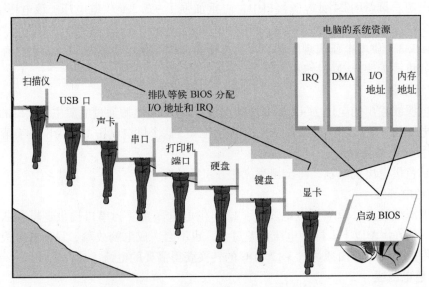

图 1-17 分配系统资源

电脑硬件启动的最初过程如下。

第 1 步：当第 1 次加电时，主板的时钟电路开始产生时钟脉冲。

第 2 步：CPU 开始工作并进行自身初始化。

第3步：CPU 寻址内存地址 FFFF0H，该地址存放着 BIOS 启动程序中的第一条指令。

第4步：指令引导 CPU 运行 POST（加电自检程序）。

第5步：POST 首先检查 BIOS 程序，随后检查 CMOS ROM（CMOS 存储器）。

第6步：进行校验，确认无任何电力供应失效。

第7步：禁用硬件中断（意味着此时敲击键盘上的任意键或使用其他输入设备输入均无效）。

第8步：测试 CPU，进行进一步初始化。

第9步：检查确认是否为一次冷启动。如果是，检查内存的起始 16 KB 空间。

第10步：清查电脑上安装的所有设备并与配置信息相比较。

第11步：检查并配置显卡。在 POST 过程中，在 CPU 检查显卡之前，蜂鸣声意味着产生了错误，错误的蜂鸣编码取决于 BIOS。在检查显卡之后，如果没有错误，电脑会发出"嘀"一声表示检测正常，这时就可以使用显示器来显示其运行过程了。

第12步：POST 从内存中读取数据及向内存写入数据并进行检查。显示器显示这个阶段内存的运行总量。

第13步：检查键盘。如果此时按住键盘按键，BIOS 可能会发生错误。随后检查并配置二级存储设备（如硬盘）端口和其他硬件设备。POST 检查搜寻到的设备并与存储在 CMOS 芯片中的数据、跳线设置和 DIP 开关比对，查看是否有冲突。随后，操作系统配置 IRO、I/O 地址，并分配 DMA。

第14步：为节省电力，可将某些设备设置成"睡眠"模式。

第15步：检查 DMA 和中断控制器。

第16步：根据用户的请求运行 CMOS 设置。

第17步：BIOS 开始从磁盘寻找操作系统。

■ 问题 2：BIOS 如何找到并加载操作系统

电脑一旦完成 POST 和最初的资源分配，下一步就开始加载操作系统。大多数情况下，操作系统从硬盘上的逻辑盘 C 盘中加载。

BIOS 首先执行硬盘的 MBR（主引导记录）程序，检查分区表，寻找硬盘上活动分区的位置，然后转到活动分区的第一个扇区，找到并装载此活动分区的引导扇区中的程序到内存（Windows XP 系统是 Ntldr 文件，Windows 7/8/10 系统是 Bootmgr 文件）。

接着，N + ldr 或 Bootmgr 程序寻找并读取 BCD，如果有多个启动选项，则会将这些启动选项显示在显示器的屏幕上，由用户选择从哪个启动项启动。

如果从 Windows 7/8/10 启动，Bootmgr 会将控制权交给 Winload. exe（即加载 C：\Windows\System32\winload. exe 文件），然后启动系统，并开始加载核心。

1.2　实战：评判电脑的档次

一台电脑的档次，主要是通过电脑中核心部件的性能进行评判，而要想了解电脑的核心部件的性能，就必须先知道其型号和参数。下面重点介绍如何快速查看这些硬件的信息。

1.2.1　任务1：查看电脑CPU型号及主频信息

当电脑开机启动时，BIOS首先会检测电脑的硬件，并将检测的信息显示在显示屏上。因此在电脑开机时，仔细观察就可以查看到电脑CPU的型号和频率等信息。

具体操作方法为：打开电脑电源开关，当电脑显示屏出现主板或电脑厂商的LOGO画面时，如图1-18所示，按〈Tab〉键，即可看到电脑CPU的基本信息，如图1-19所示。

专家提示

图1-20中的"Intel（R）Core（TM）2"代表本机的CPU为Intel公司的酷睿2，"1.86 GHz"代表CPU主频，"266×7.0"代表CPU外频是266MHz，倍频是7。

专家提示

如果是品牌机，开机第一屏将显示电脑品牌厂商的LOGO画面，这时，只要按下〈Tab〉键即可显示上述开机画面。

图1-18　开机LOGO画面

图1-19　CPU基本信息

1.2.2　任务2：查看内存容量信息

在显示器屏幕第一屏画面中可以查看内存容量，如图1-20所示。

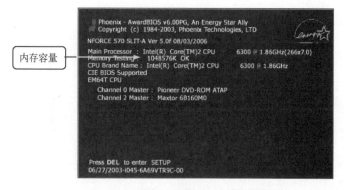

图1-20 内存容量信息

专家提示

内存容量 "1048576K" 是由1GB换算成字节的表示。

1.2.3 任务3：查看硬盘容量信息

查看硬盘容量的方法有两种，其一，开机时进入 BIOS 进行查看，如图 1-21 所示；其二，电脑启动后进入 "此电脑" 将各分区的大小相加即得硬盘的总容量，如图 1-22 所示。

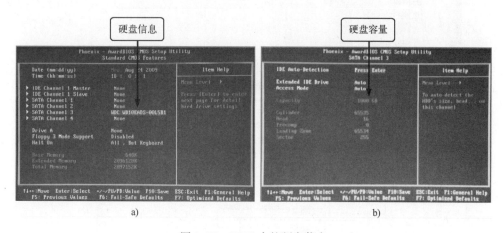

a)   b)

图1-21 BIOS 中的硬盘信息

提示：当人们将电脑中的各个盘的容量相加后会发现，各个盘的总容量和硬盘标注的容量不相符，如各个盘的总容量为 931 GB，而硬盘标注的容量为 1000 GB。这是因为硬盘的分区表占用了一部分容量，好比一部书的目录占去了一部分篇幅一样。另外，这与硬盘厂商采用的换算方法不同也有关。

专家提示

图 1-21a 中，"WDC" 代表西数公司，"WD10EADS - 00L5B1" 为硬盘代号，按 〈Enter〉键可打开如图 1-22b 所示的硬盘容量信息图，"1000 GB" 表示硬盘的容量。

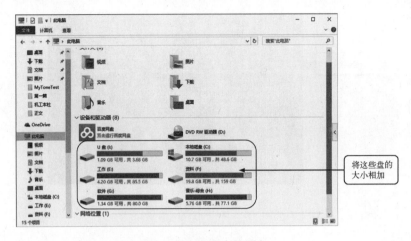

图 1-22　电脑中的硬盘

1.2.4　任务4：查看显卡和声卡信息

查看显卡和声卡信息的方法如图 1-23 所示。

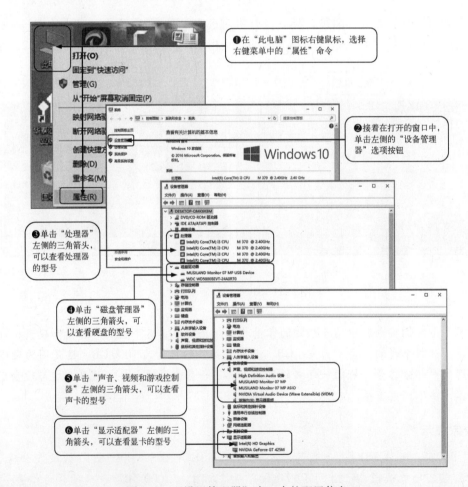

图 1-23　"设置管理器"窗口中的配置信息

1.3　高手经验总结

经验一：电脑有高性能电脑和低性能电脑之分，它们的组成结构基本相同，而造成电脑性能差别的主要原因是 CPU、主板、内存、显卡等硬件设备性能的差别。因此想知道电脑的性能高低，就需要了解电脑中的这些部件的性能。

经验二：一般主板集成显卡的性能，要比独立显卡的性能差，因此高性能电脑通常都采用独立显卡。

经验三：因为刻录机都带有读取 DVD、CD 的功能，而且价格也不高，因此电脑中的光驱一般都选择刻录机。

经验四：随着电脑中各个硬件功率的不断提高，对 ATX 电源输出功率的要求也越来越高，因此，为了日后升级需要，通常选择功率高一些的 ATX 电源。

经验五：电脑启动时一般会有很多英文提示，弄清楚启动过程中的英文提示，对今后电脑的日常维护及维修有很大用处。

第②章

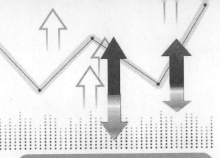

电脑配件的选购

学习目标

1. 了解如何选购适合自己的电脑
2. 了解 CPU、主板、内存、硬盘、显卡等硬件的知识
3. 掌握 CPU、主板、内存、硬盘、显卡、液晶显示器等硬件的选购方法

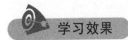
学习效果

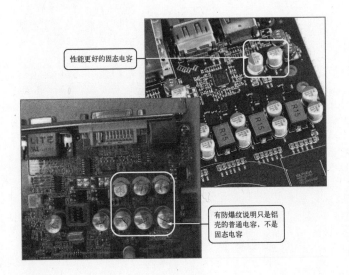

性能更好的固态电容

有防爆纹说明只是铝壳的普通电容，不是固态电容

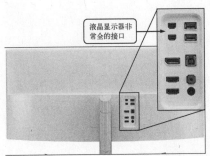

液晶显示器非常全的接口

如何组装出一台既好用又省钱的电脑，在电脑硬件的性能与用途之间有什么平衡技巧和需要注意的呢？本章将讲解电脑配件的选购技巧与注意事项。

2.1　知识储备

对于 DIY 者来说，大家都想组装一台真正适合自己的电脑，笔者认为，"真正适合自己的电脑"是指使用尽可能少的资金满足自己的全部或主要需求。如果预算足够，那就简单了，全部选购性能最好的就可以了。

2.1.1　如何才能选到真正适合自己的电脑

问答 1：明确购机需求，即自己到底需要什么？

购买电脑前应首先明确自己的需求，这是组装出既省钱又适合自己需求的电脑的前提。自己攒电脑主要用来做什么，是用来上网、办公，还是用来看电影、玩游戏；如果是看电影，是不是真的需要高清；如果是玩游戏，是玩普通的小游戏，还是要玩最新的大型 3D 游戏，如图 2-1 所示。上述问题，读者都需要有一个明确的答案。

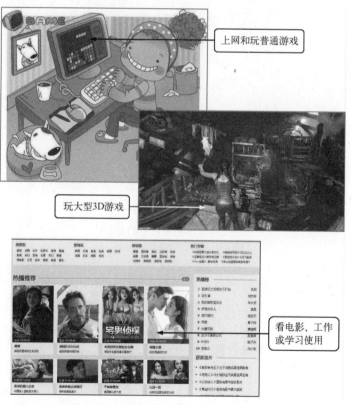

上网和玩普通游戏

玩大型3D游戏

看电影、工作或学习使用

图 2-1　明确需求

不同的需求，必然需要组装不同性能的电脑。比如说，如果您的需求主要是上网办公，那么就可以选择一款中等性能的 CPU 及集成显卡的主板，并选择一个点距较大的显示器。如果您的需求主要是看高清电影，那么就必须配备大硬盘、全高清显示器，还需要视情况配备蓝光光驱等。

在上述基础之上，您还需要再细化需求。比如说，您看电影是不是只看普通 RMVB 格式的电影，如果是的话，那么对硬盘的需求就会减弱许多，显示器也不必配全高清的；玩游戏是玩最新的 3D 游戏，还是玩魔兽世界之类的网络游戏，如果只是玩网络游戏，对显卡的性能需求自然就可以适当地降低一些。

综上所述，您最先要做的是明确需求，最好将需求明确地写出来，并权衡一下，哪些功能是可以放弃的，哪些功能是必须满足的。待将需求最终确认下来，才知道自己真正需要什么配置的电脑。

■ 问答 2：那些超炫的功能是你真正需要的吗？

许多人买东西都爱求大求全，往往看到某个产品多了一个功能，感觉不错，头脑一发热，就买了，回家后又发现用不上，但已多花了 250 元。

攒机时，我们同样面临着许多配件功能的诱惑，比如说，某些主板提供的一键超频功能，您是否真的需要？某些显示器提供的全接口功能，如图 2-2 所示，您是否真的有那么多设备？某些机箱提供的前端 LED 指示面板，是不是真的实用？这些全部是用户在选购配件前需要考虑的。

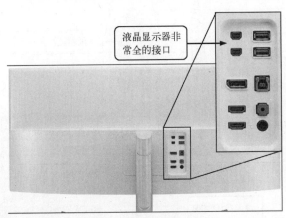

液晶显示器非常全的接口

图 2-2　液晶显示器的接口

相信 99% 的人攒机时都有一个预算，不管是 3000 元，还是 8000 元，您都要保证您的每一分钱都花在刀刃上，不要让那些无用的功能占用有限的预算。

其实，过滤掉无用功能的方法也很简单。首先，要明确您的需求，在这一点上功夫一定要做到位。其次，对于每一项功能，您都要考虑清楚该功能是不是用得上，如果最终答案是有可能在未来某一天用得上，那建议您现在先不要选择此功能。为未来的"有可能"花钱，实在是不划算的，待未来需要了再配置才是比较划算的方案。

■ 问答 3：你选择的配件是否有瓶颈？

许多人在攒机时有这么一个想法，即电脑中 CPU、显卡是最重要的，其他都是附属品。所以在实际购机时，恨不得将所有预算都花在这两个配件上，其他的则是能省则省。

笔者可以明确告诉大家，这个想法是错误的，电脑作为一个整体，每个配件都有它自己的作用。比如说，将一块顶级 CPU 放在一块低端主板上，有可能只能发挥 CPU 50% 的性能；

一块强劲的显卡，配一个 19 in 的显示器，强劲显卡的优势则完全无法发挥。电脑瓶颈问题符合木桶定律，如图 2-3 所示。

图 2-3　电脑瓶颈问题

由于瓶颈的问题涉及的东西过多，因此笔者无法为读者详细解析。不过，读者应把握以下两个原则。

（1）首先必须明白，您买的是一台电脑，而不是一个配件。如果单纯对某一个配件加大投资，在其他配件的限制下，这个配件是发挥不出其应有性能的。

（2）其次，由于 CPU、显卡重要之说由来已久，因此如果您觉得自己的电脑在某方面有缺陷但又没有资金去补救，那么可以适当地降低 CPU 与显卡的预算。

问答 4：商家为什么要临场换件？

如果您已经确定了电脑配置，在实际去电脑卖场时，商家却向您推荐别的产品，这时您一定要端正心态，哪怕商家说得天花乱坠，您也不要改变主意。

因为商家推荐产品，唯一的目的是赚取更多的利润。在他们的心中，不同的配件的差别就是利润不同。他们鲜少考虑配置是否合理，电脑是不是适合您使用，所以，对于他们提出的配置推荐，您基本可以无视。

此外，有些不良商家还会用先答应下来，攒到一半再说没货这样的办法来迫使您换件，如图 2-4 所示。对付这种奸商的最好办法就是，先在卖场多转转，确认一下自己的配件有没有货。到时他再说没货，你直接告诉他哪里有就好了。

问答 5：ATX 电源的功率越大越好吗？

许多消费者在攒机时，会想当然地认为某些配件不重要，比如 ATX 电源。但其实，ATX 电源在一台电脑中是相当重要的，它是其他配件稳定工作的基础。

许多消费者的电脑在用了一段时间之后，或主板、或 CPU、或其他配件烧了。追根究底发现，罪魁祸首几乎全部是劣质 ATX 电源。

并不是装在主机上能用的电源就是好电源，好的电源首先要拥有较高的转换效率。转换效率低的 ATX 电源会明显比较费电。其次，好的电源输出的电流必须要稳定，输入电流的高低变化对输出端的影响要尽可能地小。电流长时间的忽高忽低会提高主板等配件故障率。

图 2-4　临场换件

此外，好的电源还应该有"保险"一类的装置，比如，当外部交流电突然短路时，好的电源能迅速断开，避免主机烧毁。

从价格来看，市场上与机箱搭售的 50 块钱左右的电源基本都存在安全隐患。笔者建议单独购买 ATX 电源，并且电源的预算在 150 元以上。

在 ATX 电源的选购中，首先一定要选知名品牌的产品，比如全汉、航嘉、长城之类的老品牌。其次，ATX 电源的功率也没必要追求太高，对于一般的主机，额定 350 W 电源就足够了，对于集成显卡的主机，额定 300 W 电源就够了。最后，在购买 ATX 电源时，一定要注意厂商的小文字游戏，即是"额定 300 W"，还是"最高 300 W"，这两者绝对是不一样的，如图 2-5 所示。

图 2-5　电源功率

问答 6：攒机商（店）也需要货比三家吗？

现在的攒机商全都是能说会道，讨人欢心的手段也各有一套，往往几句话下来，就让客户感到宾至如归，觉得他就是客户的亲哥，客户就是他亲弟弟。这是商家工作中必须掌握的技能，自然无可厚非。

但作为一个消费者，您必须明白的是，商家不是您亲哥，您也不是他亲弟弟，他只是一个卖货的，您也只是一个买东西的。

许多消费者在攒机时，往往一和经销商提需求，经销商一热情，结果消费者就不好意思走了，心想"反正在哪攒都一样"，就直接攒了。其实，笔者可以明确告诉大家，不同商家攒的机器绝对不一样。

商家虽然都是逐利的，但有的商家确实会厚道一些，有的会黑一些。消费者多走几家，多对比一下，绝对是有利的。所以，对于消费者而言，一定要多走几家攒机商，为了避免服务热情导致不好意思走的情况发生，要把握住和每个商家都少谈几句，然后直接就走。

最后，一定要选一个报价略低于网上报价的商家来攒机。太贵的一定不选择，这就不用笔者多言了。太便宜了，就要小心商家换件、用二手件之类的问题。

问答7：攒机商选定后，验配件还需要那么认真吗？

在攒机时，配置、商家都选好后，下面最重要的事情就是验配件，以及攒完后验机。有的奸商为了使利润最大化，会偷偷使用一些二手返修件，或者在攒机时故意混淆配件型号，找个便宜的给装上。

对于消费者而言，为了避免这种情况发生，在攒机时一定要先让商家把配件拿齐了。在开始组装前，把所有配件检验一遍，千万不要边装边拿配件，因为一旦开始组装，有些事情就说不明白了。

每个配件，消费者都要过一下手，自己来拆包装，拆时看包装是不是新的，配件上有没有手印、灰尘之类，或是划痕。只要用心观察，二手件与全新件绝对是可以区分出来的。另外，每个配件的型号，一定与配件上的铭牌对一下，以免出错。

验机是在攒完电脑后要做的事情，消费者最好自己带一张 Windows 系统盘，自己动手安装，装上所有驱动后跑几个类似 3DMark 的程序，以确保电脑稳定，然后让商家出一个明确的装机配件清单，并针对每个配件列出质保期，盖上商家的印章，最后才将钱付给攒机商。

2.1.2 多核 CPU 的知识详解

问答1：CPU 是如何制作的？

CPU 是由很多很多晶体管集合而成的，这些晶体管的材质是"半导体"。从名字上可以看出，半导体是介于导体和绝缘体之间的一种物质，在满足某个条件的情况下可以从导体变成绝缘体，也可以从绝缘体变成导体。这就足够让它具有两个状态：导电的"1"和不导电的"0"。

有了"0"和"1"状态的晶体管就构成了二进制语言中最基本的单元"位"（bit）。那么，如果有 8 个这样的晶体管并排排列，就可以同时表示 8 个位，也就是一个"字节"（Byte），比如"10101010"。字节是计量存储容量和传输容量最常用的单位。那么，一个 CPU 中到底有多少个晶体管呢？最早期的 8086CPU 有将近 3 万个晶体管，而目前的 AMD 推土机 CPU 则有惊人的 20 亿个晶体管。如图 2-6 所示为 AMD 推土机 CPU。

从上图可以看出，20 亿个晶体管被集成在几毫米的底盘硅片上，这需要非常高的精密度，而一个细小的浮尘都可能损害 CPU，因此 CPU 必须在绝对无尘的环境下，用精密的仪器来制作。晶体管之间的相互连通靠的是金属金、铜、铝，早期的 CPU 中用的是铝，现在已经用铜代替了，金在导电性和低损耗上是最佳材料，但由于价格昂贵而难以实现。

图 2-6　AMD 推土机 CPU

问答 2：如何确定 CPU 的性能？

CPU 的性能高低与其内部构造和运行过程是息息相关的。CPU 的内部构造主要由输入设备、输出设备、运算器、控制器和存储器 5 个部分组成。如图 2-7 所示为 CPU 内部运行

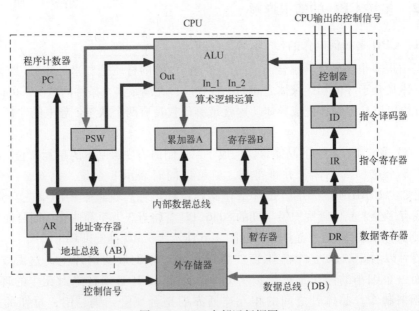

图 2-7　CPU 内部运行框图

框图。在实际的使用过程中，由于无法看到 CPU 的内部构造和运行过程，因此只能通过其他途径确定 CPU 的性能。

那么如何确定 CPU 的性能呢？

目前，市场上的 CPU 核心数量一般在 2～8 核，核心数量的多少在很大程度上确定了处理器的性能强弱。另外，主频也是一个非常重要的参数，一般，主频较高的 CPU 性能会好一点；缓存容量也是影响 CPU 性能的主要因素之一，缓存容量越大，CPU 的性能越好；CPU 的热功耗（TDP）也是非常关键的因素，一般热功耗越低，CPU 的性能越好，而 CPU 制造工艺决定了 CPU 的热功耗，目前最先进的制造工艺是 14 nm。

因此，可通过 CPU 的核心数量、主频、缓存容量、制造工艺等重要参数来了解 CPU 的性能。

问答3：检查一下自己的 CPU

首先来认识一下电脑检测软件 CPU - Z。它是一款功能强大的检测软件。用户可以利用 CPU - Z 对电脑的 CPU 进行一次彻底的体检。如图 2-8 所示为 CPU - Z 的检测 CPU 参数结果界面，CPU 的核心数量、缓存大小、主频等信息都会显示在上面。

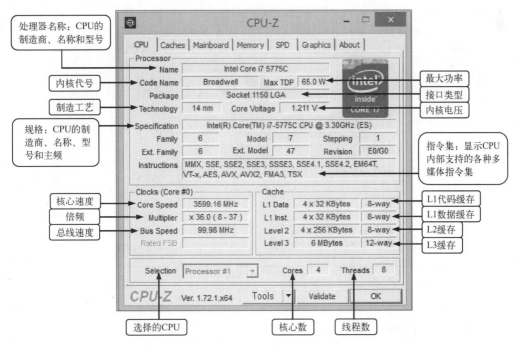

图 2-8　CPU - Z 的检测结果界面

问答4：如何查看 CPU 的主频？

CPU 的主频就是 CPU 内核工作的时钟频率，一般以 GHz（吉赫）为单位。通常来讲，主频越高的 CPU，性能越强，但是由于 CPU 的内部结构不同，因此不能单纯地以主频来判断 CPU 的性能。

那么，如何查看 CPU 的主频信息呢？有一个简单的方法。因为 CPU 在封装时都会在外壳上标注一些信息，比如 CPU 的主频、型号、制造日期、制造国家等字符，所以直接看 CPU 的封装外壳上面的文字就可以找到 CPU 主频是多少。如图 2-9 所示中的 Core i5-3450 处理器的主频为 3.10 GHz。

另外，在电脑进入系统之后可以通过查看电脑属性了解 CPU 的主频。这里以 Windows 7 系统为例，启动电脑进入系统之后在"计算机"图标上面单击鼠标右键，在弹出的快捷菜单中选择"属性"，在弹出的"系统"窗口中可以看见 CPU 的主频等信息，如图 2-10 所示。从图中可以看到，该 CPU 的型号为 i3 M370，主频为 2.4 GHz。此外，在图中左侧窗格中展开"设备管理器"，也可以查看 CPU 的主频。

图 2-9　Core i5-3450 处理器

图 2-10　"系统"窗口

问答 5：什么是 CPU 的缓存？

缓存是反映 CPU 性能的主要参数之一，它是内存与 CPU 之间的存储器中继器，其容量比较小但速度比内存高得多，接近于 CPU 的速度。缓存是用于减少 CPU 访问内存所需的平均时间的部件。在结构上，一个缓存由若干缓存段构成。每个缓存段存储具有连续内存地址的若干个存储单元。

高速缓存的工作原理是：当 CPU 要读取一个数据时，首先从高速缓存中查找，如果找到，就立即读取并送给 CPU 处理；如果没有找到，就用相对慢的速度从内存中读取并送给 CPU 处理，同时把这个数据所在的数据块调入高速缓存中，可以使得以后对整块数据的读取都从高速缓存中进行，不必再调用内存，如图 2-11 所示。

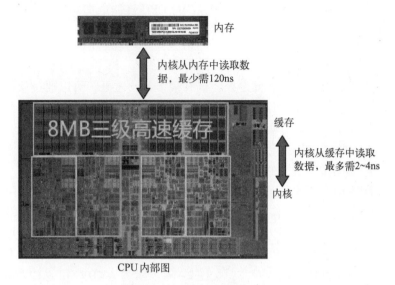

图 2-11　缓存数据读取示意图

　　为了更好地了解缓存，我们可以将 CPU 理解为市中心工厂，内存为远郊仓库，而缓存就在 CPU 与内存之间。如图 2-12 所示为 CPU、缓存与内存之间的位置关系。距离 CPU 工厂最近的仓库是一级缓存，其次为二级缓存、三级缓存。工厂所需的物资，可以直接从缓存仓库中提取，而不必到很远的郊区仓库中提取。

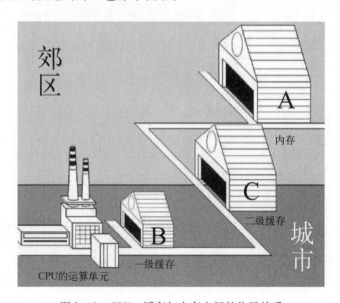

图 2-12　CPU、缓存与内存之间的位置关系

　　正是这样的读取机制使 CPU 读取高速缓存的命中率非常高，通常，CPU 要读取的数据 90% 都在高速缓存中，只有大约 10% 需要从内存读取。这大大节省了 CPU 直接读取内存的

时间，也使 CPU 读取数据时基本无须等待。

正因为高速缓存的命中率非常高，所以缓存对 CPU 性能的影响很大，CPU 中的缓存越大，整体性能越好。

问答 6：如何从外观区分 CPU

众多的 CPU 芯片，既有很多相同之处，也有很多不同之处，可以通过软件对 CPU 进行参数检测，以此来区分不同的 CPU。

另外，还可以通过 CPU 的外观来区分 CPU，因为不同 CPU 的接口类型是不同的，而且插孔数、体积、整体形状都有变化，所以部分不同的 CPU 不能互相接插。此外，还可以通过 CPU 芯片中间电容的排布形式的不同来进行区分。

CPU 的接口就是 CPU 与主板连接的通道。CPU 的接口类型有多种形式，有引脚式、卡式、触点式、针脚式等。目前主流 CPU 的接口分为两类：触点式和针脚式。其中，Intel 公司的 CPU 采用触点式接口，如图 2-13 所示分别为 LGA1150、LGA1151、LGA1155、LGA2011 CPU 接口类型；而 AMD 公司的 CPU 主要采用针脚式，如 Socket AM3、Socket AM3 + 等，这些接口都与主板上的 CPU 插座类型相对应，如图 2-14 所示为 AMD 公司的 CPU 接口。

图 2-13　Intel 公司的主流 CPU 接口

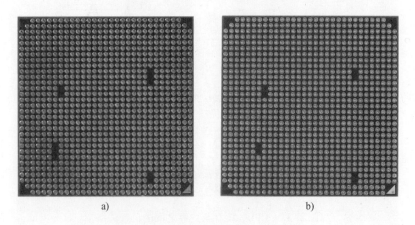

a)　　　　　　　　　　　　　　　b)

图 2-14　AMD 公司的主流 CPU 接口

a) Sockot AM3　b) Socket AM3 +

2.1.3　主板知识详解

问答 1：主板上有哪些插槽？

主板上的插槽和接口如图 2-15 所示。

图 2-15　主板上的插槽和接口

CPU 插槽：安装 CPU 的插槽。Intel 公司和 AMD 公司的 CPU 安装插槽明显很不同，Intel 公司的 CPU 插槽有很多小针（Intel CPU 是触点型的），AMD 公司的 CPU 插槽有很多小孔（AMD CPU 是针脚型的），所示安装 CPU 前一定要了解清楚对应的 CPU。AMD 公司的 CPU 是可以向下兼容的，而 Intel 公司的 CPU 即使同是 LGA775 Socket 接口，能安装的 CPU 也有可能不同。

内存插槽：安装内存的插槽。不同类型的内存，插槽也不相同，不能混用。DDR 采用的是 184 针插槽；DDR2 采用的是 240 针插槽，DDR3 同样采用 240 针插槽，但 DDR2 与 DDR3 的卡口位置不同，同样不能混插；DDR4 采用 284 针插槽。另外，只有插在相同颜色的插槽上，内存才能组成双通道。

PCI－E×16 插槽：主要是用来安装显卡，数据传输速率可以达到 8 GB/s。有一种 SSD 固态硬盘也使用 PCI－E×16 接口，速度非常快，但价格也非常高（硬盘章节中有相关介绍）。另外，为了支持 Intel 公司和 AMD 公司的双显卡技术（Cross Fire、SLI），有的主板提供 2～3 个 PCI－E×16 插槽。

PCI－E×1 插槽：这是一个通用插槽，用来代替 PCI 插槽，以后声卡、网卡都可以插在 PCI－E×1 插槽上。

USB 扩展连接器：USB 扩展连接器主要用于连接数码相机和摄像机等设备，可以把 USB 端口扩展到 6 个。

SATA 数据接口：连接 SATA 硬盘和光驱的接口。一般主板都有 2～8 个 SATA 数据接口。SATA 数据接口比以前的 IDE 数据接口占用空间更少，插拔线缆更容易，数据传输更快、更稳定。现在流行的 SATA 数据接口有 SATA 1.0、SATA 2.0、SATA 3.0。

电源接口：ATX 电源为主板提供电源的插座。现在主流供电是 24 针，以前用的是 20 针。

CPU 辅助电源接口：这是 ATX 电源专为 CPU 提供的供电接口，一般是 4 针或 8 针。

前面板插针（PANEL）：这是主板连接电脑机箱上电源开关、复位开关、电源指示灯、硬盘数据指示灯的插针。

问答 2：主板中有哪些重要芯片？

主板中的芯片主要有芯片组、I/O 芯片、BIOS 芯片、电源控制芯片和网络控制芯片等，如图 2-16 所示。

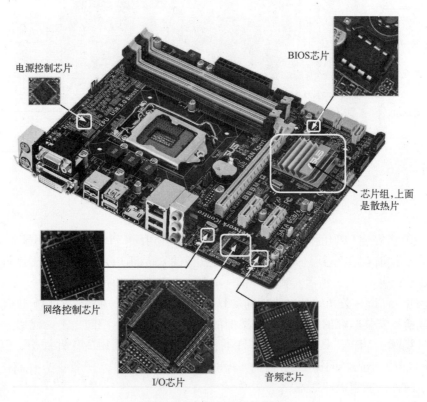

图 2-16　主板上重要的芯片

1. BIOS 芯片

BIOS（Basic Input Output System，基本输入/输出系统）是为电脑中的硬件提供服务的。BIOS 属于只读存储器，它包含了系统启动程序、系统启动时必需的硬件设备的驱动程序、基本的硬件接口设备驱动程序。主板中的 BIOS 芯片主要由 AWARD 和 AMI 两家公司提供。

目前，BIOS 芯片主要采用 PLCC（塑料有引线芯片）封装形式。采用这种形式封装的芯片非常小巧，从外观上看，它大致呈正方形。这种小型的封装形式可以减少主板空间的占用，从而提高主板的集成度，缩小主板的尺寸。

2. I/O 芯片

I/O 芯片是主板输入输出管理芯片，它在主板中起着举足轻重的作用，它负责管理和监控整个系统的输入输出设备。在主板的实际工作中，I/O 芯片有时对某个设备只是提供最基本的控制信号，再用这些信号去控制相应的外设芯片，如鼠标键盘接口（PS/2 接口）、串口（COM 口）、并口、USB 接口、软驱接口等都统一由 I/O 芯片控制。部分 I/O 芯片还能提供系统温度检测功能，BIOS 中的系统温度最原始的数据就是由它提供的。

3. 电源控制芯片

电源控制芯片的功能是根据电路中反馈的信息，在内部进行调整后，再输出各路供电或控制电压。电源控制芯片主要负责识别 CPU 供电幅值，从而更好地为 CPU、内存、芯片组等供电。

4. 音频芯片

音频芯片，也可称为音效芯片，是主板集成声卡时的一个声音处理芯片。音频芯片是一个方方正正的芯片，四周都有引脚，一般位于第一个 PCI 插槽附近靠近主板边缘的位置。在它的周围，整整齐齐地排列着电阻和电容，所以能够比较容易辨认出来。

5. 网络控制芯片

网络控制芯片是主板集成网络功能时用来处理网络数据的芯片，一般位于音频接口或 USB 接口附近。

问答 3：哪些元件影响主板供电？

如果主板没有一个稳定的供电，那么即使主板安装了性能良好、稳定性高的芯片组，以及 CPU 和内存，系统也不会稳定。所以，主板供电是否稳定是一个比较重要的问题。

主板供电电路中有一些关键的部件，如 PWM 控制器芯片（PWM Controller）、MOSFET 驱动芯片（MOSFET Driver）、输出扼流圈（Choke）、输出滤波的电解电容（Electrolytic Capacitors）等。如果这些部件都比较好，那么主板供电基本就比较稳定了。

1. PWM 控制器芯片

PWM 控制器芯片。是控制 CPU 供电电路的中枢神经，在 CPU 插座附近。如图 2-17 所示就是 PWM 控制器芯片。PWM 控制器芯片受 VID 的控制，通过向每相的驱动芯片输送 PWM 控制器芯片的方波信号来控制最终核心电压 Vcore 的产生。它对于主板的电压稳定性起着至关重要的作用。

2. MOSFET 驱动芯片

MOSFET 驱动芯片是 CPU 供电电路里常见的一种芯片，它有 8 根引脚。通常，每相配备一颗 MOSFET 驱动芯片。很多 PWM 控制器芯片里集成了三相的 MOSFET 驱动芯片，这时主板上就看不到独立的 MOSFET 驱动芯片了。MOSFET 驱动芯片对于主板的电压稳定性起着至关重要的作用。如图 2-18 所示为 MOSFET 驱动芯片。

MOSFET 的中文名称是场效应管，因此，MOSFET 也被叫作 MOS 管。如图 2-19 所示，8 引脚的黑色方块在供电电路里表现为受到栅极电压控制的开关。

图 2-17　PWM 控制器芯片

图 2-18　MOSFET 驱动芯片

图 2-19　MOS 管

　　每相中的驱动芯片受到 PWM 控制器芯片控制的上 MOS 管和下 MOS 管轮番导通,对这一相的输出扼流圈进行充电和放电,从而在输出端得到一个稳定的电压。每相电路都要有上桥和下桥,所以每相至少有 2 颗 MOSFET 驱动芯片,而上 MOS 管和下 MOS 管还可以用并联 2～3 颗代替一颗来提高导通能力,因而每相还可能看到总数为 3 颗、4 颗甚至 5 颗的 MOS-FET 驱动芯片。

　　如图 2-20 所示,这种有三只引脚的小方块也是一种常见的 MOSFET 封装,称为 D - PAK(TO - 252)封装,也就是俗称的三脚封装。中间的脚是漏极(Drain),漏极同时连接到 MOS 管背面的金属底,通过大面积焊盘直接焊在 PCB 上,因而中间的脚往往会被剪掉。这种封装可以通过较大的电流,散热能力较好,成本低廉,易于采购,但是引线电阻和电感较高,不利于达到 500 kHz 以上的开关频率。

三引脚场效应管

图 2-20　三引脚场效应管

3. 输出扼流圈

输出扼流圈，也称电感（Inductor）。在输入电路中，一般每相配备一颗扼流圈，在它的作用下输出连续平滑的电流。少数主板每相使用两颗扼流圈并联，即两颗扼流圈等效于一颗。主板常用的输出扼流圈有环形磁粉电感、DIP 铁氧体电感（外形为全封闭或半封闭）或 SMD 铁氧体电感等形态。如图 2-21 所示为半封闭式和全封闭式的铁氧体功率电感。电感体上标注的 "1R0" 或 "1R2"，表示其电感值为 $1.0\,\mu H$、$1.2\,\mu H$，其中 "R" 表示小数点。

图 2-21　铁氧体功率电感

如图 2-22 所示为主板环形电感。环形电感的磁路封闭在环状磁芯里，因而磁漏很小，磁芯材料为铁粉或 Super – MSS 等其他材料。随着板卡空间限制的提高和供电开关频率的提高，磁路不闭合的铁氧体电感、乃至匝数很少的小尺寸 SMD 铁氧体功率电感以其高频区的低损耗，越来越多地取代了环形电感，但是在电源里因为各种应用特点，环形电感还在被大量作为扼流圈或其他用途使用。

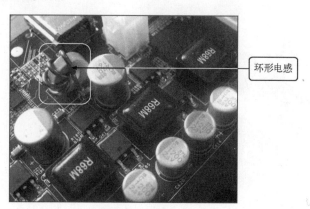

图 2-22　主板环形电感

4. 输出滤波的电解电容

供电的输出部分一般都会有若干颗大电容（Bulk Capacitor）进行滤波，它们就是输出滤波的电解电容。电容的容量和 ESR（Equivalent Series Resistance，等效串联电阻）影响输出电压的平滑程度。电解电容的容量大，但是高频特性不好，所以还有其他形式的滤波电容，例如固态电容。如图 2-23 所示为输出滤波电容。

固态电容常位于 CPU 供电部分。常见的固态电容为铝－聚合物电容，属于新型的电容器。与一般铝电解电容相比，它的性能和寿命受温度影响较小，而且高频特性要好一些，

ESR 低，自身发热小。

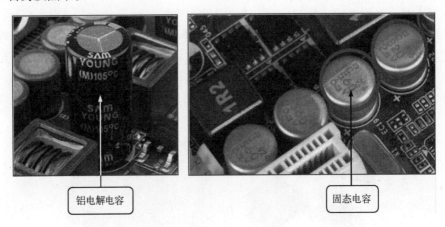

铝电解电容　　　　　　　　　　固态电容

图 2-23　输出滤波电容

2.1.4　内存知识详解

问答 1：内存由哪些元件组成？

从外观看，内存主要由电路板、内存芯片、内存引脚（金手指）、散热片等组成，如图 2-24 所示。

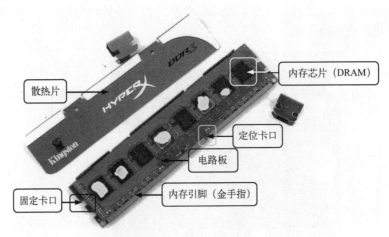

散热片　　　　　　　　　　　　内存芯片（DRAM）

定位卡口

电路板

固定卡口　　　　　　　内存引脚（金手指）

图 2-24　内存的外部结构

内存芯片：内存芯片也叫"内存颗粒"，是电路板上的存储装置。本小节"问答 2"将详细介绍内存颗粒的内部结构。

电路板：电路板是内存的基板，在 PCB 板上刻上电路，所有的内存颗粒和电阻等元件都安装在这个电路板上。

内存引脚（金手指）：内存引脚是内存与主板连接的接口，因为内存引脚一般是铜制品，所以俗称"金手指"。

定位卡口：将内存插到主板内存插槽中的时候，通过定位卡口可以快速判断内存的正反，还能避免不同型号的内存误插。

固定卡口：当把内存插在内存插槽上的时候，插槽两边的卡子可以咬合在固定卡口上，从而达到固定内存的目的。

散热片：散热片是给内存颗粒散热用的，一般内存不带散热片。

除了上面介绍的内存结构外，内存上还有一些标签，如图 2-25 所示。

图 2-25　内存上的标签

标签：标注着内存的类型、容量、位宽、频率和序列号等信息。

代理商标签：很多内存上都贴有代理商标签，从这可以看出内存的来路，在保修和退换时有一些作用。

■ 问答 2：内存的内部结构是怎样的？

内存的内部结构指的是内存颗粒的内部结构。内存颗粒的生产厂商主要有现代、三星、镁光、奇梦达等。如图 2-26 所示为内存芯片的内部结构。

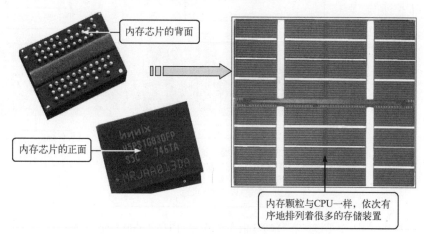

图 2-26　内存芯片的内部结构

内存颗粒与 CPU 一样，都依次有序地排列着很多存储装置，不同的是，内存通常使用类似蓄电池的电容（Capacitor），用电容带电状态来表示"1"，用电容放电状态来表示"0"。这样的电容带电量非常小，存储一定量的电荷后，如果置之不理，很快就会失去电荷，所以必须每过一定时间就刷新一次电容。内存就是由无数个这样的电容组成的。

前面介绍了能够存储"0"和"1"的电容，这就是电脑应用中最小的存储单位"位"（bit）。为了能够连续存放一个二进制数字，把连续的几个电容组合在一起，表示为一个"存储单元"（Cell）。一般用 8 个电容表示一个二进制数，这就是电脑中常用的单位"字节"（Byte）了。

■ 问答 3：DDR3 内存与 DDR4 内存有何区别？

大家在购买内存时，会发现既有 DDR4 内存还有 DDR3 内存，那么，它们之间有什么区别呢？DDR4 属于第四代 DDR 内存，它与前一代内存 DDR3 的区别主要有以下几个方面。

1. 外形差异

首先，DDR4 内存的针脚数增加到了 284 个，DDR3 内存只有 240 个，由于内存整体长度不变，所以相邻针脚之间的距离从 1.00 mm 减到了 0.85 mm，而每个针脚本身的宽度为 0.60 ± 0.03 mm。

另外一个明显的差别是 DDR4 内存底部的金手指不再是直的，而是呈弯曲状。从左侧数，第 35 针开始变长，到第 47 针达到最长，然后从第 105 针开始缩短，到第 117 针回到最短。

最后是接口位置也发生了改变，金手指中间的"缺口"位置相比 DDR3 内存更加靠近中间，这样做的目的就是防止用户插错内存，历代内存产品升级均如此，如图 2-27 所示。

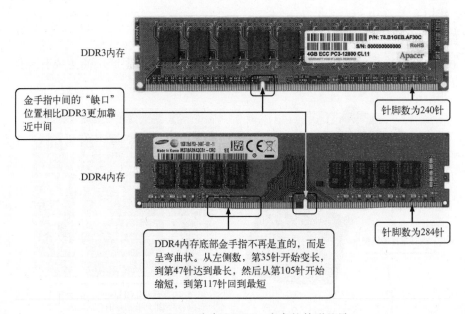

图 2-27 DDR3 内存和 DDR4 内存的外形差异

2. 容量和电压差异

DDR4 内存在使用了 3DS 堆叠封装技术后，单条内存的容量最大可以达到目前产品容量的 8 倍之多。举例来说，目前常见的大容量内存条容量为 8 GB（单颗芯片 512 MB，共 16 颗），而 DDR4 内存则完全可以达到 64 GB，甚至 128 GB。

而电压方面，DDR4 内存将会使用 20 nm 以下的工艺来制造，电压从 DDR3 内存的 1.5 V 降低至 DDR4 内存的 1.2 V，移动版的 SO-DIMMD DDR4 的电压还会降得更低。

3. 性能差异

DDR4 内存最重要的使命当然是提高频率和带宽。DDR4 内存的每个针脚都可以提供 2 Gbit/s（256 MB/s）的带宽，DDR4-3200 则是 51.2 GB/s，比 DDR3-1866 高出了 70%。

DDR3 内存采用多点分支总线连接方式，DDR4 内存采用点对点总线。相比之下，点对点相当于一条主管道只对应一个注水管，大大简化了内存模块的设计，更容易达到更高的频率。另外，3DS 封装技术不断扩增 DDR4 内存容量，从而可以很轻松地提升系统内存总量，这样即便每通道只能支持一根内存，保障系统平衡运行也不会有问题。

问答 4：什么是双通道、三通道？

1. 双通道

双通道内存技术，是为了满足 CPU 带宽而开发的。当时，英特尔 Pentium 4 处理器与北桥芯片的数据传输采用 QDR（Quad Data Rate，四倍数据速率）技术，其 FSB（Front Side Bus，前端总线）频率是外频的 4 倍。英特尔 Pentium 4 的 FSB 频率分别是 400 MHz、533 MHz、800 MHz，总线带宽分别是 3.2 GB/s、4.2 GB/s、6.4 GB/s，而 DDR 266、DDR 333、DDR 400 所能提供的内存带宽分别是 2.1 GB/s、2.7 GB/s、3.2 GB/s。在单通道内存模式下，DDR 内存无法提供 CPU 所需要的数据带宽，导致内存成为系统的性能瓶颈，如图 2-28 所示。

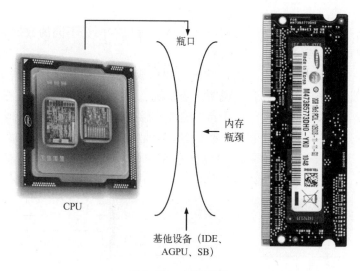

图 2-28　内存瓶颈

在双通道内存模式下，双通道 DDR 266、DDR 333、DDR 400 所能提供的内存带宽分别达到 4.2 GB/s、5.4 GB/s、6.4 GB/s。在这里可以看到，双通道 DDR 400 内存刚好可以满足 800 MHz FSB Pentium 4 处理器的带宽需求，所以为了解决这个内存瓶颈问题，增加了一个内存向 CPU 传送数据的通道，也就是双通道了。

其实，双通道就是一种内存控制和管理技术，它依赖于芯片组的内存控制器。双通道体系的两个内存控制器是独立的、具备互补性的智能内存控制器，因此两者能并行工作，并且，这两个内存控制器可以通过 CPU 分别寻址、读取数据，从而理论上使内存的带宽增加一倍，数据存取速度也相应增加一倍。

双通道中的两个独立、具备互补性的智能内存控制器，能够实现彼此间零等待时间。例如，当控制器 B 准备进行下一次存取内存的时候，控制器 A 就读/写主内存，反之亦然。两个内存控制器的这种互补的"天性"可以让有效等待时间缩减 50%，因此双通道技术使内存的带宽翻了一番。如图 2-29 所示为双通道内存插槽。

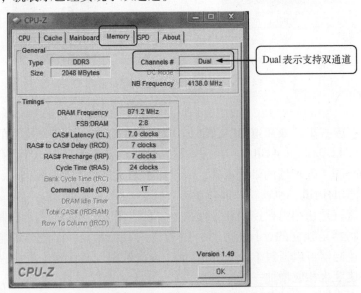

图 2-29 双通道内存插槽

因此，双通道技术的核心在于芯片组（北桥）可以在两个不同的数据通道上分别寻址、读取数据，内存可以达到 128 bit/s 的带宽。

双通道内存一般要求按主板上内存插槽的颜色成对使用。此外，有些主板还要在 BIOS 进行设置，主板说明书上一般都会有说明。当系统已经实现双通道后，有些主板在开机自检时会有提示，读者可以仔细看看。由于自检速度比较快，所以可能看不到或者某些画面屏蔽了主板自检显示信息，导致无法看到这些信息。但是我们可以用一些软件查看，比如 CPU - Z。可以查看通道模式信息。如图 2-30 所示，在"Memory"选项卡中，如果"Channels#"选项为"Dual"，就表示已经实现了双通道。

图 2-30 软件 CPU - Z 检测内存双通道

另外，两条 2 GB 的内存构成双通道的效果会比一条 4 G 的内存效果好。

2. 三通道

随着 CPU 不断地更新，性能在不断地增强，FSB 频率也越来越高，三通道技术应运而生。

双通道的出现是由于单通道内存读写成为数据交换的瓶颈，而三通道内存技术，实际上可以看作是双通道内存技术的后续技术发展，也就是说，双通道内存技术已经不能满足 CPU 的高速发展，三通道内存技术随着 Intel Core i7 平台的发布而产生了。Intel 之所以能够轻松实现三通道内存技术，与 Intel Core i7 平台应用的 QPI 直连总线技术是密切相关的，或者说 QPI 直连总线技术，是三通道内存技术能够实现的一个重要因素。

与双通道内存技术类似，三通道内存技术主要也是为了提升内存与处理器之间的通信带宽。三通道内存将内存总线位宽扩大到了 64 bit × 3 = 192 bit。若同时采用 DDR3 1600 内存，内存总线带宽可达到 1600 MHz × 192 bit/8 = 38.4 Gb/s，因此，内存带宽得到了巨大的提升。另外，内存控制器配合三通道内存技术，就可以直接和内存进行数据交换，内存延迟的影响就能够降低到最低的可控范围，这是一个非常重要的改变。

三通道和双通道在内存的应用上有所不同。若想实现三通道，主板内存条数须为 3 的倍数，不能为 2 或 4。若主板上插了两根内存条，那么该主板系统的运行模式为双通道模式；若主板内存条数为 4，主板系统会自动进入单通道模式。此外，由于每个内存模组的容量和速度均相同，因此还需要以三通道的方式将内存正确插入主板。目前，三通道技术内存已经不受单根内存容量的限制了。

若某主板支持三通道，那么该主板至少要有 3 个内存插槽，而且通常这 3 个内存插槽会采用同一种颜色。所以，在购买主板时，观察内存插槽的个数和颜色也能对主板有一个简单的认识。

若电脑已经正确插入了 3 根内存条，那么电脑会自动识别，并运行在三通道模式。此时可以通过软件来检测电脑是否已经运行在三通道模式。在软件 CPU - Z 的 "Memory" 选项卡中的 "Channels" 选项，如果这里显示 "Triple"，就表示已经实现了三通道通道，如图 2-31 所示。

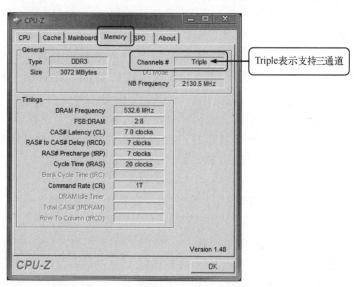

图 2-31 用软件 CPU - Z 检测内存三通道

2.1.5　硬盘知识详解

■ 问答1：硬盘外壳都有哪些信息？

　　硬盘的外壳主要采用不锈钢材质制成，用来保护硬盘内部的元器件。硬盘外壳上面通常会标有硬盘的一些信息，如硬盘的品牌、参数等，如图2-32所示。

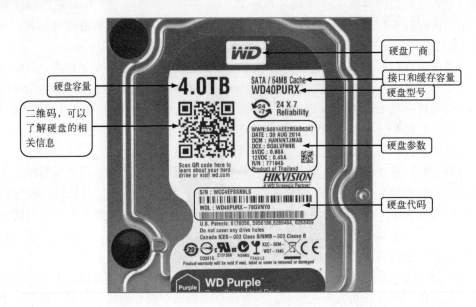

图2-32　电脑硬盘外壳

■ 问答2：硬盘电路中各个元器件都有哪些功能？

　　硬盘的电路板在硬盘的反面，上面有很多的芯片和元器件。大多数的硬盘控制电路都采用贴片式焊接。硬盘的电路板包括主轴调速电路、磁头驱动与伺服定位电路、读写电路、高速缓存、控制与接口电路等，主要负责控制盘片转动、控制磁头读写、控制硬盘与CPU的通信等。其中，读写电路的作用就是控制磁头进行读写操作；磁头驱动电路的作用是直接控制寻道电机，使磁头定位；主轴调速电路的作用是控制主轴电机带动盘体以恒定速率转动。

　　硬盘的电路板主要由主控制芯片、电机驱动芯片、缓存芯片、硬盘的BIOS芯片（有的集成在主控芯片中）、晶振、电源控制芯片、三极管、场效应管、贴片电阻电容组成。另外，在硬盘内部的磁头组件上还有磁头芯片等，如图2-33所示。

　　（1）主控制芯片

　　主控制芯片也就是硬盘的CPU芯片，它在整个底板上块头最大，呈正方形，主要负责数据交换和数据处理。有的主控制芯片内部还内置BIOS模块、数字信号处理器等。

　　（2）缓存芯片

　　缓存芯片是为了协调硬盘与主机在数据处理速度上的差异而设计的，缓存芯片在硬盘中主要负责给数据提供暂存空间，提高硬盘的读写效率。目前主流硬盘的缓存芯片容量有2 MB和8 MB，最大的达到16 MB，缓存容量越大，硬盘性能越好。

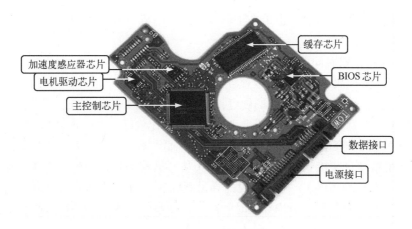

图 2-33 硬盘的电路板

（3）电机驱动芯片

电机驱动芯片一般是正方形模样，比主控芯片要小很多，主要负责给硬盘的音圈电机和主轴电机供电。目前的硬盘由于转速太高，容易导致该芯片发热量太大而损坏。据不完全统计，70% 左右的硬盘电路路障是由该芯片损坏引起的。

（4）BIOS 芯片

硬盘 BIOS 芯片有的在电路板中，有的集成在主控制芯片中。硬盘 BIOS 芯片内部固化的程序可以进行硬盘的初始化，执行加电和启动主轴电机，加电初始寻道、定位以及故障检测等。一般，硬盘 BIOS 芯片的容量为 1 MB，用于保存与硬盘容量、接口信息等。

硬盘所有的工作流程都与 BIOS 程序相关，通断电瞬间可能会导致 BIOS 程序丢失或紊乱。BIOS 不正常会导致硬盘误认、不能识别等各种各样的故障现象。

（5）加速度感应器芯片

加速度感应器是用来感应跌落过程中的加速度，以使电动机及时停止转动，并将磁头移动到碟片外侧，从而保护硬盘免受冲击和碰撞。一般在笔记本电脑的硬盘中会设计此功能。

问答 3：高性能硬盘需要什么条件？

硬盘的性能也对电脑的整体性能有着一定的影响，而硬盘的性能主要由硬盘的转速、寻道时间、缓存决定。一般，转速快、寻道时间和存取时间短、缓存大的硬盘性能会比较高。

1. 转速要快

电脑系统中硬盘与其他的硬件不同，它的内部有存储数据的盘片，加电后会高速地转动，所以硬盘的转速是制约硬盘性能的一个重要因素。硬盘的转速越快，磁头在同样的时间内处理的数据量就会越多，同等条件下硬盘的数据处理能力就会越强。

硬盘的转速指的是硬盘内电机主轴的旋转速度，也就是硬盘盘片在一分钟内所能完成的最大转数。硬盘转速的单位为 rpm（Revolutions Per Minute，转/每分钟）。目前，硬盘的转速有很多种，一般在 5400～10200 rpm 范围内，主流硬盘的转速一般为 7200 rpm。更高转速的硬盘一般应用在服务器或大型的工作站上。

虽然说硬盘的转速越高，硬盘的平均寻道时间和实际读写时间越短，数据传输速度越快，但是，硬盘转速的不断提高也带来了温度升高、电机主轴磨损加大、工作噪声增大等负面影响。

2. 寻道时间和存取时间要短

硬盘的优劣主要取决于硬盘的存取速度的高低，而硬盘的存取速度与硬盘的转速、容量、寻道时间息息相关。假如有两块不同的硬盘，它们容量相同、转速相同，那么，寻道时间短的硬盘存取数据的速度就可能会较快，该硬盘的性能就会比较好。硬盘转速决定单位时间内磁头所能扫过的盘片面积；容量决定了盘片数据密度的高低，容量越高，数据密度越高。

寻道时间是指硬盘在接到系统指令后，磁头从开始移动到找到数据所在的磁道平均所用的时间，其单位为毫秒（ms）。平时所说的寻道时间实际上指的是平均寻道时间，它是鉴别硬盘性能的一个重要的参数，平均寻道时间越短，硬盘性能越好。一般，硬盘的平均寻道时间在 7.5 ~ 14 ms 之间。

3. 缓存要大

由于 CPU 与硬盘之间存在巨大的速度差异，为解决硬盘在读写数据时 CPU 的等待问题，在硬盘上设置适当的高速缓存，以解决两者之间速度不匹配的问题。硬盘缓存实际上就是硬盘控制器上的一块内存芯片，具有极快的存取速度，它是硬盘内部存储和外界接口之间的缓冲器。

硬盘缓存容量的大小与速度是直接关系到硬盘的传输速度的重要因素，缓存能够大幅度地提高硬盘整体性能。例如，当硬盘存取零碎数据时需要不断地在硬盘与内存之间交换数据，若有大缓存，则可以将那些零碎数据暂存在缓存中，减小外部系统的负荷，也提高了数据的传输速度。

目前主流硬盘的缓存容量通常为 64 MB，一些低价位的硬盘缓存容量通常为 16 MB。硬盘背面的标签中通常会标注硬盘缓存容量的大小，如图 2-34 所示的硬盘上就标注了硬盘缓存容量。

图 2-34　硬盘上标注的缓存容量

问答 4：固态硬盘与机械硬盘有何不同？

固态硬盘是目前较流行的硬盘类型，是采用固态电子存储芯片阵列而制成的硬盘，它由控制单元和存储单元组成。固态硬盘在接口、功能和使用方法上与机械硬盘（普通硬盘）相同。

目前，固态硬盘主要分为两种：一种是采用闪存（Flash 芯片）作为存储介质，另外一种是采用 DRAM 作为存储介质。如图 2-35 所示是常见的 SSD 固态硬盘。这种 SSD 固态硬盘最大的优点就是可以移动，而且数据保护不受电源控制，能适应于各种环境，但是使用年限不高，适合个人用户使用。第二种固态硬盘比较少见，如图 2-36 所示，它是一种高性能的存储器，而且使用寿命很长，美中不足的是需要独立电源来保护数据安全。

图 2-35　SSD 固态硬盘　　　　　　图 2-36　DRAM 固态硬盘

固态硬盘与机械硬盘相比，具有读写速度快，噪声小，工作温度范围大，体积小，出现机械错误的可能性很低，不怕碰撞、冲击和震动等。但短时间内，固态硬盘不会完全取代机械硬盘，因为其存在价格相对较高、容量小、数据损坏后难以恢复等缺点。目前一种比较主流的做法是，将固态硬盘作为系统启动盘使用，而存储还是使用机械硬盘。这样既提升了主机的速度，又保证了存储的需求。

固态硬盘的主要品牌有三星、Intel、镁光、威刚、金士顿、OCZ、金胜、海盗船等。

问答 5：如何解读希捷硬盘出厂日期？

不少人认为硬盘的出厂日期和保质期颇为费解，细心的朋友会发现硬盘的出厂日期是不能按照公历计算的，这个是为什么呢？

希捷硬盘自 2011 年 7 月份开始实行 2 年质保。不过，硬盘厂家是按照财年计算的，较之公历季度要延后一个季度，由于 7 月份是第三季度，它是 2011 年财年的第四财度，因此在 2011 年 7 月份之前出厂的硬盘为 3 年质保，如图 2-37 所示。

通过解读希捷硬盘的出厂日期，能够知道这款硬盘究竟是何时生产的，是老款产品还是新款产品。

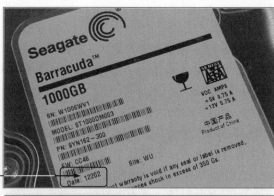

此希捷硬盘的生产日期为"Date：12202"，是希捷2012财年第20周的第2天生产的。"12"代表希捷的年份，"20"是2012财年的第20周，"2"代表第20周的第2天

此希捷硬盘的生产日期为"Date：11374"，是希捷2011财年第37周的第4天生产的。希捷提供3年的售后质保。"11"代表希捷的年份，"37"是2011财年的第37周，"4"代表第37周的第4天

图 2-37　硬盘的出厂日期

2.1.6　显卡知识详解

问答1：显卡电路中的各个元器件有何功能？

显卡主要由电路板和散热器组成，电路板上面有很多的芯片和分立元器件，大多数的显卡控制电路都采用贴片式焊接。显卡的电路主要由显示芯片、显存芯片、供电电路、电源接口、PCI－E 总线接口、DVI 接口等组成，如图 2-38 所示。

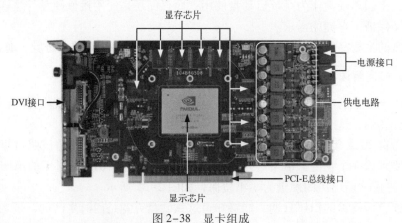

图 2-38　显卡组成

1. 显示芯片

显示芯片即图形处理芯片，也就是常说的 GPU（Graphic Processing Unit，图形处理单

元）。它是显卡的"大脑"，负责绝大部分的计算工作。在整个显卡中，GPU 负责处理由电脑发来的数据，并将产生的结果显示在显示器上。GPU 会产生大量热量，所以它的上方通常安装有散热器或风扇。

2. 显存芯片

显存即显示内存，它与主板上的内存功能基本一样，显存的速度及带宽直接影响着显卡的速度，即使 CPU 性能很强劲，但是如果板载显存达不到要求，无法将处理过的数据即时传送，也无法得到满意的显示效果。显存的容量跟速度直接关系到显卡性能的高低，高速的 CPU 对显存的容量要求就相应地更高一些，所以显存的好坏也是衡量显卡的重要指标。要评估一块显存的性能，主要从显存类型、工作频率、封装和显存位宽等方面来分析。

3. 显卡电源电路

显卡的电源电路通常是由电容、电感线圈和场效应管（MOSFET 管）这三大部分组成开关电源。开关电源的主要工作原理就是上桥和下桥的 MOS 管轮流导通：首先，电流通过上桥 MOS 管流入，利用线圈的存储功能，将电能集聚在线圈中，最后关闭上桥 MOS 管，打开下桥的 MOS 管，线圈和电容持续给外部供电。然后又关闭下桥 MOS 管，再打开上桥让电流进入，就这样重复进行。利用开关电源供电，除了能够为核心和显存提供更加纯净、稳定的电流之外，还起到了降压限流的作用，以此来保证显卡的正常工作。

4. 显卡 PCI-E 总线接口

显卡须插在主板上面才能与主板交换数据，因而就必须有与之相对应的总线接口。现在最主流的总线接口是 PCI-E 接口。此接口是显卡的一种新接口规格，PCI-E 3.0×16 接口的数据带宽是 32 GB/s，PCI-E 接口还可给显卡提供高达 75 W 的电源供给，因此，PCI-E 接口是现在比较先进的接口规范。

5. 输出接口

经显卡处理好的图像数据要显示在显示器上面，必须通过显卡的输出接口输出到显示器上，现在最常见的显卡输出接口主要有 DVI 接口、DisplayPort 接口（简称 DP 接口）、HDMI 接口等几种。

问答 2：常见的显卡接口有哪几种？

如图 2-39 所示为显卡上的接口。

VGA 接口：VGA（Video Graphics Adapter，视频图形阵列）是模拟信号接口。早期的 CRT 显示器（就是大脑袋那种）只能接收模拟信号，需要显卡将数字信号转换为模拟信号，再传输给显示器进行显示，VGA 就是传输模拟信号的接口。由于接口在外形上像字母"D"，因此又叫 D-SUB 接口。这种接口已经随着液晶显示器的普及，逐渐退出了历史舞台，但在维修电脑时偶尔还能遇到。

DVI 接口：DVI（Digital Visual Interface，数字视频接口）是数字信号接口。一般的液晶显示器都是可以直接处理和显示数字信号的，所以显卡可以不通过数-模转换器而直接把数字信号传输给显示器。通常，DVI 接口可以传输两种信号，即数字信号和模拟信号。当显示器需要模拟信号的时候，DVI 接口可以通过一个转换器连接模拟显示器，输出模拟信号。DVI 接口可以分为两类：DVI-D 接口和 DVI-I 接口。其中，DVI-D 只有数字接口，DVI-I 有数字接口和模拟接口。目前应用以 DVI-D 接口为主。DVI-D 接口和 DVI-I 接

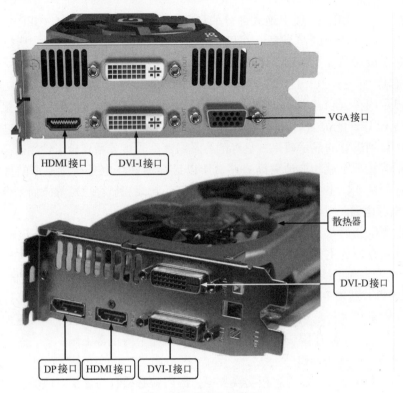

VGA接口

散热器

DVI-D接口

HDMI接口　DVI-I接口

DP接口　HDMI接口　DVI-I接口

图2-39　显卡上的接口

口又有单通道（Single Link）和双通道（Dual Link）之分，平时见到的都是单通道的。

　　HDMI接口：HDMI（High Definition Multimedia Interface，高清晰度多媒体接口）也是直接传输数字信号的接口，最高数据传输速度为5 Gbit/s，因此HDMI接口更适合高清晰视频音频的传输。1080p的视频信号和8声道的音频信号的需求少于4 Gbit/s，所以HDMI接口在视频和音频传输方面具有明显优势。

　　DP接口：DVI接口和HDMI接口都是通过把信号转化成TMDS（Transition Minimized Differential Signaling，最小化传输差分信号）来进行传输，然而在笔记本电脑领域，长久以来都是LVDS（Low－Voltage Differential Signaling，低压差分信号）的天下。DP接口的推出正好完美地解决了这个难题。DP接口主要有两大优势：第一，DP接口在协议层上的优势，DP接口采用的是MPA（Micro－Packet Architecture，微封包架构）；第二，使用DP接口大大地简化了笔记本电脑布线的复杂度。

问答3：如何看懂显卡处理器型号的后缀

　　无论是N卡（NVIDIA显卡）还是A卡（AMD显卡），显卡的型号命名都遵循一定的规律。生产商多会以后缀来区分显卡的性能优劣，所以，只要认识了显卡型号后缀的含义，就可为选购显卡带来很大的方便。A卡目前都采用了公版卡，型号的命名比较统一，数字越大的性能越好，而N卡大多采用后缀形式。N卡的型号后缀大概有以下5种。

　　LE——表示管线缩水产品。

　　GS——表示标准版显卡。

　　GE——表示影驰显卡，管线没缩水，频率接近GT，性价比还可以。

GT——表示高频显卡，性能稳定，但是价格比较高。

GTX——表示高端显卡顶级型号，价格高，性能强。

问答 4：什么样的显卡才是高性能的？

1. 要有高性能的显示芯片

显示芯片是显卡的核心芯片，它的主要任务就是处理系统输入的视频信息并对其进行构建、渲染等工作。显示芯片的性能直接决定了显示卡性能的高低。不同的显示芯片，不论是其内部结构还是其性能，都存在着差异，价格差别也很大。显示芯片在显卡中的地位，就相当于 CPU 在电脑中的地位，它是整个显卡的核心。由于显示芯片非常复杂，目前设计制造显示芯片的厂家主要有 NVIDIA、AMD、Intel 等公司，其中 NVIDIA 和 AMD 的市场占有率最高。

NVIDIA 和 AMD 都有不少产品，性能高低读者可以参照图 2-40 所示的显卡天梯图。图中位置越靠上的显卡，性能越好。

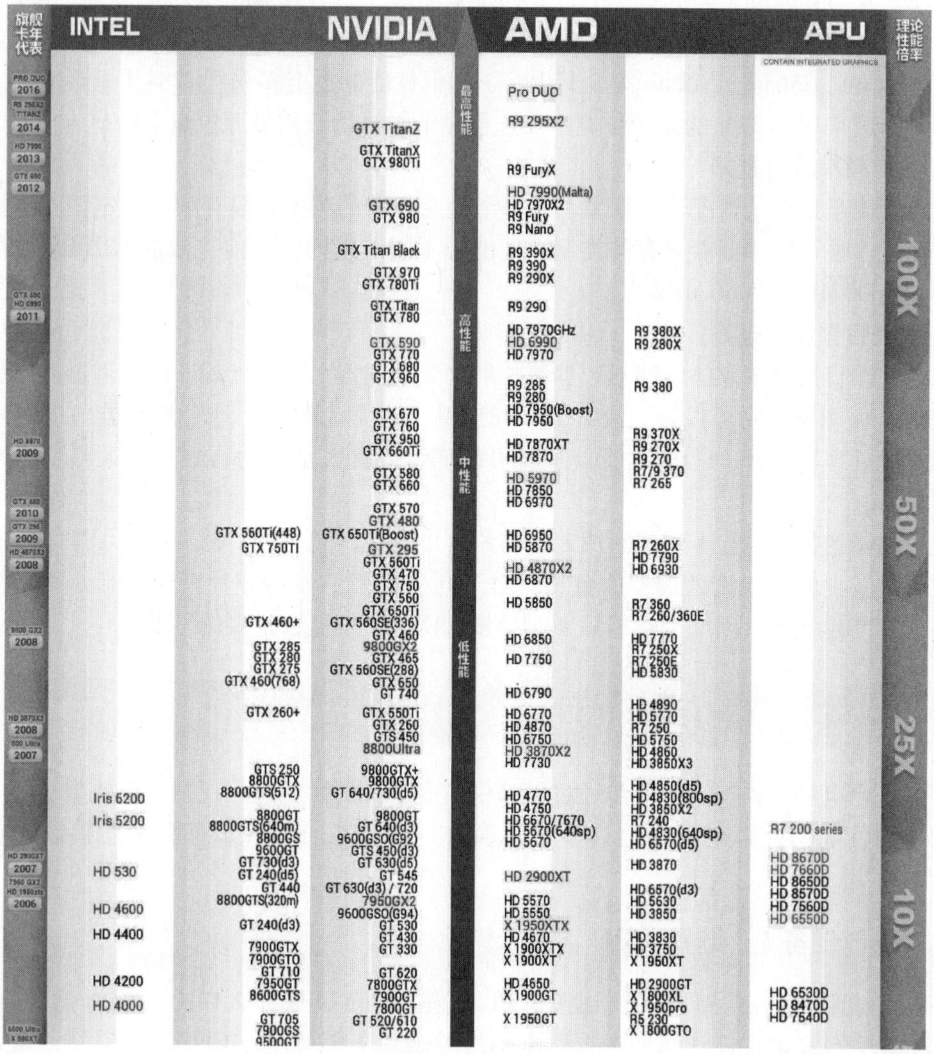

图 2-40　显卡天梯图

2. 显示芯片中的核心频率要尽量高

核心频率是指显示芯片中的显示核心的工作频率，其工作频率在一定程度上可以反映出显示核心的性能。但显卡的性能是由核心频率、显存、像素管线、像素填充率等多方面因素所决定的，因此在显示核心不同的情况下，核心频率高并不代表此显卡性能强劲。在同样级别的芯片中，核心频率高的则性能要强一些，提高核心频率就是显卡超频的方法之一。

3. 显存容量足够高，最好用 GDDR5 规格

显存是指显卡的内存，其主要功能是暂时存储显示芯片要处理的数据和处理完毕的数据。显示核心的性能愈强，需要的显存也就越多。目前主流显卡主要采用 GDDR5 规格的显存。显存主要由传统的内存制造商提供，比如三星、现代、Kingston 等，容量一般为4 GB、6 GB 或更高。一般来说，显存容量越大越好。

4. 显存位宽尽量宽

显存位宽是指显存在一个时钟周期内所能传送数据的位数，显存带宽等于显存频率 * 显存位宽/8。在显存频率相当的情况下，显存位宽将决定显存带宽的大小。因此，位数越大，瞬间所能传输的数据量越大。这是显存的重要参数之一。目前主流显卡的显存位宽有128 bit、192 bit、256 bit、512 bit 等，其中，一些低性能的显卡多采用128 bit 显存位宽，而高性能的显卡则采用512 bit 的显存位宽。在选购显卡时尽量选购显存位宽大的显卡。

5. 显存频率越高越好

显存频率是指默认情况下，该显存在显卡上工作时的频率。显存频率一定程度上反映该显存的速度。显存频率随着显存的类型、性能的不同而不同，目前主流的 GDDR5 显存的频率一般为 5000 MHz、7000 MHz 等。

6. 流处理器越多越好

流处理器直接将多媒体的图形数据流映射到流处理器上进行处理，流处理器可以更高效地优化 Shader 引擎，它可以处理流数据，同样输出一个流数据，这个流数据可以应用在其他超标量流处理器（PS）当中，流处理器可以成组或者大量地运行，从而大幅度提升了并行处理能力。

流处理器的数量对显卡性能有决定性作用，可以说，高、中、低端的显卡除了核心不同外最主要的差别就在于流处理器的数量。对于同一品牌的显示芯片来说，流处理器数量越多，显卡性能越强劲。因此，选购显卡时尽量选购流处理器数量多的显卡。

2.2　实战：选购电脑配件

评判一台电脑的档次，主要是通过电脑中主要部件的性能进行评判，而要想了解电脑的主要部件的性能，就必须先知道其型号和参数。下面重点介绍如何快速查看这些硬件的信息。

2.2.1　任务1：选购 CPU

CPU 是电脑的心脏，现在市场上的 CPU 五花八门，到底什么样的 CPU 才适合自己呢？电脑部件越来越高的性能让我们在选购电脑的时候完全无须担心 CPU 是否够用，是否可以流畅处理日常的工作需求以及家庭娱乐。不过，在攒机过程中总会因为预算不足而不得不对

原有配置进行精简，这时很多朋友会盲目地挑选一些符合价格预算的产品，从而偏离了最初的配置方向，因此在选购 CPU 之前一定要先弄清楚自己的需求和预算。

第一步：根据需求选择 CPU

在选择 CPU 之前，一定要先确定自己的需求，并不是说贵的、性能好的 CPU 就适合每一个人，当然，如果预算充足，而且用户对高端平台有着非常强烈的渴望，那么性能强劲的旗舰级产品可以说是不二选择。因为旗舰级产品的性能较强，可以让用户获得更好的体验，但是价钱也较高。

对于一般的游戏玩家来说，不必追求旗舰级的顶尖性能，中端的 CPU 已经足够使用；对于中端用户来说，较高性能的酷睿 i5 或者 AMD 的八核 FX 系列 CPU 都是不错的选择，它们可以保证游戏的稳定运行，同时价位又不是非常高，1000 元左右的 CPU 价格适合预算在4000 元左右的玩家选用。

对于一般的玩家或资金不足、准备组建较低价位电脑的用户来说，一颗入门级的 CPU 就足够使用，几百元的价格搭配一款价格较低的主板，节省预算的同时还能满足需求。

第二步：确定品牌，选择 Intel 还是 AMD

目前主流的两大 CPU 厂商分别是 Intel 公司和 AMD 公司，因此选购 CPU 时主要从这两个品牌中选择。就性能而言，Intel 公司 CPU 的综合处理能力稍强，同档次的 CPU 在商业应用、多媒体应用、平面设计方面有优势。而 AMD 公司的 CPU 在三维制作、游戏应用、视频处理等方面比 Intel 公司同档次的 CPU 有优势。

从性价比来说，AMD 公司的 CPU 性价比更高；从综合性能来看，Intel 公司的 CPU 更有优势，但价格相对较高一些。在选购时应根据实际用途、资金预算等选择最适合自己的CPU。如图 2-41 所示为 Intel 公司的 CPU。

图 2-41　Intel 公司的 CPU

第三步：选择散装 CPU 还是盒装 CPU

CPU 有盒装产品和散装产品之分，它们的区别如下。

（1）盒装 CPU 产品带有原厂的 CPU 散热器，而散装 CPU 产品则没有自带散热器，需要单独购买，因此盒装 CPU 的价格要高一些，实际上就是多了一个散热器的钱。那么，我们不禁要问，CPU 工作时不是都需要散热器吗？怎么还分散装和盒装呢？这是因为对于一些超频玩家来说，由于超频之后 CPU 发热量较大，通常需要配置一个散热效果更好的散热器，如水冷散热器或者其他高端散热器，如图 2-42 所示。此时如果选择盒装 CPU，盒装产品中的散热器就会浪费了。所以商家提供了更多选择，让用户自己选择需要的产品。

（2）盒装 CPU 的保修期要比散装 CPU 长一些，盒装 CPU 的保修期通常为三年，而散装 CPU 的保修期则为一年。也就是说，盒装 CPU 和散装 CPU 在质保方面也有一定的区别。

对于一般用户而言，建议首先选择盒装 CPU，因为如果某些散装 CPU 和盒装 CPU 价格相差不大的话，选择散装 CPU 再自行购买散热器可能还没直接购买盒装 CPU 划算。通常，盒装 CPU 散热器是可以满足散热要求的，并且是经过厂商严格测试的，质量上比较可靠，因此盒装 CPU 是 DIY 装机的主流，超频用户除外。如图 2-43 所示为盒装酷睿 i3-530 CPU。

图 2-42　超频散热器

图 2-43　盒装酷睿 i3-530 CPU

第四步：选择带"K"还是不带"K"的

在选购 Intel 公司的 CPU 时，会发现有些 CPU 产品的型号后面带 K，而有些不带，如酷睿 i7 6700 和酷睿 i7 6700K。那么，带"K"和不带"K"有什么区别呢？

简单来说，后缀带"K"的 CPU 可以超频，不带"K"的不能超频；后缀带"K"的 CPU，没有锁定倍频，可以通过修改倍频来超频，后缀不带"K"的 CPU，倍频是锁定的，不能通过修改倍频来实现超频。

对于普通用户来说，不带"K"的 CPU 性价比更高，带"K"的比不带"K"的要贵一些，毕竟对于大多数人都没有超频的需求。

第五步：注意购买时机

通常，一款新的 CPU 刚刚面世时的价格会高得吓人，而且技术也未必成熟。此时除非非常需要，否则用户大可不必追赶潮流去花更多的钱。只要过半年左右的时间，便可以节省一笔可观的开支。所以，购买时最好选择推出半年到一年的 CPU 产品。

2.2.2　任务 2：选购主板

一般，用户在选购主板之前基本已经确定了所需电脑的档次，也可以说确定了所使用的 CPU 的类型。当然，选购主板和选购 CPU 一样，都需要确定是使用 Intel 系列的 CPU，还是 AMD 系列的 CPU，因为它们的插槽不一样。

第一步：选择品牌

一般具有良好口碑的产品，无疑会让用户在选购时比较放心。目前市场上的品牌主板厂商有华硕、微星、技嘉等几家。这几个品牌的主板在做工、稳定性、抗干扰性上都处于同类产品的前列，并且售后服务也很完善。

第二步：看内存插槽类型

目前主流的内存有 DDR3 和 DDR4 两种，这两种内存的插槽互不兼容，不能通用，如图 2-44 所示。而且一般主板只采用其中一种插槽，所以在选购主板的时候要考虑准备采用的内存类型。

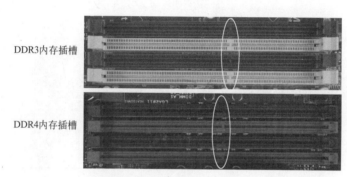

图 2-44　主板内存插槽

第三步：观察主板做工

在确定了主板的品牌之后，按照所选 CPU 选择相应的型号。在挑选主板时，要仔细观察主板的做工，例如查看主板印刷电路板的厚度，查看印刷电路板边缘的光滑度，检查主板上的各焊点是否饱满有光泽，焊点排列是否整洁，以及查看主板布局结构是否合理。

第四步：看主板的用料

"用料"指的是主板上的元器件，用料的好坏其实就是指主板上元器件的质量及性能的好坏。但是，用料的好坏并没有一个具体的量化的标准，所以主板之间的用料不能像性能一样通过跑分成绩来互相对比。这样看来，用料的对比的确是一门学问。

作为厂商和用户最为看重的用料，电容在主板上的地位举足轻重。电容的好坏也成为厂商相互竞争的一大噱头。

电路中的电容有很多种，在主板上看到最多的电容可以分为三种：电解电容、固态电容和钽电容，如图 2-45 所示。电容安装在主板上的方式分为直插和贴片两种。就像是电阻要标定不同的阻值，电容也需要标定规格。从主板上电容的尺寸来看，同一块主板上的电容在规格上有着较大的差距。

（1）电解电容

随着主板的发展，电解电容在主板上使用得越来越少，只有少数的中低端主板仍然在使用这种电容，因为价格低是其最主要的优势。如图 2-46 所示为主板供电电路中的电解电容。

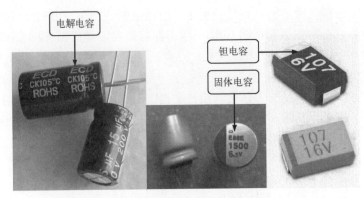

图 2-45　主板常见电容

图 2-46　主板供电电路中的电解电容

电解电容一般会有一层塑料制的"外衣"，上面会明确标注电容的容值及耐压值。

（2）固态电容

随着主板用料的进步，主板上的电解电容正慢慢地被固态电容所取代。固态电容之所以能够在主板上一统江湖，与其优点是密不可分的。相比于电解电容，固态电容不会出现爆浆的危险，这也是主板厂商大力宣传的卖点之一。另外，固态电容的稳定性和寿命都要优于电解电容，因此更适合工作在环境恶劣的电脑机箱中。还有一点，就是固态电容对于运行温度不敏感，不会因为高温、高湿而影响到电容的参数。如图 2-47 所示为主板上的固态电容。

固态电容并没有塑料制的外皮，而是直接将铝壳暴露在外面。电容的规格被标注在电容顶部，一般来讲，字体最大的数字是电容的容值，单位一般为微法（μF）。而电容值的下方会标注电容的精度以及耐压值或者耐流值，读者只要仔细阅读就能够明白其中的意思。

（3）钽电容

钽电容拥有非常出色的性能，具体包括耐高温、稳定性高、电感效应低、精度高、滤高频谐波出色等，所以经常被用在高频电路或者高温高压的电路上，这也是为什么经常在主板供电模块上看到其身影。如图 2-48 所示为主板上的钽电容。

图 2-47　主板上的固态电容

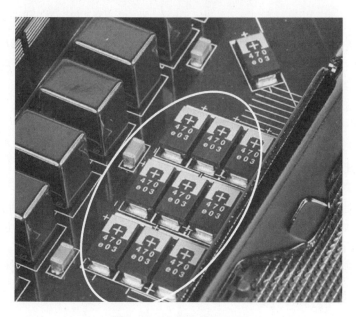

图 2-48　主板上的钽电容

总体来说，主板供电电路中最好采用固态电容或钽电容，电解电容比较一般。

第五步：看保险电阻数量

看保险电阻数量主要是指看主板的 I/O 接口附近是否有足够数量的保险电阻。保险电阻的作用是当外部设备（如 PS/2 接口、USB 接口、HDMI 接口等）错误地进行热插拔或外界电流突然增大（如遇到雷击）时，能自动熔断，以保护主板。而如果没有足够多的保险电阻，则很容易造成主板烧毁。如图 2-49 所示为主板上的保险电阻。

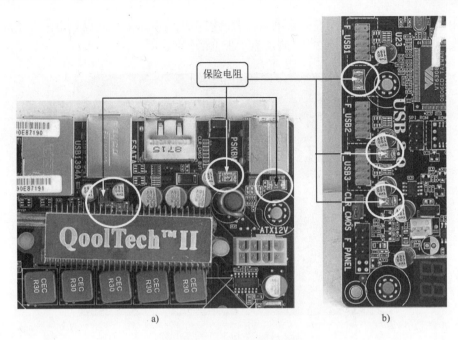

保险电阻

图 2-49　主板上的保险电阻

a）USB 接口、HDMI 接口、PS/2 接口附近的保险电阻　b）USB 扩展接口附近的保险电阻

从外观上来看，主板上常见的保险电阻为绿色或灰色扁平状，类似于贴片电容。一般来说，一款合格的主板在 PS/2 接口、USB 接口附近都会有这样的保险。而高档主板在 SATA 硬盘接口附近也会有这样的保险。

当然，也有部分主板为了降低生产成本，而减少了保险电阻的使用量，主板上留下了明显的空焊位。这种主板所带来的安全隐患显而易见，因此，在挑选主板时，若只在 I/O 接口附近看到一个或两个这样的保险，对于这样的主板，还是敬而远之为好。

第六步：看主板细节

对于一款优秀的主板来说，使用是否方便也很重要，而这一点主要看主板的细节。

首先，要看电源插口的位置。一般来说，主板的电源插口大多在内存插槽附近的边缘位置。这样设计最大的好处是用户可以方便地整理电源线。而部分主板则将电源插槽设计在主板的 I/O 接口附近，这样主板的电源线要经过 CPU 散热器上方才能插上，不仅不方便，并且粗粗的一把电源线也会影响到机箱内风道的形成，进而影响机箱内的整体散热情况。

2.2.3　任务 3：选购内存

内存是电脑中重要的配件之一，由于电脑中所有程序的运行都是在内存中进行的，因此内存的性能及稳定运行对电脑的影响非常大。在内存选购方面，很多用户都认为内存"越大越好"。然而，内存的容量固然重要，但是只关注容量显然是不够的，下面重点讲解如何选购内存。

第一步：选择正确的类型

目前主流的内存分为 DDR3 和 DDR4 两种，由于两种内存之间，从内存控制器到内存插槽都互不兼容，因此读者在购买内存之前，首先要确定自己的主板支持的内存类型。如图 2-50 所示为 DDR3 内存和 DDR4 内存。

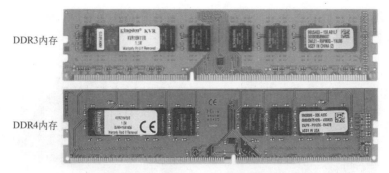

图 2-50　DDR3 内存和 DDR4 内存

第二步：选择合适的容量和频率

内存的容量不但是影响内存价格的因素，同时也是影响整机系统性能的因素。过去，在 Windows XP 系统中，512 MB 的内存还是主流，但是现在，4 GB 的内存都不一定能保证操作的流畅度。虽然大容量内存可以提高运行速度，但是内存容量不见得是越大越好，读者在选购内存的时候也要根据自己的需求来选择，以发挥内存的最大价值。对于目前仍然使用 32 位 Windows XP 系统的用户，2 GB 容量的内存是最佳选择；如果是 Windows 7/8 系统，4 GB 内存已经够用；如果使用 Windows 10 系统，可以选择 8 GB 容量的内存。

和 CPU 一样，内存也有自己的工作频率，内存主频越高，在一定程度上代表着内存所能达到的速度越快。但是，不能盲目选择高频率内存条，要根据个人电脑相关参数，比如主板支持的最大频率以及单槽支持的最大容量等信息选购。如图 2-51 所示为主板上标注的支持的内存工作频率。

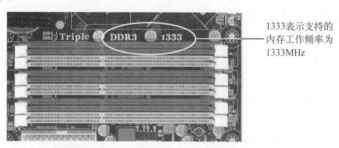

1333表示支持的
内存工作频率为
1333MHz

图 2-51　主板上标注的支持的内存工作频率

第三步：选择原厂存储芯片

内存存储芯片本身品质的好坏对内存模组质量的影响几乎是举足轻重的，内存的质量90% 是由芯片决定的。对于同一品牌的内存，应尽量选择原装芯片封装的内存产品；对于不同品牌的内存，如果在保修有保障的情况下，也尽量选择原装芯片封装的内存。目前全球范围内主要的内存芯片厂商有三星、现代 、美光、奇梦达、南亚等。如图 2-52 所示为内存存储芯片。

第四步：观察内存做工

拿到一条内存，首先要看的是 PCB（Printed Cirauit Board，印制电路板）的大小、颜色及板材的厚度等。板材的厚度（即内存条是采用四层板、六层板还是八层板）对其性能起着重要的作用。一般来说，如果内存条使用的是四层板，那么其 VCC（电源线）、Ground（接地线）和正常的信号线就得布置在一起，这样内存条在工作过程中由于信号干扰所产生的杂波就会很大，有时会产生不稳定现象。而若使用的是六层板或者八层板，内存条中的 VCC 线和 Ground 线可以各自独占一层，相应的干扰就会小得多。如图 2-53 所示为内存条的 PCB。

a)   b)

图 2-52　内存存储芯片

a）内存存储芯片正面　b）内存存储芯片背面

内存芯片

图 2-53　内存条的 PCB

关于内存 PCB 设计，除了要考虑 PCB 外，还要考虑另外两个因素：一是布线（Layout），二是电阻的搭配。DIY 用户都知道性能优良的主板、显卡都需要良好的布线，内存在这点上与它们是相通的。用在内存上的电阻一般有两种阻值，分别为 10 Ω 和 22 Ω。使用 10 Ω 电阻的内存的信号很强，对主板兼容性较好，但随之而来的问题是其阻抗也很低，经常由于信号过强导致系统死机。而使用 22 Ω 电阻的内存，优缺点与前者正好相反。有些内存厂商往往从成本考虑使用 10 Ω 电阻。读者在选购内存时不能小看那几个不起眼的电阻，好内存必定需要有合适的电阻搭配。

第五步：看金手指的厚度

内存金手指的优劣也直接影响着内存的兼容性甚至是稳定性。金手指是指 PCB 下部的一排镀金触点，其主要作用就是传送内存与主板之间的所有信号。它一般由铜组成，并用特殊工艺覆盖一层金，以保证不受氧化，保持良好的通透性。因为金的抗氧化性极强，而且传导性也很强，所以金手指上镀金的厚度越大，内存的性能就越出色。如图 2-54 所示为内存金手指。

另外，内存都难免被用户多次插拔，这些操作都会对金手指造成损耗，久而久之就会影响内存的使用寿命，所以较厚的金手指在耐久性和防损性上有较大的优势，用户在挑选内存时可以稍微关注一下金手指的色泽与厚度。

第六步：分辨假冒内存和返修内存

有些内存使用了不同品牌、型号的内存颗粒，以冒充优质的内存。另外，有时也会采用打磨内存颗粒然后加印新的编号参数的作假手段。

一般，经过打磨的芯片比较暗淡无光，有起毛的感觉，加印上的字迹模糊不清，这些都是假冒内存存在的问题。此外，还要观察 PCB 是否整洁、有无毛刺、金手指是否有经过插拔所留下的痕迹等现象，如果有，则很有可能是返修内存产品。

图 2-54　内存金手指

2.2.4　任务 4：选购硬盘

硬盘是电脑中的重要部件之一，不仅价格昂贵，其中存储的信息更是无价之宝，因此，每个购买电脑的用户都希望选择一款性价比高、性能稳定的好硬盘，并且在一段时间内能够满足自己的存储需要。速度、容量、安全性一直是衡量硬盘的最主要的三大因素。下面讲解一下如何选购硬盘。

第一步：选择多大容量的硬盘

硬盘的容量是非常关键的，大多数被淘汰的硬盘都是因为容量不足，不能适应日益增长海量数据的存储，如果说速度慢一点还可以忍受的话，空间缺乏可是更令人头痛的事。

原则上说，在尽可能的范围内，硬盘的容量越大越好，一方面，用户得到了更大的存储空间，能够更好地面对将来潜在的存储需要；另一方面，容量越大，硬盘上每兆存储介质的成本就越低，无形中为用户降低了使用成本，这一点对于那些从事图形图像处理、音频语音识别和多媒体技术应用等工作，要求海量存储空间的用户尤其重要。

但是并不是对所有用户都是如此，由于硬盘容量超大，价格理所当然会更高，如果选购了超大容量硬盘，而平时仅仅是一般办公应用，那么就会造成容量浪费，多掏冤枉钱。另外，对于预算紧张的用户来说，选购超大容量硬盘也会造成预算紧张。所以在选购硬盘的时候，并不是容量越大的硬盘越合适，主要还是根据自己的实际需求购买。

目前市场上的硬盘主要有 10 TB、8 TB、6 TB、5 TB、4 TB、3 TB、2 TB、1 TB、500 GB 等容量的，对于普通的办公、学习、上网的用户来说，1 TB 或 2 TB 硬盘足够用；对于图形图像处理、音频多媒体应用等用户来说，可以考虑 4 TB 或更大容量的硬盘。

第二步：选择主流的转速

目前市场上的硬盘主要有 10000 r/min、7200 r/min、5900 r/min、5400 r/min 转速的，其中 7200 r/min 是如今的主流，性能也更高，建议选购 7200 r/min 的产品。

第三步：选择大缓存的硬盘

缓存容量的大小与转速一样，与硬盘的性能有着密切的关系，大容量的缓存对硬盘性能的提高有着明显帮助。现在的硬盘缓存容量有 6 种规格，分别为 8 MB、16 MB、32 MB、64 MB、128 MB 和 256 MB。当然，缓存越大，硬盘的性能就越高。目前主流硬盘的缓存容量为 64 MB，所以选购硬盘时尽量选购缓存容量不小于 64 MB 的硬盘。

第四步：选择 SATA 3.0 接口的硬盘

硬盘接口是硬盘与主机系统间的连接部件，作用是在硬盘缓存和主机内存之间传输数据。在一定程度上来说，它决定了主机和硬盘之间传送数据的快慢。硬盘的接口主要有 SATA 3.0、SATA 2.0、SATA 1.0、PATA、SAS 等类型，其中，SATA 3.0 接口是目前最新、最快的接口，所以在选购硬盘时应选择 SATA 3.0 接口的硬盘。

第五步：通过硬盘序列号辨真假硬盘

一般每块硬盘上都有一个产品序列号，它和尾部的序列号是一致的。用户可在硬盘官方网站上查询硬盘是否为正品，以及具体质保日期。如果查不到相关资料，则可能为无质保的假货。如图 2-55 所示为硬盘的序列号。

图 2-55　硬盘的序列号

在图 2-55 中，硬盘背面大标签处的产品序列号为 ZIF09YAA，底部小标签的产品序列号为 ZIF09YAA，两码合一，初步判断为正品。再结合厂家官网查询，即可确定是否是正品。

2.2.5　任务 5：选购显卡

显卡是一个和游戏体验有非常直接关系的配件，选对了显卡，流畅地玩游戏一般都不存在问题，但倘若显卡选择不得当，则要么造成性能和金钱的双重浪费，要么达不到所要的性能，花钱买鸡肋，因此，显卡一定要细心买，这样才能放心玩。

购买显卡首先要了解自己对显卡的性能需求，了解显卡的性能定位。下面讲解如何选购显卡。

第一步：不迷信独立显卡，按需求选购

要不要独立显卡是个老话题了，显卡的一种分类是独立显卡和集成显卡（以前是主板集成显卡，现在是 CPU 内部集成显卡）。如果您平常只是上网或者进行文字处理，集成显卡就足够了，没必要再破费。再说，不要对集成显卡的 3D 性能太悲观，如今集成显卡的 3D 性能已经提升很多。

第二步：认识显卡型号

近年来，显卡基本每 18 个月就会完成一次更新换代，每次换代都会"制造"相当多的型号，而且"数字游戏"的命名方式让人眼花缭乱。

单纯从型号上看，GTX1050 似乎要比 GTX980 高，但实际情况却恰恰相反，GTX1050 的性能比 GTX980 低一个档次。这两款显卡型号中的倒数第二位数字"5"和"8"，表明这款显卡在新产品线中的定位。

因此，看显卡型号，要学会看上述倒数第二位数字。在 NVIDIA 产品线上，若倒数第二位数字是 6、7、8（比如 GTX960、GTX980、GTX970、GTX1080），则代表这款产品的定位为高端；若倒数第二位数字是 5，则代表这款产品定位于千元级的中端主力产品；若倒数第二位数字是 4、3、2、1，则这款产品的性能和定位较中端产品进一步下降。在 AMD 产品线上，若倒数第二位数字是 9（比如 R9390、R9290），则代表这款产品定位于高端；若倒数第二位数字是 8，则定位于千元级的中端主力产品；若倒数第二位数字是 7、6、5、4，则性能和定位进一步下降。如图 2-56 所示为显卡性能对比情况。

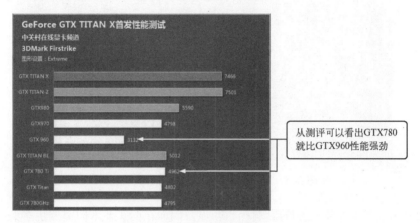

图 2-56　显卡性能对比

专家提示

一般情况下，对于同系列的产品，根据型号倒数第二位数字可以大概判断出其性能的优劣，但对于不同系列的产品，例如 GTX660Ti 和 GTX570 相比，却是 GTX660Ti 优胜于 GTX570，这是由于 GeForce 6××系列使用了新开普勒架构，就算倒数第二位数字相近，新系列的性能也会更出色，因此要熟悉显卡的性能定位，同时多关注显卡的发展形势。

第三步：读懂显卡的参数

很多朋友在了解显卡的时候看到复杂的显卡参数，瞬间就会感到有压力，但要清楚显卡的性能定位，了解显卡的参数是最直接的方法。

影响显卡性能的因素不多，起决定性作用的因素有架构核心、流处理器数量、显存位宽、频率、光栅处理单元数量等。一般来说，除了制作工艺越小越好外，其他参数是越大性能就越强。16 nm 制作工艺较新，因此在功耗上和性能上都比 28 nm 更进一步；流处理器、光栅处理单元越多，显卡的图形性能也越强；显存位宽是显存在一个时钟周期内所能传送数据的位数，因此同样对显卡性能影响相当明显。

但要注意的一点就是，并非显存容量越大的显卡越强，如图 2-57 所示为不同显存容量的显卡的对比情况。从多款主流游戏测试结果也可以看到，就算显存容量不同，但相同规格下，测试软件跑出的成绩几乎一样。但 2 GB 显存的 HD7750 却要比 1 GB 的 HD7750 贵200 元。所以，只看显存容量是很片面的，在影响显卡性能方面显存的作用很小，反而是显

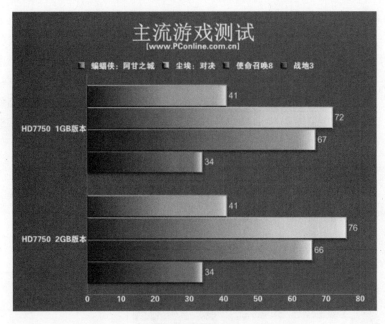

图 2-57　不同显存容量的显卡的对比情况

存频率、显存位宽等参数对性能的影响相当明显，因而在购买显卡时需要更多关注显存规格参数。

第四步：看显卡的做工和用料

很多追求性价比的用户了解了显卡型号和参数规格之后，就很容易忽视显卡的做工和用料。虽然，显卡的做工和用料不能影响显卡的性能，但对显卡寿命却影响很大。

1. 看散热器

首先来看显卡散热器，显卡散热对 GPU 寿命至关重要，一块好的 GPU 芯片配上劣质的散热器，显然是"慢性自杀"。

有的朋友单纯从散热器的体积来判断散热效果，其实这样并不全面。如图 2-58 所示的显卡，虽然看上去散热器占据了显卡大部分的位置，并且配备了双风扇散热，但拆开一看发现散热器用的是全铝制，相比那些配备热管（或者铜制散热器）且直接接触 CPU 的显卡就差很多。

显卡过热一般会自动重启或死机，严重的甚至会烧毁芯片，因此选购显卡的时候，尽量选取散热器较好的产品，目前主流级别以上的显卡基本都配备热管，散热效果更佳。

2. 看供电电路

显卡供电主要有两种方式，一种是数字供电，主要应用在以超频为卖点的高端显卡；另一种是传统的模拟供电，目前大多数中高端显卡都采用这种供电。

当采用模拟供电方式时主要看供电相数的多少。目前很多厂商为了突出其研发的实力，都在大力地宣传自己的卡拥有 X 相供电。

观察显卡供电相数的方法就是观察供电部分的电感数量。一般情况下，一个电感对应一相供电。也有一些高端显卡例外，每一相供电搭配了两个电感，这样做是为了分摊更多的电流，有效地避免了电流过大时的影响。

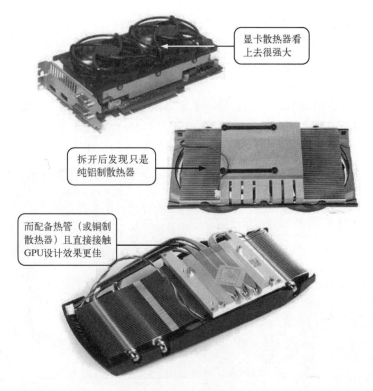

图 2-58　显卡散热器对比

显卡散热器看上去很强大

拆开后发现只是纯铝制散热器

而配备热管（或铜制散热器）且直接接触 GPU 设计效果更佳

　　其实，辨别显卡供电相数也很简单，只需将显卡反过来，观察其电感的引脚是否共用一组线路即可，如图 2-59 所示。

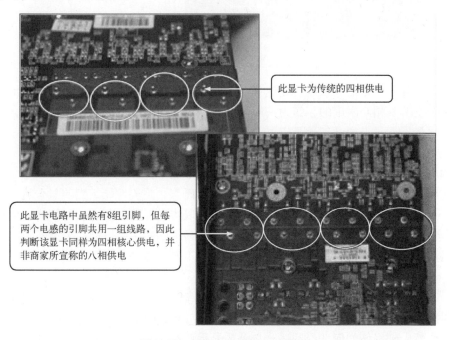

此显卡为传统的四相供电

此显卡电路中虽然有 8 组引脚，但每两个电感的引脚共用一组线路，因此判断该显卡同样为四相核心供电，并非商家所宣称的八相供电

图 2-59　看显卡电路板上的线路

3. 看显卡电容用料

另外，除了供电电路的设计外，还应注意显卡电路上的电容。目前的显卡几乎都宣称采用全固态电容，但有些商家为了省钱，采用的是铝壳电容而非固态电容，这种电容的品质要差一些。

那么，如何分辨这两种电容呢？它们的主要区别在于有无防爆纹，如图 2-60 所示。其实，这是商家将铝壳电容和固态电容的概念混淆。铝壳只是一种制作工艺，并不一定是固态电容。

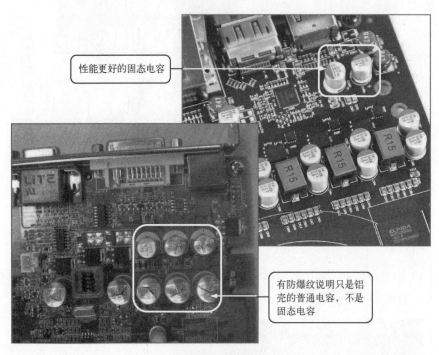

性能更好的固态电容

有防爆纹说明只是铝壳的普通电容，不是固态电容

图 2-60　显卡电路中的电容

通过以上说明，相信大家以后在选择显卡时会有更多的想法。当然，要了解清楚显卡做工的每一个细节是相当困难的，作为一般消费者，也无需对显卡进行深入的了解，只要通过这些方面尽量了解显卡的做工就可以了。

第五步：了解显卡的售后服务

选购电子产品时一定要了解售后服务，对于显卡也不例外。

很多朋友都说现在电脑的性能过剩，对于显卡而言，主流性能级别的显卡玩上个两三年游戏还是可以的，因而笔者建议购买显卡时还是选取售后保障时间较长的厂商。值得一提的是，显卡售后服务虽然越长越好，但最主要还是看显卡的做工要过硬，谁都不想自己的显卡每隔一两周就跑售后，就算保修时间再长，带来的不便利也是难以估计的。

2.2.6　任务 6：选购液晶显示器

如果对市场不太了解，那么在选购液晶显示器（Liquiol Crystal Display，LCD）时，就会感觉比较茫然。到底该如何选择到适合自己的显示器产品呢？下面就来细说如何选购适合自己的产品。

第一步：电商买还是实体店买？

首先面临的问题就是去电商平台还是实体卖场购买液晶显示器。在电商崛起的时候，曾经以低价来获取客流，但是由于物流及人力成本的上升等原因，电商平台的产品其实已经没有了价格上的优势。因此价格优惠并非是抉择电商与实体卖场的最关键因素。笔者认为，选择电商还是实体卖场，除了价格，还要看方便的程度。如果自己的家或者公司离实体卖场非常地近，而且价格也适合，就可以选择去实体卖场购买。

在购买的时候，也需要注意一些问题。首先就是选定好自己想要的型号，卖家推荐的替换产品坚决不选，以防上当受骗；其次就是在电商上看好价格，一般来说，目前的实体卖场价格都和电商价格持平，甚至有的经销商还会赠送一些小礼品。用户在购买液晶显示器之前应该了解清楚市场的状况。

如果自己离实体卖场非常远，那就不建议去卖场了。首先，价格上也没太多的优势，其次，一旦商品出了问题，去现场交涉会很麻烦。电商平台购买的显示器的质量也不用担心，而且退货也比较方便，所以在电商购买也是可以的。

第二步：外观方面的取舍

目前，液晶显示器的外观设计主要有三个方向：第一是专业产品的厚重与扎实，第二是入门及中端产品的时尚轻薄，第三是电竞显示器的灵活多彩。用户可以综合自己的喜好和用途来选择。

第三步：多大尺寸合适

现在，市面上销售的液晶显示器有 18.5 in、19 in、20 in、21.5 in、22 in、23 in、23.6 in、24 in、24.6 in、27 in、27.5 in 等几种规格，究竟哪种尺寸才是最适合您的？用户可以根据自己的喜好、预算和电脑显卡是否支持等几方面综合来考虑。目前主流的液晶显示器尺寸为 24 ~ 27 in。

第四步：选择哪种面板

选购液晶显示器时，它的液晶面板类型有很多需要注意的地方。譬如，不同的类型的面板在成本、色域、可视角度、色彩精准度方面都会有很大的差异，下面简单介绍。

也许您已经注意到了，目前市面上的液晶显示器非常多，但是有些产品要五六千元，而有些产品才 2000 元左右。造成这巨大价格差的主要原因是它们采用了不同的面板。另外，一些非常便宜的大屏显示器，也是因为采用了非常低廉的 TN 面板。

目前主流液晶显示器采用的面板无非就是 IPS/PLS 面板、MVA/VA 面板或者正在退市的 TN 面板，用户如果对色彩有要求的话，还是要选择广角面板，如 IPS，MVA 的面板，IPS 面板显示的色彩更为鲜艳，MVA 面板显示的颜色比较自然、真实，但是色彩没 IPS 面板显示的鲜艳。IPS 面板亮度更高，画面更为通透，颜色更正，像素感觉更细腻，更适合用于图形处理。而 MVA/VA 面板黑色比较沉，背光控制较好，像素颗粒感较强，更适合看电影、玩游戏。

第五步：看接口类型

很多人在购买显示器的时候可能会忽略这个因素。在液晶显示器上常见的接口有 VGA、DVI、DP、HDMI、MHL、USB、耳机及麦克风接口。一般，高端的显示器接口非常丰富，而低端的显示器接口则比较少。

接口类型多意味着适应的显卡类型比较多，但价格也会贵一些。因此在选择液晶显示器时，还是要结合显卡的接口及今后可能会用到的接口来选择。

第六步：尽量选择响应时间短的

液晶显示器的响应时间，指的是液晶显示器对输入信号的反应时间，即液晶颗粒由暗转亮或由亮转暗的时间。分为"上升时间"和"下降时间"两部分，即通常谈到的响应时间是两者之和。

液晶显示器响应时间通常是以毫秒（ms）为单位，如 8 ms、5 ms、3 ms 等。液晶显示器的响应时间越短，代表显示器的显示速度越快。响应时间和每秒钟能显示的画面帧数的对应关系如下。

$$8 \text{ ms} = 1/0.008 \text{ s} = 每秒钟显示 125 帧画面$$
$$5 \text{ ms} = 1/0.005 \text{ s} = 每秒钟显示 200 帧画面$$
$$4 \text{ ms} = 1/0.004 \text{ s} = 每秒钟显示 250 帧画面$$
$$2 \text{ ms} = 1/0.002 \text{ s} = 每秒钟显示 500 帧画面$$

响应时间对于消费者来说，最直观的表现就是画面的延迟（拖影程度）。早期的液晶显示器响应时间太长，从而造成画面严重拖影，影响视觉体验。不过，经过液晶生产厂商不懈的努力，目前液晶显示器的拖影问题已得到了解决。对于消费来说，购买液晶显示器时，选择响应时间在 8 ms 左右的就可以了。

第七步：看亮度和对比度

亮度是由显示器采用的液晶板决定的。廉价液晶显示器的亮度在 170 cd/m^2 左右，高档液晶显示器的亮度一般为 300 cd/m^2。亮度越大并不代表显示效果越好，它必须和对比度同时调节，两者配合才能获得最佳效果。

事实上，人们日常使用中不需要过高的亮度，过高的亮度反而会给眼睛带来伤害。在绝大多数显示器中，出厂设置基本为 100% 亮度，因为高亮度会让使用者对画面直观的感受更好，然而长时间过高的亮度对视觉伤害是很大的。所以，消费者在关注显示器亮度参数的时候也要考虑到自己是否需要用到那样高的亮度。

液晶显示器的对比度是指最大亮度值（全白）与最小亮度值（全黑）的比值。对比值越大，液晶显示器越好。液晶显示器的对比度可以反映出显示器是否能表现丰富的色阶和画面层次。对比度越高，图像的锐利程度就越高，图像也就越清晰，显示器所表现出来的色彩也就越鲜明，层次感越丰富。

需要说明的是，不少的液晶显示器厂商都提出了动态对比度的概念。所谓动态对比度，指的是液晶显示器在某些特定情况下测得的对比度数值，例如逐一测试屏幕的每一个区域，将对比度最大的区域的对比度值作为该产品的对比度参数。

高动态对比度与低动态对比度，在日常使用中差异不是特别大，尤其对于静态图片，基本看不出任何差别。所以，厂商对其定位也是在高清影片的播放上，在开启动态对比度之后，画面在细节展现上会有所提升。

第八步：注意液晶显示器的可视角度

液晶显示器的可视角度是指用户可以清楚看到液晶显示器画面的角度范围。液晶显示器的可视角度，又可以分为水平可视角度和垂直可视角度：水平可视角度是以液晶的垂直中轴线为中心，向左向右移动，可以清楚看到影像的范围；垂直可视角度是以显示屏的平行中轴线为中心，向上向下移动，可以清楚看到影像的范围。

需要说明的是，随着液晶面板技术的不断提高，液晶显示器的可视角度也在不断提升，现在主流液晶显示器可视角度可以达到 178°/178°（水平/垂直）左右。如图 2-61 所示为液晶显示器的可视角画面。

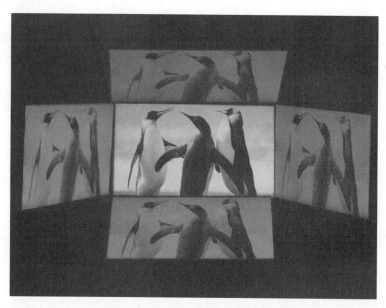

图 2-61 液晶显示器的可视角画面

2.3 高手经验总结

经验一：选购电脑时，一定要先预算好，不要盲目购买，以免掏冤枉钱。另外，要掌握一些技巧识破某些商家的伎俩，这样可以省一大笔钱。

经验二：在选择 CPU 之前，一定要先确定自己的需求，并不是说贵的、性能好的 CPU 就适合每一个人。另外，一款新的 CPU 刚刚面世时，其价格通常会高得吓人，所以购买时机也很重要。

经验三：选购主板时，不但要考虑所选购的 CPU 厂商和型号，还要考虑选购的内存型号、硬盘接口等所有与它连接的设备的接口。

经验四：选购硬盘时，要注意容量的大小，大多数被淘汰的硬盘都是因为容量不足，不能适应日益增长的海量数据的存储需求。

经验五：选购显卡时，首先要了解自己对显卡的性能需求和显卡的性能定位。

第 3 章

电脑组装实战

学习目标

1. 掌握电脑的组装流程
2. 掌握各个硬件的连接方法
3. 学会动手组装电脑

学习效果

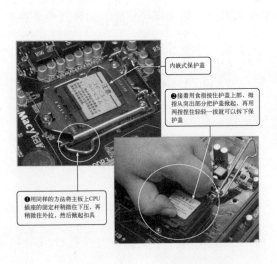

内嵌式保护盖

❷接着用食指按住护盖上部，拇指从突出部分把护盖掀起，再用两指捏住轻轻一拔就可以拆下保护盖

❶用同样的方法将主板上CPU插座的固定杆稍微往下压，再稍微往外拉，然后掀起扣具

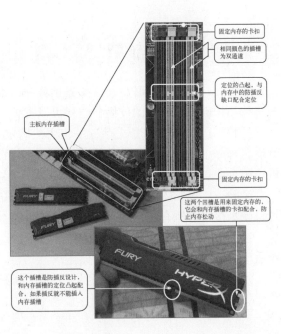

固定内存的卡扣

相同颜色的插槽为双通道

定位的凸起，与内存中的防插反映口配合定位

主板内存插槽

固定内存的卡扣

这两个回槽是用来固定内存的，它会和内存插槽的卡扣配合，防止内存松动

这个插槽是防插反设计，和内存插槽的定位凸起配合，如果插反就不能插入内存插槽

　　如今，喜欢自己 DIY 电脑的人有很多，电脑 DIY 也就是通常所说的攒机。将自己选定的电脑散件组装连接起来，不但可以使电脑功能最优化，而且比买品牌电脑节省至少三分之一的钱。那么，想要自己组装电脑，都需要准备哪些部件，又怎样将这些部件一一连接起来呢？本章将详细讲解。

3.1　知识储备

　　要组装一台可以使用的电脑，首先要了解组装一台电脑需要准备哪些部件，电脑组装的流程是什么，以及需要做哪些工作。下面对此进行详细分析。

3.1.1　组装电脑需要的部件

问答1：组装一台新电脑需要哪些部件呢？

　　在组装一台电脑前，首先要提前购买组装电脑的各个部件，包括 CPU 及散热风扇、主板、内存、硬盘、显卡、光驱、电源、机箱、鼠标、键盘、液晶显示器、音箱等，如图 3-1 所示。

图 3-1　组装电脑需要的设备

■ **问答2：组装电脑需要哪些工具和线缆？**

组装电脑除了准备必要的部件外，还需准备硬盘及光驱的连接线缆（一般购买主板时会有附赠）、固定螺丝（一般机箱中会附带）、导热硅胶和十字螺丝刀，如图3-2所示。

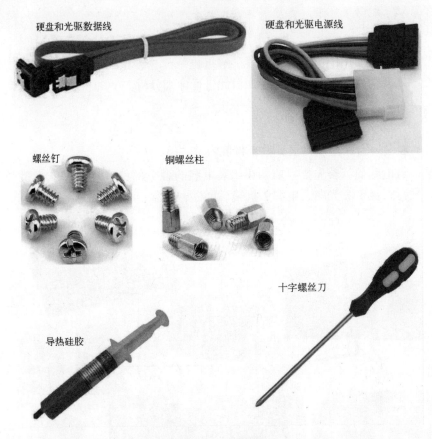

硬盘和光驱数据线　　　　　　硬盘和光驱电源线

螺丝钉　　　　　　铜螺丝柱

十字螺丝刀

导热硅胶

图3-2　工具和线缆

其中，导热硅胶主要涂在CPU的上表面用来将热量传导到散热风扇上。

3.1.2　电脑的组装流程

■ **问答1：组装一台电脑到底要做哪些工作？**

在组装电脑之前，首先应该了解组装一台电脑的具体工作流程，了解组装电脑时的注意事项，如图3-3所示。

■ **问答2：电脑硬件部件组装流程？**

前面讲了DIY电脑的整体流程，下面详细讲解图3-3中的第4步：把散件组装成整机，具体流程如图3-4所示。

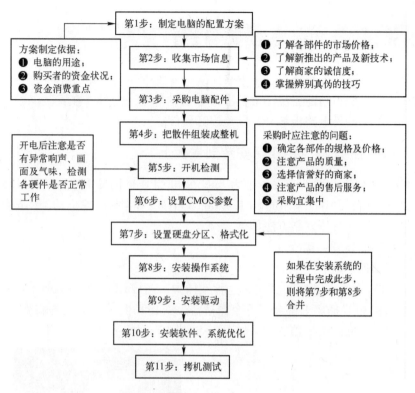

图 3-3 组装多核电脑的工作流程

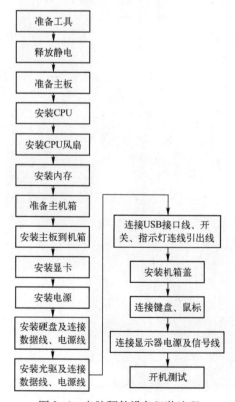

图 3-4 电脑硬件设备组装流程

3.2 实战：动手组装电脑硬件设备

大致了解电脑的装机流程之后，接下来正式进入装机环节。装机前需要先把硬件都准备好，然后准备安装。装机前需要洗洗手，去掉手上的静电。此外，在安装电脑硬件的时候，不要用手去触摸电脑硬件电路板部分，以免损坏硬件。

3.2.1 装机任务1：将 CPU 安装到主板上

目前的 CPU 主要有两种架构，一种为 Intel 公司 CPU 采用的 LGA 1150/1155/1156 等架构，另一种是 AMD 公司 CPU 采用的 Socket AM3＋/AM3 等架构，它们的架构虽然不太一样，但安装方法基本相同。具体安装方法如下。

1. Intel 公司 CPU 安装实战

第一步：拆卸保护盖

Intel 公司 CPU 主要采用 LGA 架构，这种架构中，连接 CPU 的针脚被设计在了主板 CPU 插座中，所以主板 CPU 插座上都会有一个保护盖。安装 CPU 时，需要先将保护盖卸下。拆卸外扣式保护盖和内嵌式保护盖的方法如图 3-5 和图 3-6 所示。

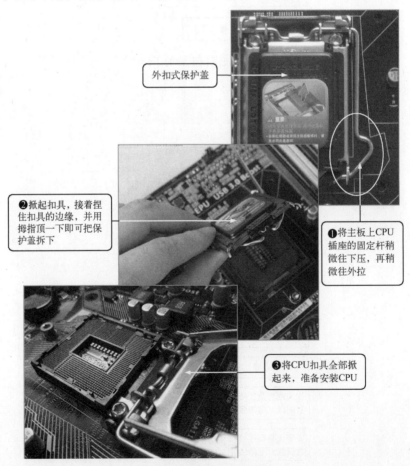

图 3-5　拆卸外扣式保护盖

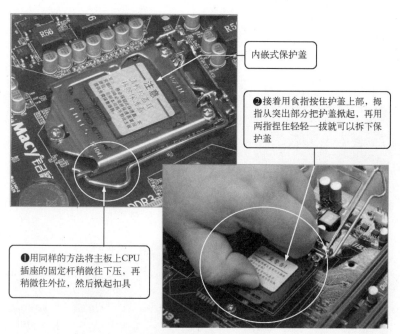

内嵌式保护盖

❷接着用食指按住护盖上部，拇指从突出部分把护盖掀起，再用两指捏住轻轻一拔就可以拆下保护盖

❶用同样的方法将主板上CPU插座的固定杆稍微往下压，再稍微往外拉，然后掀起扣具

图 3-6　拆卸内嵌式保护盖

第二步：安装 CPU

拆下 CPU 插座保护盖之后，接下来开始安装 CPU，CPU 的防插反设计和安装方法如图 3-7 和图 3-8 所示。

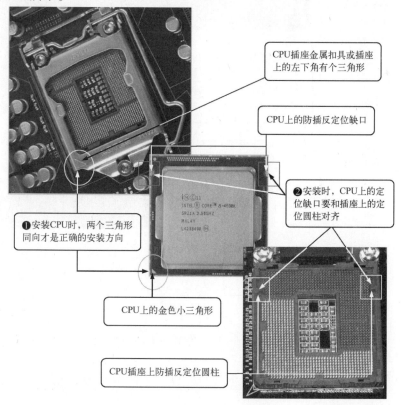

CPU插座金属扣具或插座上的左下角有个三角形

CPU上的防插反定位缺口

❷安装时，CPU上的定位缺口要和插座上的定位圆柱对齐

❶安装CPU时，两个三角形同向才是正确的安装方向

CPU上的金色小三角形

CPU插座上防插反定位圆柱

图 3-7　CPU 防插反设计

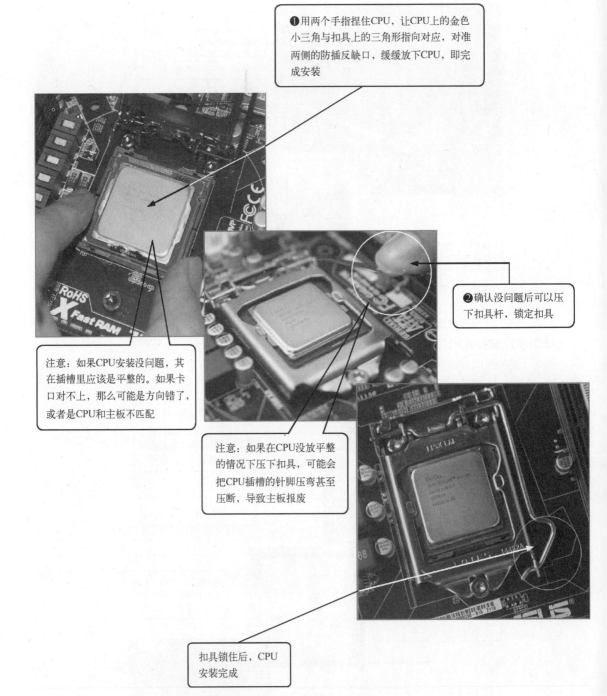

❶用两个手指捏住CPU，让CPU上的金色
小三角与扣具上的三角形指向对应，对准
两侧的防插反缺口，缓缓放下CPU，即完
成安装

注意：如果CPU安装没问题，其
在插槽里应该是平整的。如果卡
口对不上，那么可能是方向错了，
或者是CPU和主板不匹配

❷确认没问题后可以压
下扣具杆，锁定扣具

注意：如果在CPU没放平整
的情况下压下扣具，可能会
把CPU插槽的针脚压弯甚至
压断，导致主板报废

扣具锁住后，CPU
安装完成

图 3-8　安装 Intel 公司 CPU

2. AMD 公司 CPU 安装实战

　　AMD 公司 CPU 主要采用 Socket 结构封装，CPU 上带有针脚，CPU 插座上只有插孔，
AMD 公司 CPU 的安装方法如图 3-9 所示。

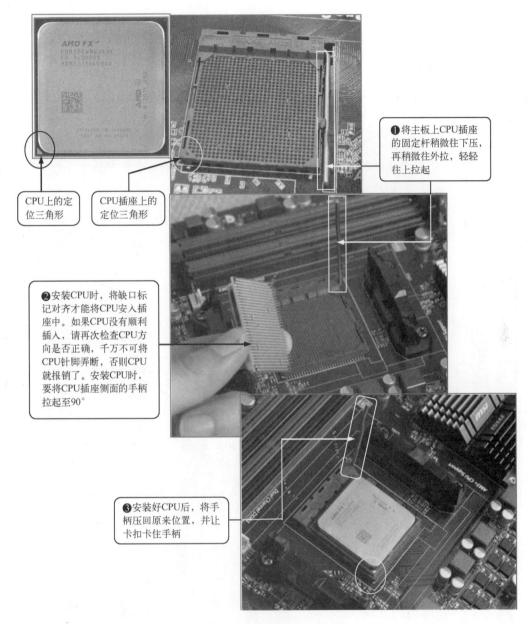

图 3-9　安装 AMD 公司 CPU

3.2.2　装机任务 2：安装 CPU 散热器

因为 CPU 发热量大，所以必须配备散热器，散热器一般都装在 CPU 的上面，其安装方法如下。

第一步：安装散热器基座

散热器基座的安装方法如图 3-10 所示。

注意：黑色的穿钉并不是螺丝，只要用力向下按压黑色的穿钉，直到听见清脆的"咔吧"声，CPU 散热器基座就成功固定在主板上了。

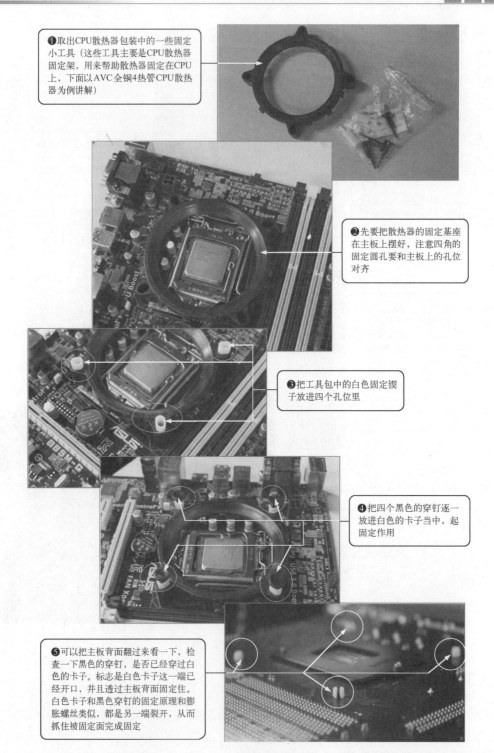

❶取出CPU散热器包装中的一些固定
小工具（这些工具主要是CPU散热器
固定架，用来帮助散热器固定在CPU
上，下面以AVC全铜4热管CPU散热
器为例讲解）

❷先要把散热器的固定基座
在主板上摆好，注意四角的
固定圆孔要和主板上的孔位
对齐

❸把工具包中的白色固定锁
子放进四个孔位里

❹把四个黑色的穿钉逐一
放进白色的卡子当中，起
固定作用

❺可以把主板背面翻过来看一下，检
查一下黑色的穿钉，是否已经穿过白
色的卡子。标志是白色卡子这一端已
经开口，并且透过主板背面固定住。
白色卡子和黑色穿钉的固定原理和膨
胀螺丝类似，都是另一端裂开，从而
抓住被固定面完成固定

图3-10　安装散热器基座

第二步：涂抹散热硅脂

　　固定好散热器基座后，在安装 CPU 散热器前还要在 CPU 表面涂抹散热硅脂。硅脂一般
分瓶装和注射器装两种，如今流行使用注射器装的，因为这种使用非常简单方便。将硅脂均

匀地涂抹在 CPU 表面即可, 如图 3-11 所示。

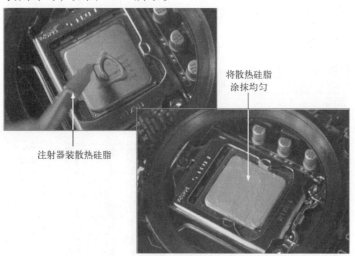

图 3-11 涂抹散热硅脂

重要提醒: 散热硅脂最好均匀地涂抹在 CPU 表面, 并不是涂抹得越多越好, 一般薄薄一层即可。另外需要注意的就是涂抹时不要有漏掉的地方。

第三步: 安装散热器

散热器的安装方法如图 3-12 所示。

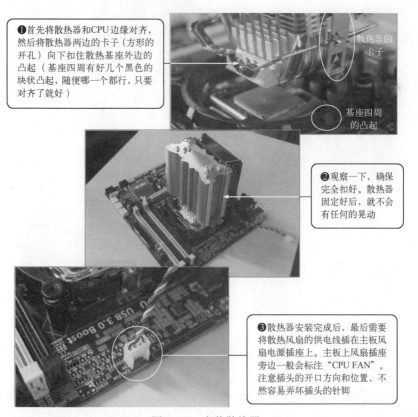

图 3-12 安装散热器

3.2.3 装机任务3：安装内存

CPU 安装完成后，接下来就是将内存安装到主板中了。内存的安装方法如下。

第一步：掌握内存的安装技巧

为了防止内存安装错误，内存和内存插槽上都设计了相应的卡槽和卡扣，还有防插反定位缺口，如图 3-13 所示。

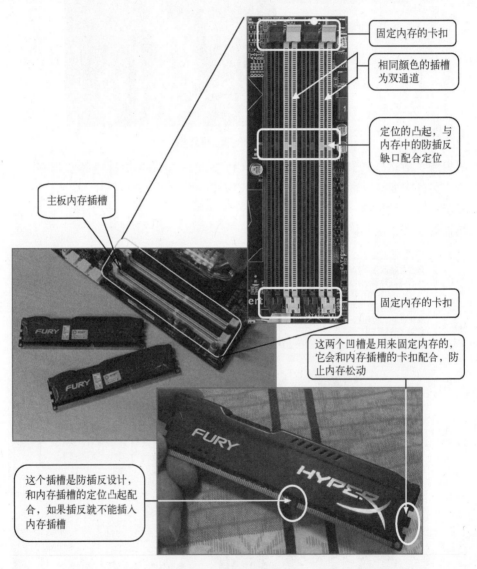

图 3-13　安装内存

第二步：安装内存

内存安装非常简单，首先把内存插槽两端的卡扣掰开，将内存条中间的防插反缺口与内存插槽中间的凸起对齐，然后稍微用力向下按，直到内存插槽两端的卡扣将内存卡住，如

图 3-14 所示。

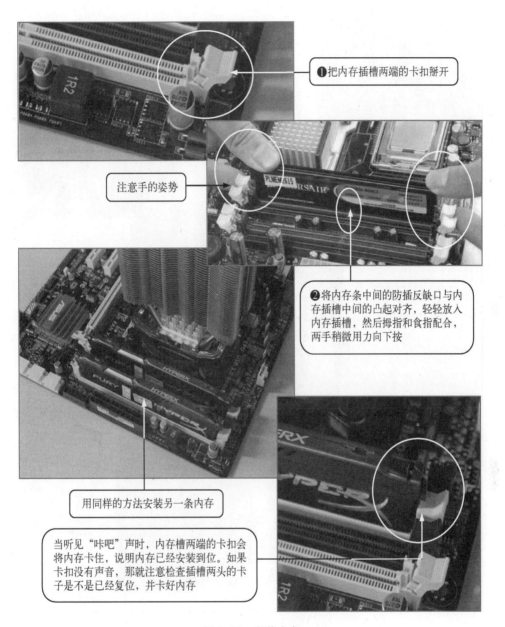

❶把内存插槽两端的卡扣掰开

注意手的姿势

❷将内存条中间的防插反缺口与内存插槽中间的凸起对齐，轻轻放入内存插槽，然后拇指和食指配合，两手稍微用力向下按

用同样的方法安装另一条内存

当听见"咔吧"声时，内存槽两端的卡扣会将内存卡住，说明内存已经安装到位。如果卡扣没有声音，那就注意检查插槽两头的卡子是不是已经复位，并卡好内存

图 3-14　安装内存

3.2.4　装机任务 4：将主板模块安装到机箱

在将 CPU、散热器和内存安装到主板后，接下来要将这几个部件安装到机箱中，安装方法如下。

第一步：将主板附带的挡板安装到机箱中

将主板附带的挡板安装到机箱中的方法如图 3-15 所示。

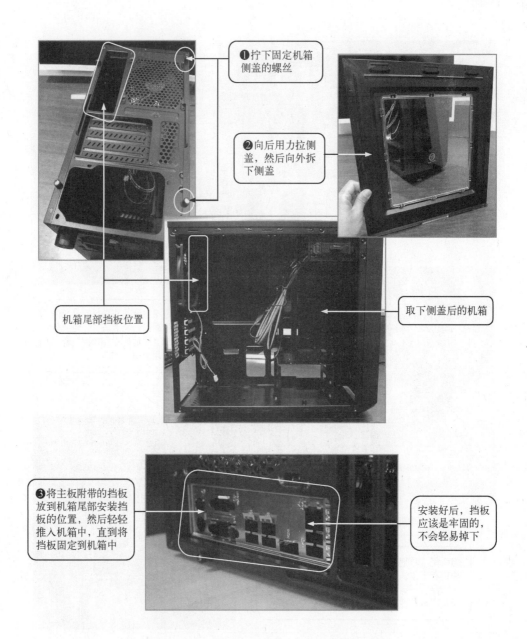

❶拧下固定机箱侧盖的螺丝

❷向后用力拉侧盖，然后向外拆下侧盖

机箱尾部挡板位置

取下侧盖后的机箱

❸将主板附带的挡板放到机箱尾部安装挡板的位置，然后轻轻推入机箱中，直到将挡板固定到机箱中

安装好后，挡板应该是牢固的，不会轻易掉下

图 3-15　将主板附带的挡板安装到机箱中

第二步：将主板安装到机箱

将主板安装到机箱的方法如图 3-16 和图 3-17 所示。

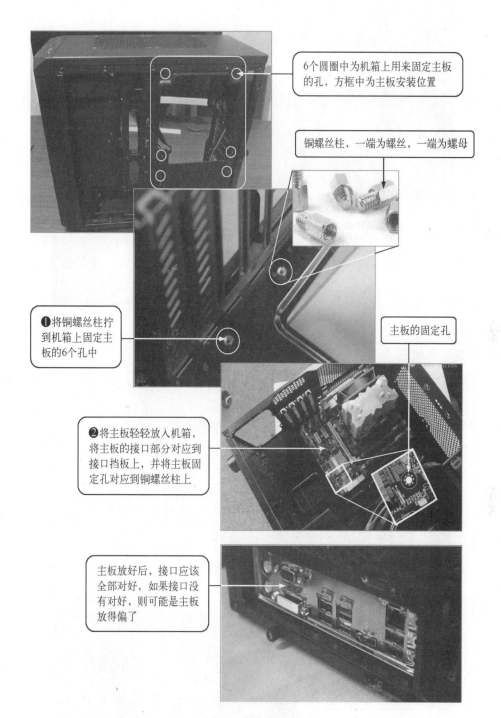

6个圆圈中为机箱上用来固定主板的孔，方框中为主板安装位置

铜螺丝柱，一端为螺丝，一端为螺母

❶将铜螺丝柱拧到机箱上固定主板的6个孔中

主板的固定孔

❷将主板轻轻放入机箱，将主板的接口部分对应到接口挡板上，并将主板固定孔对应到铜螺丝柱上

主板放好后，接口应该全部对好，如果接口没有对好，则可能是主板放得偏了

图 3–16　安装铜螺丝钉

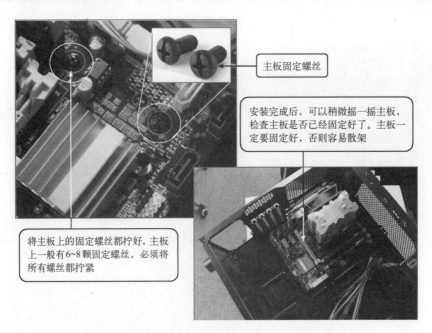

图 3-17　固定主板

主板固定螺丝

安装完成后，可以稍微摇一摇主板，检查主板是否已经固定好了。主板一定要固定好，否则容易散架

将主板上的固定螺丝都拧好，主板上一般有6~8颗固定螺丝，必须将所有螺丝都拧紧

3.2.5　装机任务5：安装显卡

在主板核心模块安装到机箱中后，接下来开始进行独立显卡的安装。

第一步：拆机箱挡板

在安装显卡前，需要先拆下机箱尾部的挡板，方法如图 3-18 所示。

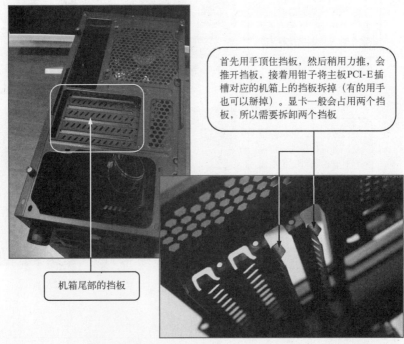

首先用手顶住挡板，然后稍后用力推，会推开挡板，接着用钳子将主板PCI-E插槽对应的机箱上的挡板拆掉（有的用手也可以掰掉）。显卡一般会占用两个挡板，所以需要拆卸两个挡板

机箱尾部的挡板

图 3-18　拆卸挡板

第二步：安装显卡

显卡安装时要注意安装方向，安装方法如图 3-19 所示。

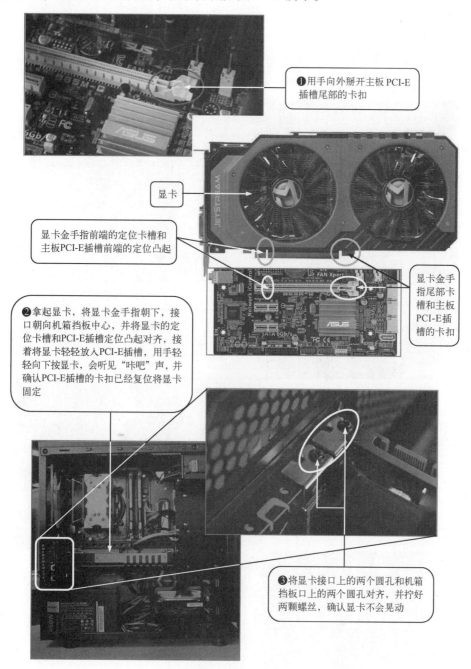

❶用手向外掰开主板 PCI-E 插槽尾部的卡扣

显卡

显卡金手指前端的定位卡槽和主板PCI-E插槽前端的定位凸起

显卡金手指尾部卡槽和主板PCI-E插槽的卡扣

❷拿起显卡，将显卡金手指朝下，接口朝向机箱挡板中心，并将显卡的定位卡槽和PCI-E插槽定位凸起对齐，接着将显卡轻轻放入PCI-E插槽，用手轻轻向下按显卡，会听见"咔吧"声，并确认PCI-E插槽的卡扣已经复位将显卡固定

❸将显卡接口上的两个圆孔和机箱挡板口上的两个圆孔对齐，并拧好两颗螺丝，确认显卡不会晃动

图 3-19　安装显卡

 专家提示

在安装完电源后，要记得将显卡的电源线插好，否则显卡将无法正常工作。

3.2.6　装机任务6：安装 ATX 电源

ATX 电源的位置通常和主板紧邻，安装时尽量避免碰到主板和其他部件。

第一步：将 ATX 电源放到机箱中

安装 ATX 电源的第一步是将 ATX 电源放到机箱中正确的电源安装位置，方法如图 3-20
所示。

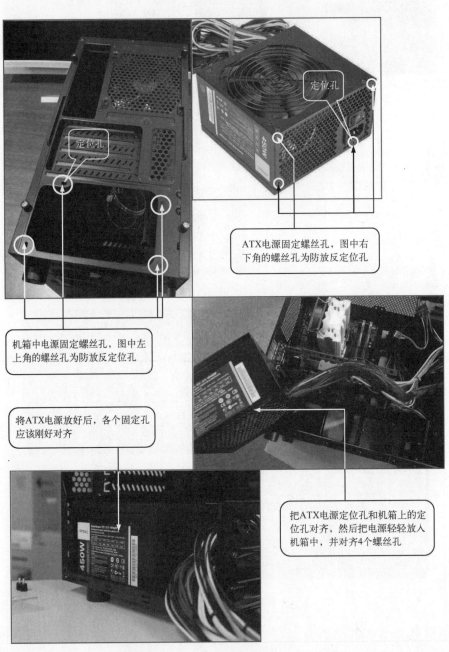

图 3-20　安放电源

第二步：固定 ATX 电源

ATX 电源的固定很简单，基本就是几个螺丝的事儿，如图 3-21 所示。

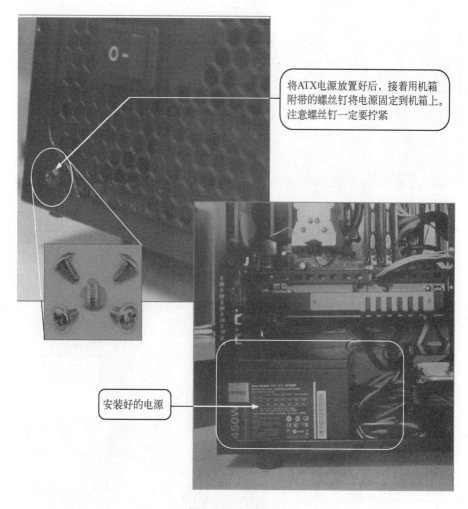

将ATX电源放置好后，接着用机箱附带的螺丝钉将电源固定到机箱上。注意螺丝钉一定要拧紧

安装好的电源

图 3-21　固定电源

3.2.7　装机任务 7：安装硬盘

目前有一些机箱用卡子固定硬盘，有一些用螺丝固定。采用螺丝固定时，只需将硬盘放入 3.5 英寸安装架后，直接拧上固定螺丝即可。用卡子固定时，需要先给硬盘安装卡子，下面重点讲解这种安装方法。

第一步：安装卡子

安装硬盘前，首先将机箱附带的硬盘卡子安装到硬盘的两侧，如图 3-22 所示。

第二步：安装硬盘的数据线和电源线

接下来将硬盘的数据线和电源线连接到硬盘上，如图 3-23 所示。

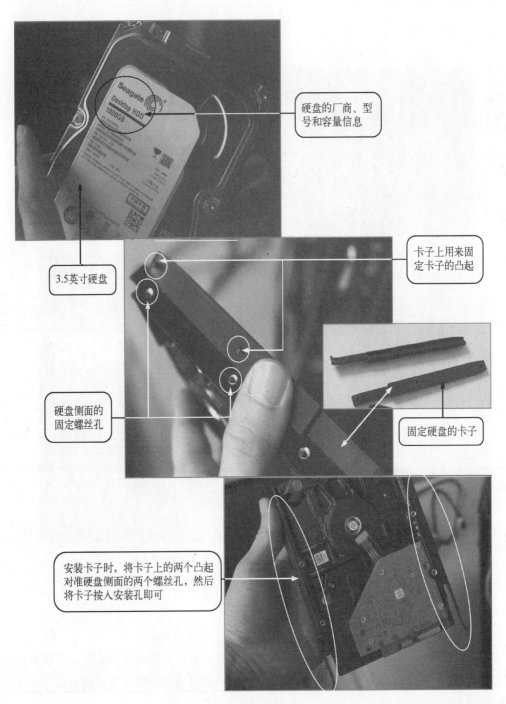

硬盘的厂商、型
号和容量信息

卡子上用来固
定卡子的凸起

3.5英寸硬盘

硬盘侧面的
固定螺丝孔

固定硬盘的卡子

安装卡子时，将卡子上的两个凸起
对准硬盘侧面的两个螺丝孔，然后
将卡子按入安装孔即可

图 3-22　安装卡子

第三步：将硬盘安装到机箱

将硬盘安装到机箱的方法如图 3-24 所示。

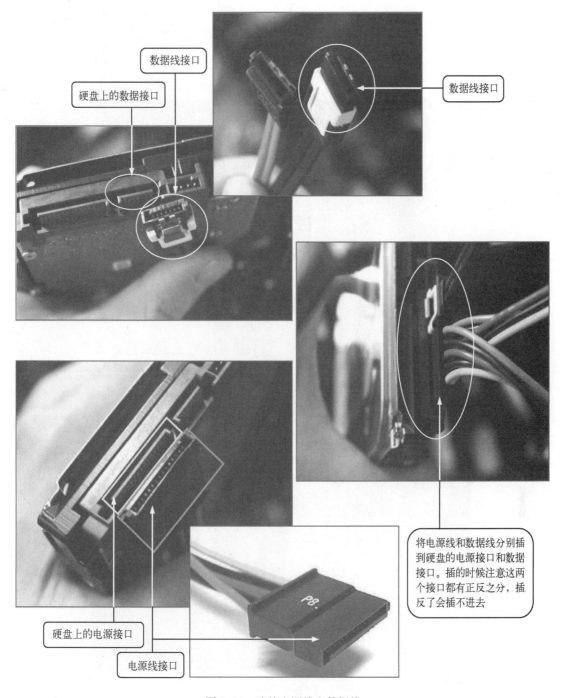

数据线接口

硬盘上的数据接口

数据线接口

将电源线和数据线分别插到硬盘的电源接口和数据接口。插的时候注意这两个接口都有正反之分，插反了会插不进去

硬盘上的电源接口

电源线接口

图 3-23　连接电源线和数据线

专家提示

　　安装硬盘的过程中，可以先插电源线和数据线，也可以将硬盘插入硬盘仓后，再插电源线和数据线，具体可根据机箱的结构进行适当的调整。

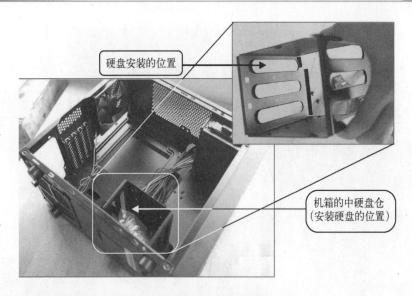

硬盘安装的位置

机箱的中硬盘仓
(安装硬盘的位置)

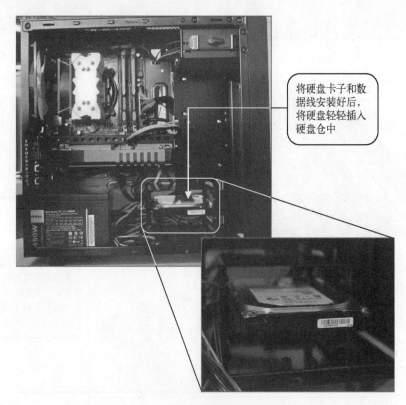

将硬盘卡子和数
据线安装好后,
将硬盘轻轻插入
硬盘仓中

图 3-24　将硬盘安装到机箱

3.2.8　装机任务 8：连接供电线路和跳线

在上述部件安装完成后，接下来开始连接机箱中的线路，主要涉及显卡、主板、机箱跳线（包含开关机控制线，机箱 USB 和音频接口）的连接。其实这些线路连接起来并不难，只要按照一步一步操作就可以了。

第一步：连接主板电源线

主板的电源线主要连接 24 针电源接口和 4 针 CPU 供电接口，具体连接方法如图 3-25 所示。

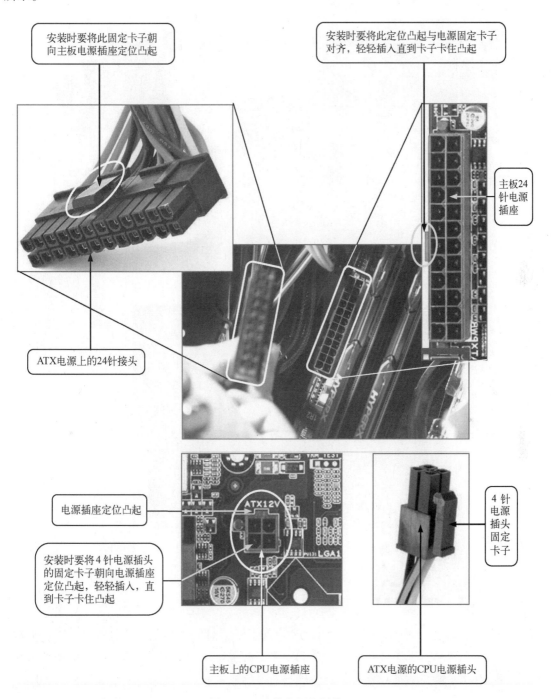

安装时要将此固定卡子朝向主板电源插座定位凸起

安装时要将此定位凸起与电源固定卡子对齐，轻轻插入直到卡子卡住凸起

主板24针电源插座

ATX电源上的24针接头

电源插座定位凸起

4针电源插头固定卡子

安装时要将4针电源插头的固定卡子朝向电源插座定位凸起，轻轻插入，直到卡子卡住凸起

主板上的CPU电源插座

ATX电源的CPU电源插头

图 3-25　连接主板电源线

第二步：连接显卡电源线

显卡供电接口一般为 6 针接口，有的显卡有一个 6 针供电接口，有的显卡有两个 6 针供

电接口，不论是一个还是两个，连接方法都相同。显卡电源线的连接方法如图 3-26 所示。

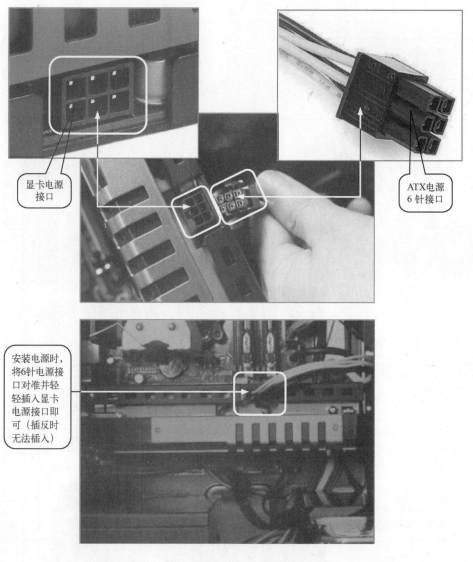

显卡电源接口

ATX电源6针接口

安装电源时，将6针电源接口对准并轻轻插入显卡电源接口即可（插反时无法插入）

图 3-26　安装显卡电源线

专家提示

　　硬盘端 SATA 接口和主板 SATA 接口都有防插反设计，在插数据线接头时，只要轻轻插入，如果无法插入就是方向不对，换个方向重新插即可。注意，无法插入时，不要用蛮力硬插，应观察是否插反，否则会损坏接口。

第三步：连接主板中的硬盘数据线

　　硬盘数据线的一端连接硬盘，另一端插入主板的 SATA 3.0 接口。这个接口的连接方法与第二步的连接方法相同，如图 3-27 所示。

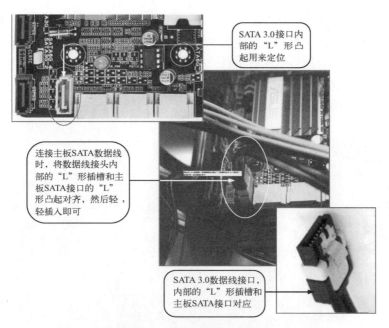

图 3-27　连接主板硬盘数据线

第四步：连接 USB 3. 0 连接线

有的机箱提供专门的 USB 3.0 接口，需要专门的 USB 3.0 连接线将机箱的 USB 3.0 接口和主板 USB 3.0 接口相连。下面详细讲解 USB 3.0 连接线的连接方法，如图 3-28 所示。

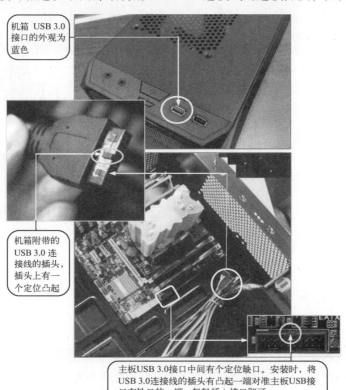

图 3-28　连接 USB 3.0 连接线

第五步：连接 F – Panel 连接线

机箱中的指示灯、开关等的连接线叫 F – Panel 连接线。一般机箱将指示灯和开关等都集合到一个接头中，但有的机箱没有集合，指示灯、开关等是分开的，那样需要分别插入对应的接口中。F – Panel 接头有方向，在安装时需要注意不能插反，否则就插不进去。F – Panel 连接线的连接方法如图 3–29 所示。

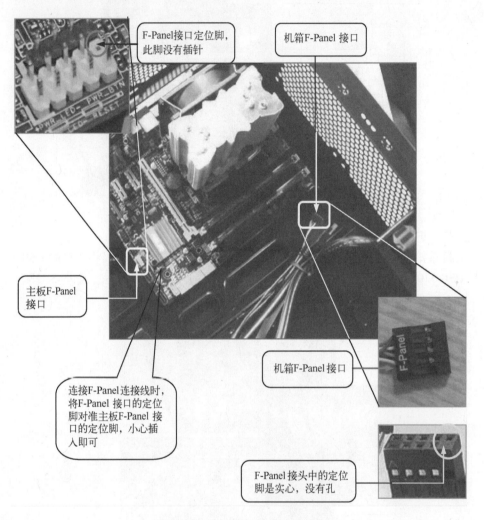

图 3–29　连接 F – Panel 连接线

3.2.9　装机任务 9：整理线路并安装机箱盖

第一步：归置并捆绑各种连接线

在安装完电脑的硬件部件后，连接数据线、电源线、连接线时，要充分利用机箱中的过孔，将长的连线归置好，同时用捆线夹将散乱的电源线、数据线等归置并捆绑好，具体如图 3–30 所示。

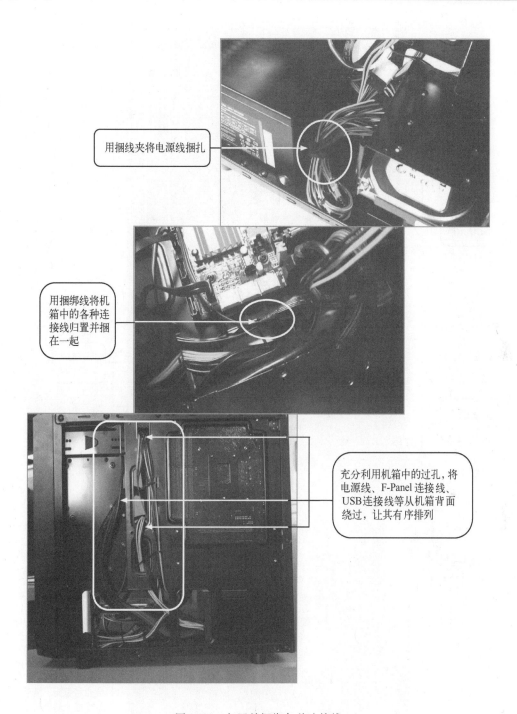

用捆线夹将电源线捆扎

用捆绑线将机箱中的各种连接线归置并捆在一起

充分利用机箱中的过孔,将电源线、F-Panel 连接线、USB连接线等从机箱背面绕过,让其有序排列

图 3-30　归置并捆绑各种连接线

第二步：安装机箱盖

在以上工作都做完后，接下来将机箱盖安装到机箱中，安装方法如图 3-31 所示。

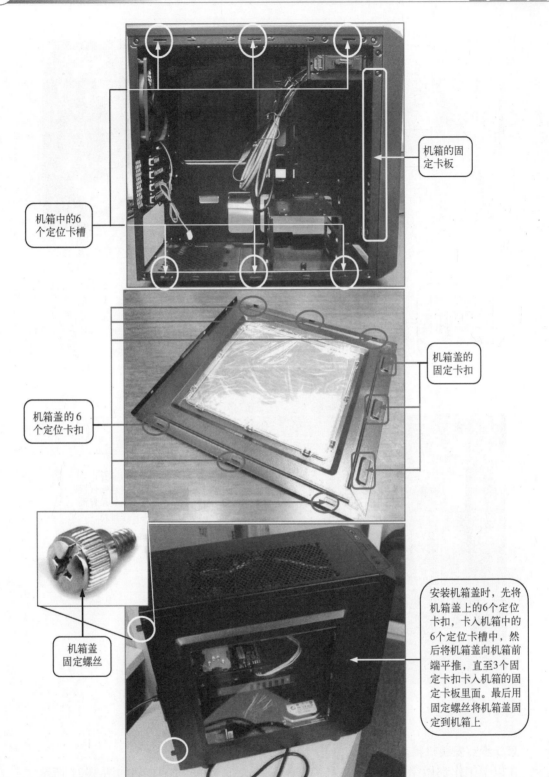

机箱的固定卡板

机箱中的6个定位卡槽

机箱盖的固定卡扣

机箱盖的6个定位卡扣

机箱盖固定螺丝

安装机箱盖时，先将机箱盖上的6个定位卡扣，卡入机箱中的6个定位卡槽中，然后将机箱盖向机箱前端平推，直至3个固定卡扣卡入机箱的固定卡板里面。最后用固定螺丝将机箱盖固定到机箱上

图 3-31　安装机箱盖

3.3　高手经验总结

经验一：在组装电脑时，要先释放身上的静电，这些静电有可能烧坏电路板中的元器件。释放静电的方法是洗手，或触摸暖气管或其他接地的金属物，这一点很重要。

经验二：在安装 CPU 时，一定要注意别触碰主板 CPU 插座中的针脚，否则可能会造成针脚变形。

经验三：安装内存时，必须将内存的定位缺口与内存插槽的定位凸起对齐再用力按。如果没有对齐，使蛮力往里插，会导致内存及内存插槽损坏。

经验四，在固定主板时，如果有绝缘螺丝垫，可以在拧螺丝前，先在主板固定孔上垫上绝缘垫。另外，拧固定螺丝时，要先将各个螺丝先拧上，不要拧紧，等全部螺丝都拧上之后，再逐一拧紧。

经验五：在安装主板 24 针电源插头时，要对准方向再往下插，不要用蛮力往下插，防止损坏主板。

经验六：连接 USB 连接线、F - Panel 边接线等时，同样不能用蛮力，要先对准方向，轻轻将各个针脚都插入接头的孔中，再往下插，否则容易将针脚弄弯。

经验七：机箱在安装好后，必须轻拿轻放，搬动时，不能有太大震动。

第 4 章

最新UEFI BIOS的设置与升级

学习目标

1. 掌握如何进入 BIOS 设置程序等基本操作
2. 了解 BIOS 各功能模块
3. 掌握开机启动顺序的设置方法
4. 掌握开机密码的设置方法
5. CPU 超频的设置方法
6. 掌握 UEFI BIOS 的升级方法

学习效果

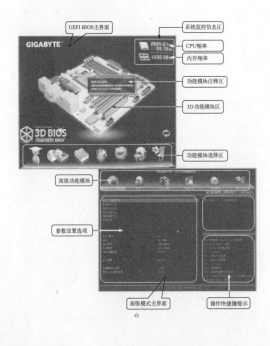

4.1　知识储备

由于 BIOS 的功能限制和操作不便，UEFI BIOS 已经逐渐成为其取代者。那么，UEFI BI-OS 又是什么？它凭什么替代 BIOS？它究竟是如何运作的呢？下面就来揭开神秘的面纱。

4.1.1　神秘的 UEFI BIOS

问答 1：你知道电脑 BIOS 有什么功能吗？

BIOS 可能很多人都听过，但不一定了解它。BIOS（Basic Input/Output System，基本输入/输出系统）在电脑系统中起着非常重要的作用。BIOS 是 BIOS ROM 的简称，是基本输入/输出系统只读存储器。它是被固化到 ROM 芯片中的一组程序，为电脑提供最低级的、最直接的硬件控制。准确地说，BIOS 是硬件与软件程序之间的一个接口，负责解决硬件的即时需求，并按软件对硬件的操作要求具体执行。如图 4-1 所示为主板上的 BIOS 芯片。

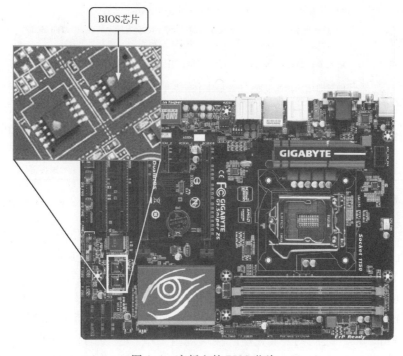

BIOS芯片

图 4-1　主板上的 BIOS 芯片

目前 BIOS 程序的版本很多，通过 Intel 授权的就有 Award BIOS、AMI BIOS、Phoenix BI-OS 和 Byosoft BIOS，以 AMI BIOS 和 Award BIOS 为主。这两种 BIOS 占领了大部分 BIOS市场。

BIOS 的主要功能是负责电脑启动时的自动检测、初始化和引导装入系统，在电脑运行时还要负责程序服务处理和硬件中断处理。

通常通过设置程序对硬件系统设置参数。由于 ROM（只读存储器）具有只能读取、不能修改且断电后仍能保证数据不会丢失的特点，因此这些设置程序一般都放在 ROM 中，我们常常称其 BIOS 设置。此外，运行设置程序后的设置参数都放在主板的 CMOS RAM 芯片中，这是由于随着系统部件的更新，所设置的参数可能需要修改，而 RAM 的特点是可读取、可写入，加上 CMOS 有电池供电，因此能长久地保持参数不会丢失。

BIOS 设置程序目前有多种不同的版本，针对的硬件也有所不同，但主要的设置选项基本都相同，如表 4-1 所示。

表 4-1　BIOS 设置内容

设置选项	设置内容
基本参数设置	系统时钟、显示器类型、启动时对自检错误处理的方式
磁盘驱动器设置	自动检测 IDE 接口、启动顺序、软盘硬盘的型号等
键盘设置	上电是否检测硬盘、键盘类型、键盘参数等
存储器设置	存储器容量、读写时序、奇偶校验、ECC 校验、1 MB 以上内存测试、音响等
缓存设置	内/外缓存、缓存地址/尺寸、BIOS 显示卡缓存设置等
ROM SHADOW 设置	ROM BIOS SHADOW 设置、VIDEO SHADOW 设置、各种适配卡 SHADOW 设置等
安全设置	硬盘分区表保护、开机口令、Setup 口令等
总线周期参数设置	AT 总线时钟（AT BUS Clock）、AT 周期等待状态（AT Cycle Wait State）、内存读写定时、Cache 读写等待、Cache 读写定时、DRAM 刷新周期、刷新方式等
电源管理设置	进入节能状态的等待延迟时间、唤醒功能、IDE 设备断电方式、显示器断电方式等
PCI 局部总线参数设置	即插即用的功能设置、PCI 插槽中断请求、PCI IDE 接口中断请求、CPU 向 PCI 写入缓冲、总线字节合并、PCI IDE 触发方式、PCI 突发写入、CPU 与 PCI 时钟比等
板上集成接口设置	板上 FDC 软驱接口、串并口、IDE 接口的允许/禁止状态、I/O 地址、IRQ 及 DMA 设置、USB 接口、IrDA 接口等
其他参数设置	快速上电自检、A20 地址线选择、上电自检故障提示、系统引导速度等

问答 2：最新 UEFI BIOS 与传统 BIOS 有何区别？

大家都知道最早的 X86 电脑是 16 位架构的，操作系统也是 16 位的，这迫使处理器厂商在开发新的处理器时，都必须考虑 16 位兼容模式。而 16 位模式严重限制了 CPU 的性能发展，因此 Intel 公司在开发安腾处理器后推出了 EFI（UEFI 前身）。

EFI（Extensible Firmware Interface，可扩展固件接口）是由 Intel 公司提出，目的在于为下一代的 BIOS 开发树立全新的框架。EFI 不是一个具体的软件，而是在操作系统与平台固件（Platform Firmware）之间的一套完整的接口规范。EFI 定义了许多重要的数据结构以及系统服务，如果完全实现了这些数据结构与系统服务，也就相当于实现了一个真正的 BIOS 核心。而 UEFI（Unified Extensible Firmware Interface，统一的可扩展固件接口）是 EFI 的升级版。如图 4-2 所示为 UEFI BIOS 和传统 BIOS 的设置界面。

Windows 10 的开机速度之所以如此之快，其中一个原因在于其支持 UEFI BIOS 的引导。对比采用传统 BIOS 引导启动方式，UEFI BIOS 减少了 BIOS 自检的步骤，节省了大量的时间，从而加快了平台的启动。

UEFI BIOS 和传统 BIOS 的运行流程图如图 4-3 所示。

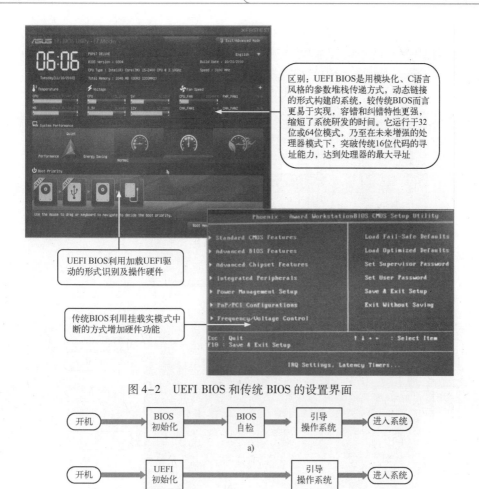

图 4-2　UEFI BIOS 和传统 BIOS 的设置界面

图 4-3　UEFI BIOS 和传统 BIOS 的运行流程图

a) 传统 BIOS 运行流程图　b) UEFI BIOS 运行流程图

4.1.2　读懂 BIOS 的界面

■ 问答 1：如何进入 BIOS 设置程序

最新的 UEFI BIOS 设置程序和传统的 BIOS 设置程序的进入方法相同，都是在显示开机画面时按〈Del〉键或〈F2〉键。下面以最新的 UEFI BIOS 为例讲解。

由于电脑系统不同，UEFI BIOS 设置程序的进入方法也会有所区别。按下电脑开机电源后，电脑在开机检测时会出现如何进入 UEFI BIOS 设置程序的提示，如图 4-4 所示。

■ 问答 2：UEFI BIOS 界面中各选项有何功能？

开机进入 UEFI BIOS 设置程序，如图 4-5 所示（下面以华硕、微星和技嘉主板的 UEFI BIOS 为例进行讲解）。从图中可以看到，各个厂家的 UEFI BIOS 设置界面并不一样，各有特色。其中，华硕 UEFI BIOS 设置程序主界面主要由基本信息区（电脑硬件信息及 BIOS 信息）、系统监控信息区、系统性能设置区和启动顺序设置区 4 部分组成。微星 UEFI BIOS 设置程序主界面主要由系统信息区、系统监控信息区、启动顺序设置区、性能模式选择区、参数设置区、功能模块按钮等组成。技嘉 UEFI BIOS 设置程序主界面主要由高级功能模块选择区、3D 功能模块区、功能模块注释区、系统监控信息区等组成。

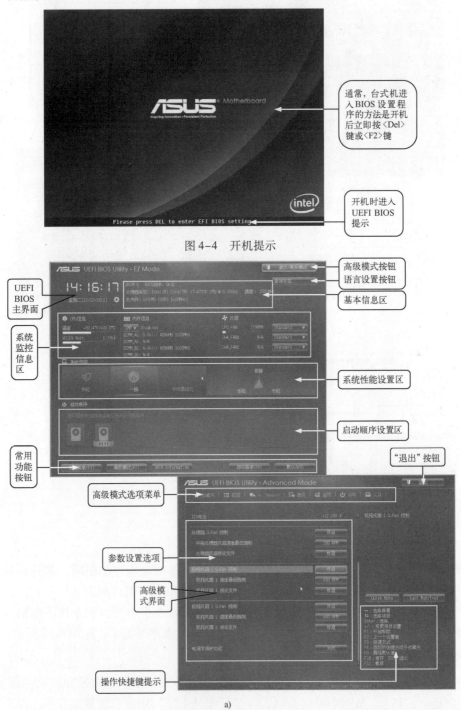

图 4-4　开机提示

图 4-5　UEFI BIOS 界面信息

a）华硕主板 UEFI BIOS 界面

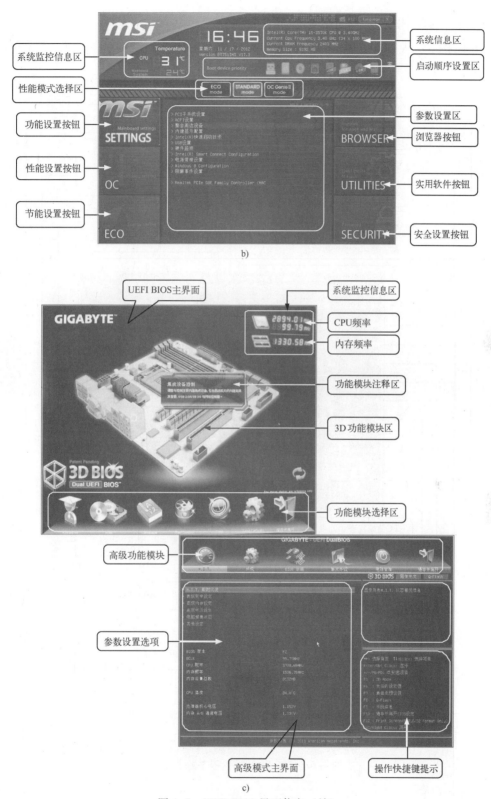

图 4-5　UEFI BIOS 界面信息（续）

b）微星主板 UEFIS BIOS 界面　c）技嘉主板 UEFI BIOS 界面

问答3：传统 BIOS 主界面中各选项有何功能？

　　开机时按下进入 BIOS 设置程序的快捷键，将会进入 BIOS 设置程序。进入后首先显示的是 BIOS 设置程序的主界面，如图4-6所示。

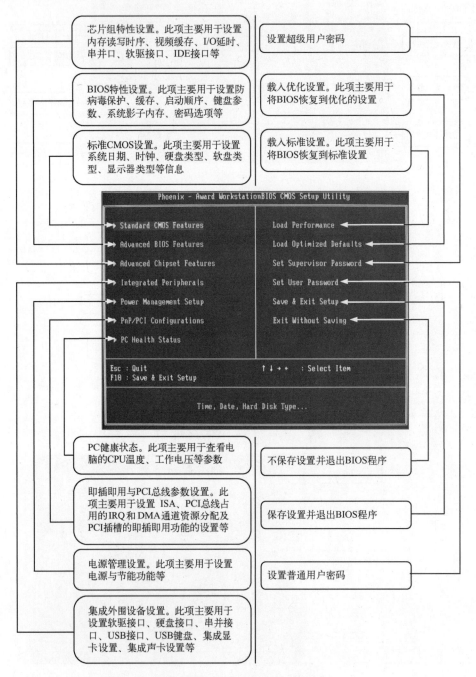

图4-6　传统 BIOS 设置程序的主界面

专家提示

传统 BIOS 设置程序的主界面中一般有十几个选项，不过，由于 BIOS 的版本和类型不同，BIOS 设置程序主界面中的选项也有一些差异，但主要的选项每个 BIOS 程序都会有。如下面的几个选项，有的 BIOS 程序中就设有：UPDATE BIOS（BIOS 升级）、ADVANCED CMOS SETUP（高级 CMOS 设置）、IDE HDD SUTO DETECTION（IDE 硬盘类型自动检测）、PC HEALTH STATUS（电脑健康状况）。

4.1.3　开机启动顺序为何如此重要

问答 1：为何要设置开机启动顺序？

电脑启动时，按照设置的开机启动顺序从硬盘、U 盘、光驱或其他设备启动。启动顺序设置是在新装机或重新安装系统时必须手动设置的选项。现在主板的智能化程度非常高，开机后可以自动检测到 CPU、硬盘、软驱、光驱等的型号信息，这些在开机后不用再手动设置，但启动顺序设置是不管主板智能化程度多高都必须手动设置的。

在电脑启动时，首先会检测 CPU、主板、内存、BIOS、显卡、硬盘、光驱、键盘等部件，若这些部件检测通过，接下来将按照 BIOS 中设置的启动顺序从第一个启动盘调入操作系统。通常都设成先从硬盘启动。但是，当电脑硬盘中的系统出现故障而无法从硬盘启动时，只有通过 BIOS 把第一个启动盘设为 U 盘或光盘，利用 U 盘或光盘启动系统来维修电脑。所以，在装机或维修电脑工作中，设置开机启动顺序非常重要。

问答 2：什么情况下需要设置开机启动顺序？

前面讲过，通常将开机启动顺序设为先从硬盘启动，只有新装机和电脑系统损坏而无法启动电脑时，才考虑设置开机启动顺序。

4.2　实战：设置 BIOS

大致认识了电脑的 BIOS 之后，接下来正式进入实战阶段，带着大家动手设置最新的 UEFI BIOS 和传统的 BIOS。

4.2.1　任务 1：在 UEFI BIOS 中设置开机启动顺序

若要设置第一启动顺序为 U 盘，设置方法如下。

开机出现厂商 LOGO 画面时，按〈Del〉键，进入 UEFI BIOS 设置程序主界面。接下来按照图 4-7（以技嘉 UEFI BIOS 为例）和图 4-8（以微星 UEFI BIOS 为例）所示方法进行设置。

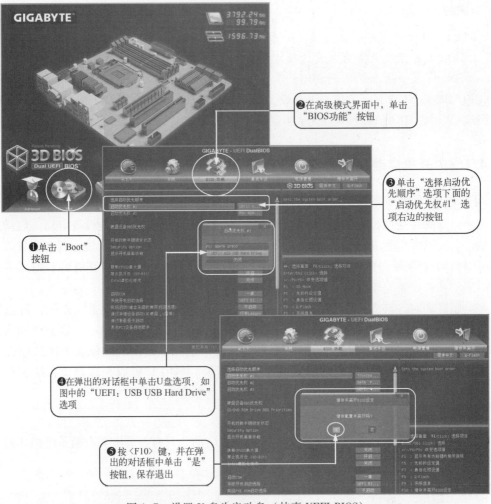

图 4-7 设置 U 盘为启动盘（技嘉 UEFI BIOS）

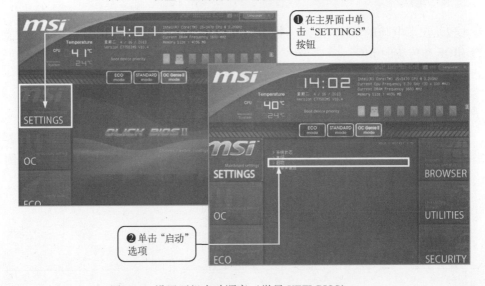

图 4-8 设置开机启动顺序（微星 UEFI BIOS）

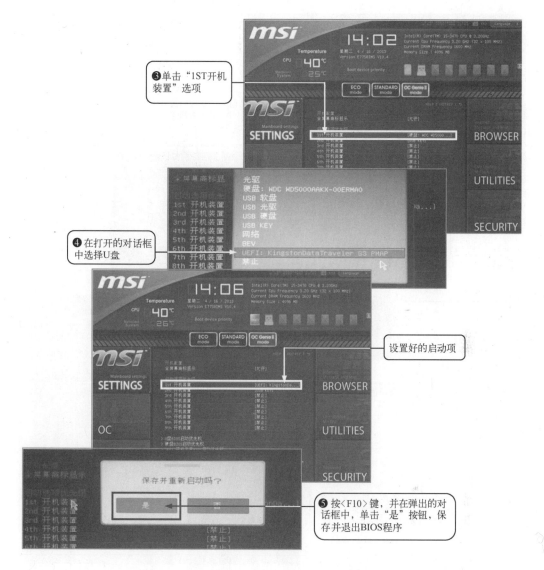

图 4-8 设置开机启动顺序（微星 UEFI BIOS）（续）

4.2.2 任务 2：在 UEFI BIOS 中设置自动开机

电脑自动开机功能的设置方法如下（以华硕 UEFI BIOS 为例讲解）：首先开机按〈Del〉键，进入 UEFI BIOS 设置程序，然后按照如图 4-9 所示方法进行设置。

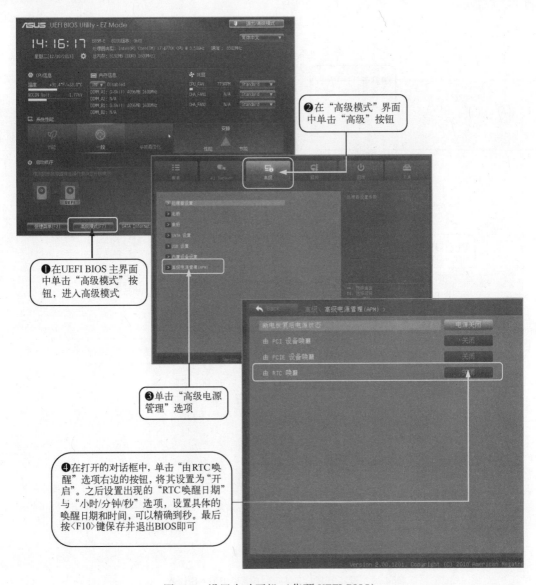

图 4-9　设置自动开机（华硕 UEFI BIOS）

4.2.3　任务3：在 UEFI BIOS 中设置管理员密码

如果电脑中保存了重要信息，或是担心 BIOS 中的设置被修改而影响应用，可通过设置
BIOS 进入密码来解决。

1. 设置系统管理员密码

设置系统管理员密码的方法如下（以华硕 UEFI BIOS 为例讲解）：首先按下电源按
钮，根据屏幕下方提示 "Press DEL to enter Setup"，按〈Del〉键，进入 UEFI BIOS 设置
程序主界面。具体操作如图 4-10 所示。

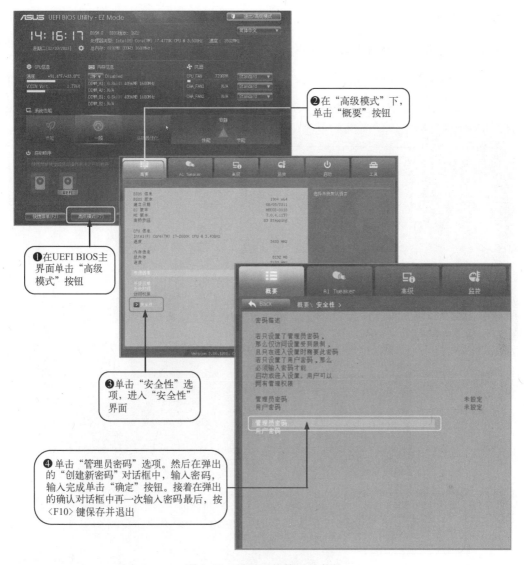

图 4-10　设置系统管理员密码

2. 变更系统管理员密码

变更系统管理员密码的方法如下。

（1）进入 UEFI BIOS 的高级模式，在"概要"选项卡中的"安全性"选项中，选择"管理员密码"选项并按〈Enter〉键。

（2）在弹出的"输入当前密码"对话框中，输入现在的密码，输入完成后按〈Enter〉键。

（3）在弹出的"创建新密码"对话框中，输入欲设置的新密码，输入完成后按〈Enter〉键。最后在弹出的确认对话框中再一次输入新密码。

3. 清除系统管理员密码

若要清除管理员密码，请参照变更系统管理员密码的操作，但在确认对话框出现时直接按〈Enter〉键以创建/确认密码。清除了密码后，屏幕顶部的"管理员密码"选项显示为

"未设定"。

4.2.4 任务4：在 UEFI BIOS 中对 CPU 超频

在 UEFI BIOS 中对 CPU 超频的方法如下（以华硕 UEFI BIOS 为例讲解）：首先开机按〈Del〉键进入 UEFI BIOS，然后按照。图 4-11 所示的方法进行设置。

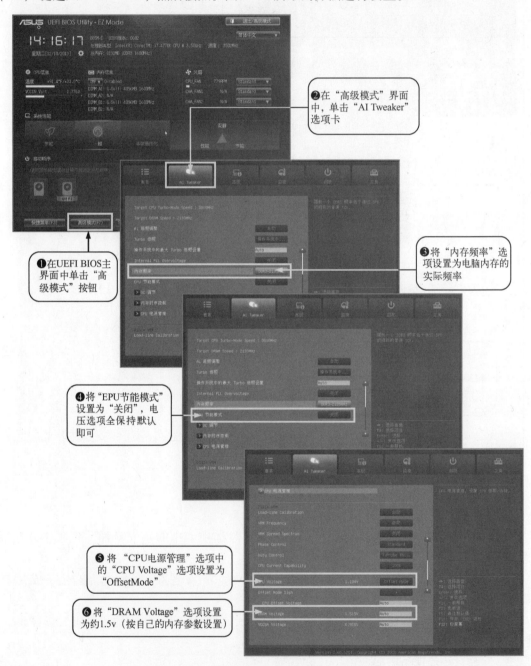

图 4-11　UEFI BIOS 中的 CPU 超频设置方法

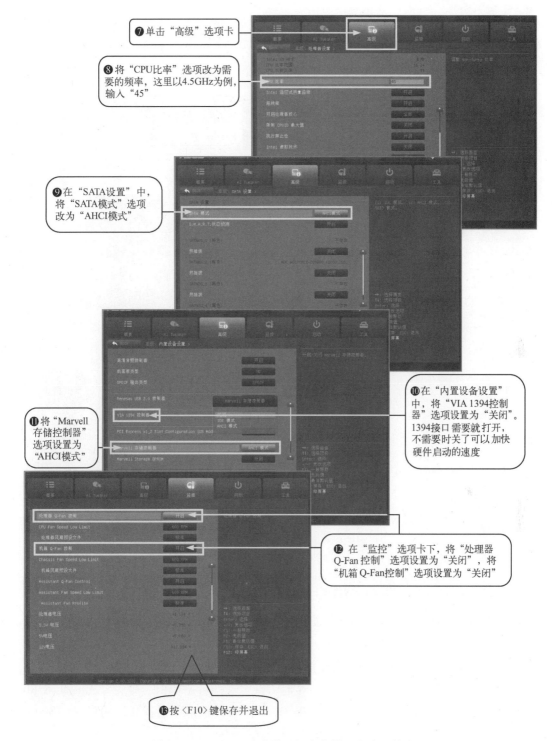

图 4-11　UEFI BIOS 中的 CPU 超频设置方法（续）

4.2.5　任务 5：在传统 BIOS 中设置开机启动顺序

电脑启动时，将按照设置的启动顺序选择是从硬盘启动，还是从 U 盘、光驱或其他设备启动。新装机或重新安装系统时，必须手动设置启动顺序的选项。首先开机启动时，按〈Del〉键进入 BIOS 主界面，具体设置方法如图 4-12 所示。

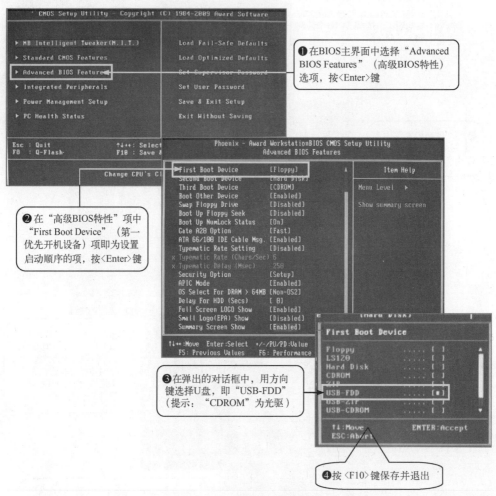

图 4-12　设置启动顺序

4.2.6　任务6：在传统 BIOS 中设置 BIOS 密码

在电脑中设置密码可以保护电脑内的资料不被删除和修改。电脑中的密码有两种：一种是开机密码，设置此密码后，开机时需要输入密码才能启动电脑，否则电脑就无法启动，可以防止别人开机进入系统中；另一种是 BIOS 专用密码，即进入 BIOS 程序时需要输入的密码，设置后可以防止别人修改 BIOS 程序参数。设置这两种密码时，须将 "Adoanced BIOS Features"（高级 BIOS 特性）中的 "Security Option"（开机口令选择）选项设为 "System"（设置开机密码时用）或 "Setup"（设置 BIOS 专用密码时用）。

设置 "Set Supervisor Password"（设置超级用户密码）选项后用户对电脑的 BIOS 设置具有最高的权限，可以更改 BIOS 的任何设置。设置 "Set User Password"（设置普通用户密码）选项后，用户可以开机进入 BIOS 设置，但除了更改自己的密码以外，不能更改其他任何设置。

设置 BIOS 密码的方法是：在开机时按〈Del〉键进入 BIOS 主界面，然后按照图 4-13 所示的方法进行操作。

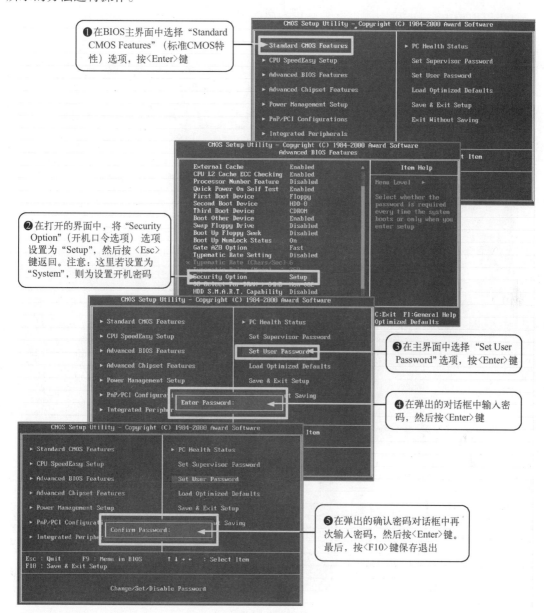

❶在BIOS主界面中选择 "Standard CMOS Features"（标准CMOS特性）选项，按〈Enter〉键

❷在打开的界面中，将 "Security Option"（开机口令选项）选项设置为 "Setup"，然后按〈Esc〉键返回。注意：这里若设置为 "System"，则为设置开机密码

❸在主界面中选择 "Set User Password" 选项，按〈Enter〉键

❹在弹出的对话框中输入密码，然后按〈Enter〉键

❺在弹出的确认密码对话框中再次输入密码，然后按〈Enter〉键。最后，按〈F10〉键保存退出

图 4-13　设置 BIOS 密码

专家提示

　　设置密码时一定要注意密码的最大长度为 8 个字符，有大小写之分，而且两次输入的密码一定要相同。设置开机密码后，BIOS 程序同时也设了一个相同的密码，进入 BIOS 程序时输入相同的密码。

4.2.7　任务7：修改或取消密码

这里以取消 BIOS 密码为例讲解，开机密码的修改方法与此类似。具体方法如图 4-14 所示。

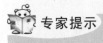 专家提示

不知道开机密码时取消密码的方法

当不知道开机密码或忘记密码时，也就无法进入 BIOS 程序，这时可以打开机箱，将主板上的 CMOS 电池取下，然后将 CMOS 放电，即可取消开机密码和 BIOS 专用密码。

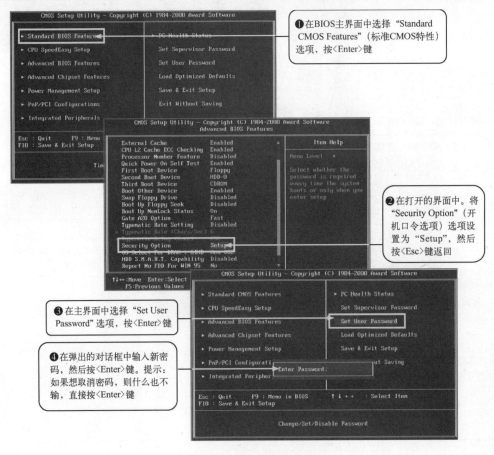

图 4-14　修改或取消密码

4.2.8　任务8：一键将 BIOS 程序设为最佳状态

如果对设置过的 BIOS 程序感觉不满意，想让 BIOS 自动设置为最佳状态，可以按照下面的方法进行操作，如图 4-15 所示。

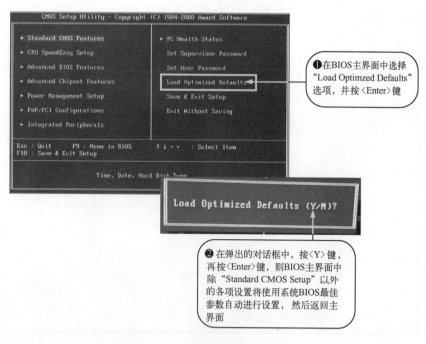

❶在BIOS主界面中选择
"Load Optimzed Defaults"
选项，并按〈Enter〉键

❷在弹出的对话框中，按〈Y〉键，
再按〈Enter〉键，则BIOS主界面中
除 "Standard CMOS Setup" 以外
的各项设置将使用系统BIOS最佳
参数自动进行设置，然后返回主
界面

图 4-15　一键将 BIOS 设置为最佳状态

专家提示

　　系统的最佳化设置，将 BIOS 的各项参数设置成能较好地发挥系统性能的预设值，因此一般都能较好地发挥机内各硬件的性能，也能兼顾系统的正常工作。

4.2.9　任务 9：升级 UEFI BIOS

　　在 UEFI BIOS 中，会带有 BIOS 升级的选项，直接使用该选项即可轻松升级 UEFI BIOS。下面详细讲解 UEFI BIOS 升级的方法（以华硕 UEFI BIOS 为例讲解）。

　　首先到主板厂商官方网站根据主板的型号下载最新的 BIOS 文件，然后将保存有最新 BIOS 文件的 U 盘插入电脑 USB 接口，接着开机并按〈Del〉键进入 UEFI BIOS 设置程序主界面，最后按照下面的方法进行操作，如图 4-16 所示。

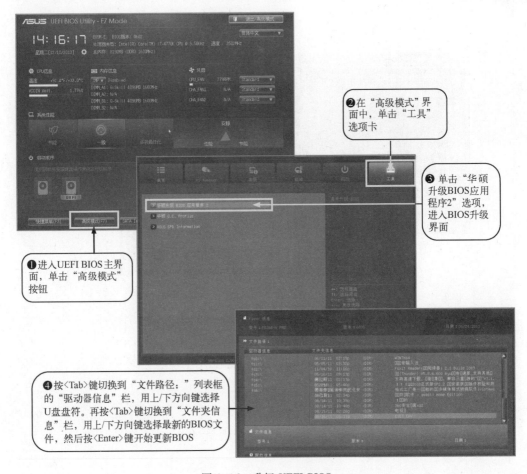

图 4-16　升级 UEFI BIOS

专家提示

升级 BIOS 有一定的风险，在操作时一定要注意。

4.3　高手经验总结

经验一：电脑启动顺序的设置，基本上在每次安装系统时都会用到，读者必须熟练掌握。各个品牌的电脑的设置方法大同小异。

经验二：对于传统 BIOS 的升级，一定要慎重，如果不是特别必要，轻易不要升级，因为一旦升级失败，就会导致主板无法启动。

经验三：在设置 BIOS 专用密码和开机密码时，一定要先确认"Security Option"选项，"Setup"设置的是 BIOS 密码，"System"设置的是开机密码。

第 **5** 章

硬盘分区技术

 学习目标

1. 掌握对超大硬盘分区的方法
2. 掌握 DiskGenius 分区软件的操作方法
3. 掌握 Windows 安装程序的操作方法
4. 掌握格式化硬盘的技巧
5. 掌握创建 GPT 格式的方法

学习效果

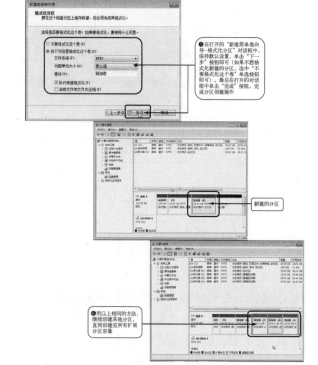

❺ 在打开的"新建简单卷向导—格式化分区"对话框中,保持默认设置,单击"下一步"按钮即可(如果不想格式化新建的分区,选中"不要格式化这个卷"单选按钮即可)。最后在打开的对话框中单击"完成"按钮,完成分区创建操作

新建的分区

❻ 用以上相同的方法,继续创建其他分区,直到创建完所有扩展分区容量

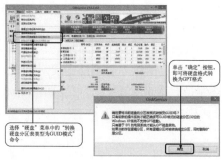

选择"硬盘"菜单中的"转换硬盘分区表类型为GUID模式"命令

单击"确定"按钮,即可将硬盘格式转换为GPT格式

硬盘的分区和格式化是装机和维修电脑时经常会用到的操作，由于硬盘在出厂时并没有分区和激活，因此分区和格式化是使用硬盘的第一步。本章将重点讲解如何对硬盘进行分区。

5.1 知识储备

硬盘分区就是将一个物理硬盘通过软件划分为多个区域，即将一个物理硬盘分为多个盘使用，如 C 盘、D 盘、E 盘等。

5.1.1 什么是硬盘分区

问答 1：硬盘为何要分区？

硬盘由生产厂商生产出来后，并没有进行分区和格式化，用户在使用前必须先进行分区并格式化硬盘的活动分区。另外，现在的硬盘容量都很大，可以将硬盘分为多个分区，这样一方面方便管理硬盘中存放的文件，如图 5-1 所示，另一方面将操作系统和重要文件分别安装和存放在不同的分区（通常操作系统安装在 C 区），可以更好地保护操作系统文件，同时也可以方便快速地安装操作系统。

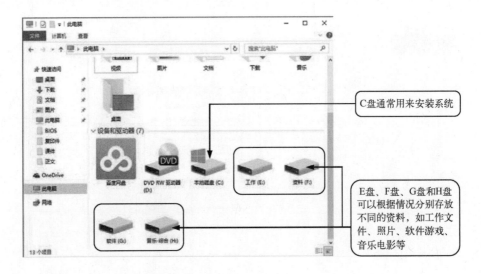

图 5-1　硬盘分区

问答 2：何时对硬盘进行分区

首先，硬盘在分区时会把硬盘中以前存放的东西全部删掉，所以平时不能随便对硬盘进行重新分区，否则电脑中的重要文件数据会在分区时被删掉，由此会酿成不可挽回的后果。那么，平时使用、维修电脑时，何时才需对硬盘进行分区呢？

在下列三种情况下需进行硬盘分区。

（1）未使用的新硬盘。

（2）认为现在的硬盘分区不是很理想、很合理的。比如，觉得硬盘的分区个数太少，需要调整硬盘单个分区的容量。

（3）硬盘引导区感染病毒。

除以上三种情况外，一般都不对硬盘进行分区，当不知该不该对硬盘进行分区时，可以上述三种情况考虑，符合以上三条中的一条即可。

■ 问答 3：如何规划硬盘分区个数与容量

硬盘分区的个数一般由用户来确定，没有一个统一的标准。一般可以把一个硬盘分为系统盘、软件盘、游戏盘、工作盘等。用户可以根据自己的想法大胆规划。每个区的容量也没有统一的规定，除 C 盘外，其他盘的容量可以随意。因为 C 盘是用来安装操作系统的，相对比较重要，一般操作系统需要 1 ~ 16 GB 的容量，应用软件、游戏需要 1 ~ 20 GB的容量。另外日后可能要安装的软件、游戏还要占不少空间，平时运行大的程序还会生成许多临时文件。因此，C 盘容量最好不要太小，可以设置为 50 GB 左右。如图 5-2 所示为硬盘的分区情况。

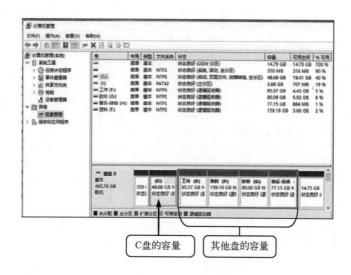

图 5-2　硬盘分区情况

5.1.2　超大硬盘与一般硬盘的分区有何区别

■ 问答 1：2TB 以上大硬盘需要采用什么分区表格式？

由于 MBR 分区表定义每个扇区 512 字节，磁盘寻址地址为 32 位，因此能访问的磁盘容量最大是 2.19TB（2^{32} * 512 Byte），对于 2.19TB 以上的硬盘，MBR 分区就无法全部识别了。因此从 Windows 7、Windows 8 开始，为了解决硬盘限制的问题，增加了 GPT（Globally Unique Identifier Partition Table Format，全局唯一标识分区表）格式。GPT 分区表采用 8 个字节（即 64 bit）来存储扇区数，因此它最大可支持 264 个扇区。同样按每扇区 512Byte 容量计算，每个分区的最大容量可达 9.4ZB（即 94 亿 TB）。

GPT 还有另一个名字叫作 GUID 分区表格式，在许多磁盘管理软件中能够看到这个名字。GPT 也是 UEFI BIOS 所使用的磁盘分区格式。

GPT 分区的一大优势就是可以针对不同的数据建立不同的分区，同时为不同的分区创建不同的权限。就如其名字一样，GPT 能够保证磁盘分区的 GUID 的唯一性，所以 GPT 不允许将整个硬盘进行复制，从而保证了磁盘内数据的安全性。

GPT 分区的创建和更改其实并不麻烦，使用 Windows 自带的磁盘管理功能或者 DiskGenius 等磁盘管理软件，就可以轻松地将硬盘转换成 GPT（GUID）格式（注意，转换之后硬盘中的数据会丢失）。转换之后就可以在超大硬盘上正常存储数据了。

问答 2：什么操作系统才支持 GPT 格式？

GPT 格式的超大数据盘，能不能做系统盘？当然可以，这里需要借助一种先进的 UEFI BIOS 和更高级的操作系统。表 5-1 列出了各操作系统对 GPT 格式的支持情况。

表 5-1　各操作系统对 GPT 格式的支持情况

操 作 系 统	数据盘是否支持 GPT 格式	系统盘是否支持 GPT 格式
Windows XP 32 bit	不支持 GPT 分区	不支持 GPT 分区
Windows XP 64 bit	支持 GPT 分区	不支持 GPT 分区
Windows Vista 32 bit	支持 GPT 分区	不支持 GPT 分区
Windows Vista 64 bit	支持 GPT 分区	GPT 分区需要 UEFI BIOS
Windows 7 32 bit	支持 GPT 分区	不支持 GPT 分区
Windows 7 64 bit	支持 GPT 分区	GPT 分区需要 UEFI BIOS
Windows 8 64 bit	支持 GPT 分区	GPT 分区需要 UEFI BIOS
Windows 10 32 bit	支持 GPT 分区	GPT 分区需要 UEFI BIOS
Windows 10 64 bit	支持 GPT 分区	GPT 分区需要 UEFI BIOS
Linux	支持 GPT 分区	GPT 分区需要 UEFI BIOS

如表 5-1 所示，若想识别完整的超大硬盘，用户应安装 Windows 7/8/10 等高级的操作系统。若安装的是早期的 32 位版本的 Windows 7 操作系统，那么 GPT 格式化的硬盘可以作为从盘划分多个分区，但是无法作为系统盘。64 位 Windows 7、Windows 8/10 操作系统，赋予了 GPT 格式 2TB 以上容量硬盘的全新功能，此时 GPT 格式硬盘可以作为系统盘。它不需要进入操作系统，也不需要通过特殊软件工具去解决；而是可以通过主板的 UEFI BIOS 在硬件层面彻底解决。

问答 3：使用什么工具创建 GPT 格式？

为硬盘创建 GPT 格式的工具有很多，下面介绍 DiskGenius 软件。

DiskGenius 是一款集磁盘分区管理与数据恢复功能于一身的工具软件。它不仅具备与分区管理有关的几乎全部功能，支持 GUID 分区表，支持各种硬盘、存储卡、虚拟硬盘、RAID 分区，而且提供了独特的快速分区、整数分区等功能，是常用的一款磁盘工具。用 DiskGenius 来转换硬盘模式也是非常简单的。首先运行 DiskGenius 程序，然后选中要转换格式的硬盘，然后按照图 5-3 所示方法操作即可。

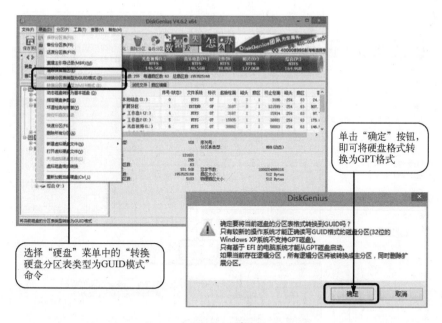

图 5-3　将硬盘格式转换为 GPT 格式

5.2　实战：硬盘分区和高级格式化

硬盘分区是安装操作系统的第一步，调整好硬盘分区的大小是一个良好的开始。有些工具软件仅支持小硬盘分区，不支持大硬盘分区，而支持大硬盘分区的工具软件都支持小硬盘分区，因此下面以超大硬盘分区为例进行讲解。

5.2.1　任务 1：使用 DiskGenius 为超大硬盘分区

首先从网上下载分区软件 DiskGenius 并复制到 U 盘中，然后用启动盘启动到 Windows PE 系统，接着运行 DiskGenius 分区软件，如图 5-4 所示。

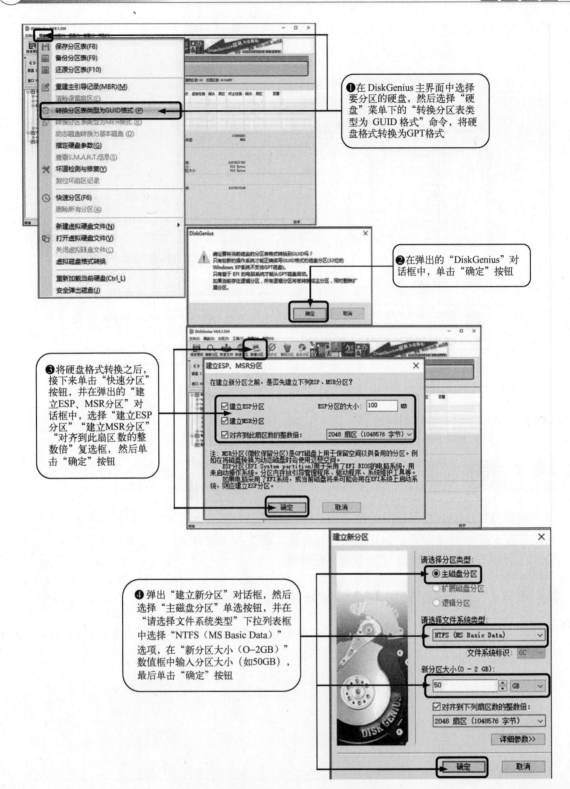

❶在 DiskGenius 主界面中选择要分区的硬盘，然后选择"硬盘"菜单下的"转换分区表类型为 GUID 格式"命令，将硬盘格式转换为GPT格式

❷在弹出的"DiskGenius"对话框中，单击"确定"按钮

❸将硬盘格式转换之后，接下来单击"快速分区"按钮，并在弹出的"建立ESP、MSR分区"对话框中，选择"建立ESP分区""建立MSR分区""对齐到此扇区数的整数倍"复选框，然后单击"确定"按钮

❹弹出"建立新分区"对话框，然后选择"主磁盘分区"单选按钮，并在"请选择文件系统类型"下拉列表框中选择"NTFS（MS Basic Data）"选项，在"新分区大小（0~2GB）"数值框中输入分区大小（如50GB），最后单击"确定"按钮

图 5-4　用 DiskGenius 为超大硬盘分区

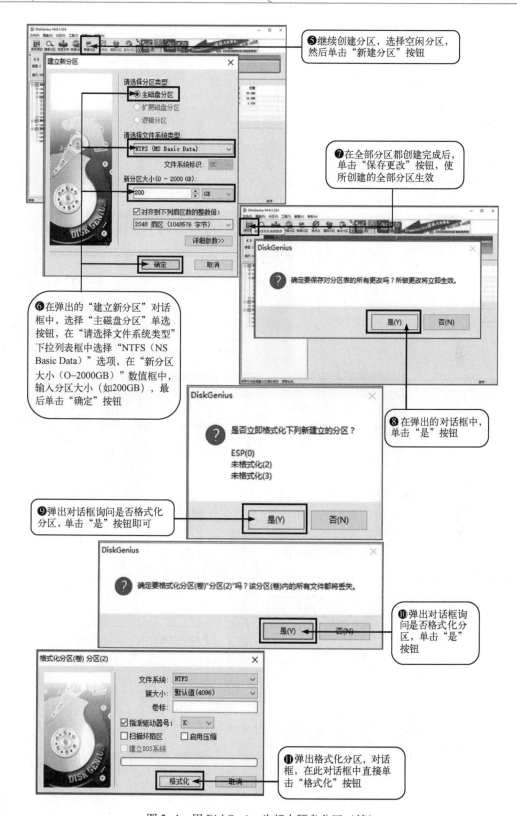

❺继续创建分区，选择空闲分区，然后单击"新建分区"按钮

❼在全部分区都创建完成后，单击"保存更改"按钮，使所创建的全部分区生效

❻在弹出的"建立新分区"对话框中，选择"主磁盘分区"单选按钮，在"请选择文件系统类型"下拉列表框中选择"NTFS（NS Basic Data）"选项，在"新分区大小（O–2000GB）"数值框中，输入分区大小（如200GB），最后单击"确定"按钮

❽在弹出的对话框中，单击"是"按钮

❾弹出对话框询问是否格式化分区，单击"是"按钮即可

❿弹出对话框询问是否格式化分区，单击"是"按钮

⓫弹出格式化分区，对话框，在此对话框中直接单击"格式化"按钮

图 5-4　用 DiskGenius 为超大硬盘分区（续）

5.2.2 任务2：使用 Windows 7/8/10 安装程序对大硬盘分区

Windows 8/10 操作系统安装程序的分区界面和分区方法与 Windows 7 相同。这里以 Windows 7 安装程序分区为例讲解，具体方法如图 5-5 所示。

专家提示

如果安装 Windows 7/8/10 系统时，没有对硬盘分区（硬盘原先也没有分区），Windows 7/8/10 安装程序将自动把硬盘分为一个分区，分区表格式为 NTFS。

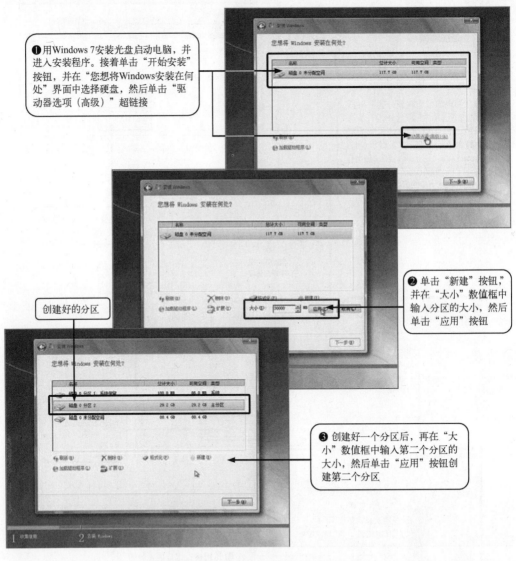

图 5-5　用 Windows 7 安装程序进行分区

5.2.3　任务 3：使用 Windows 7/8/10 中的磁盘工具对硬盘分区

Windows 7/8/10 系统中的磁盘工具的分区界面及分区操作方法都相同，这里以 Windows 7 为例进行讲解。首先在桌面上的"电脑"图标上单击鼠标右键，并在弹出的快捷菜单中选择"管理"命令；接着在打开的"电脑管理"窗口中单击"磁盘管理"选项，可以看到硬盘的分区状态，如图 5-6 所示。

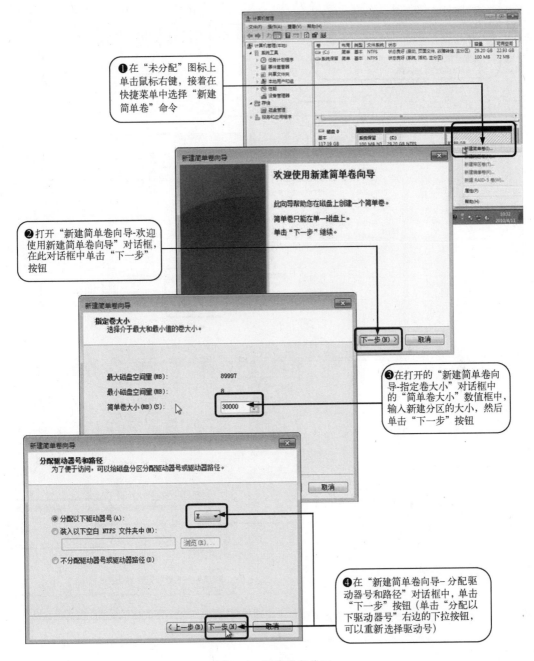

❶ 在"未分配"图标上单击鼠标右键，接着在快捷菜单中选择"新建简单卷"命令

❷ 打开"新建简单卷向导-欢迎使用新建简单卷向导"对话框，在此对话框中单击"下一步"按钮

❸ 在打开的"新建简单卷向导-指定卷大小"对话框中的"简单卷大小"数值框中，输入新建分区的大小，然后单击"下一步"按钮

❹ 在"新建简单卷向导-分配驱动器号和路径"对话框中，单击"下一步"按钮（单击"分配以下驱动器号"右边的下拉按钮，可以重新选择驱动号）

图 5-6　新建磁盘分区

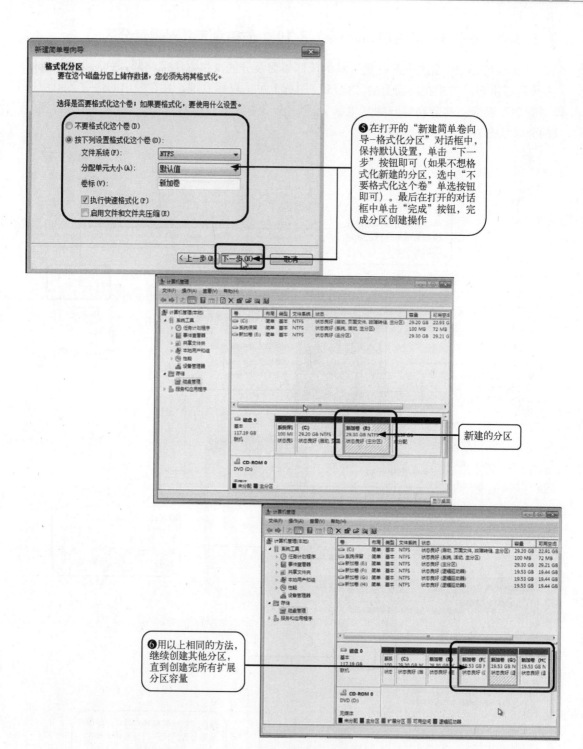

⑤在打开的"新建简单卷向导—格式化分区"对话框中，保持默认设置，单击"下一步"按钮即可（如果不想格式化新建的分区，选中"不要格式化这个卷"单选按钮即可）。最后在打开的对话框中单击"完成"按钮，完成分区创建操作

新建的分区

⑥用以上相同的方法，继续创建其他分区，直到创建完所有扩展分区容量

图 5-6　新建磁盘分区（续）

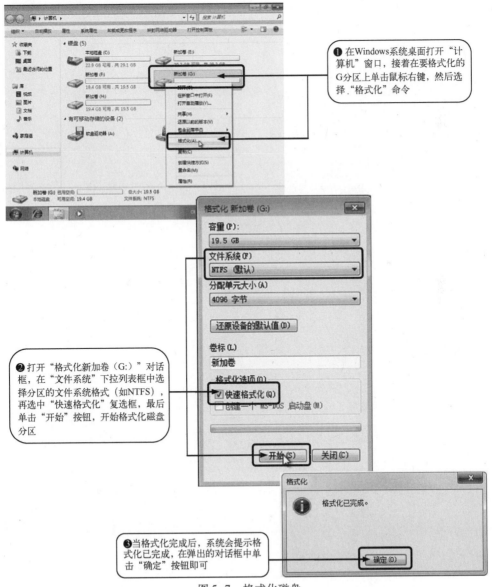

专家提示

在 Windows 7 系统中，给磁盘创建新分区时，前 3 个分区将被格式化为主分区。从第 4 个分区开始，会将每个分区配置为扩展分区内的逻辑驱动器。

5.2.4　任务 4：格式化电脑硬盘

硬盘分区完成之后，一般还需要对硬盘进行格式化操作，硬盘才能正常使用。在格式化硬盘时要分别格式化每个区，即分别格式化 C 盘、D 盘、E 盘、F 盘和 G 盘等。格式化硬盘的方法有多种，下面以 Windows 系统中的"格式化"命令格式化为例讲解格式化磁盘的方法，如图 5-7 所示。

❶在 Windows 系统桌面打开"计算机"窗口，接着在要格式化的 G 分区上单击鼠标右键，然后选择"格式化"命令

❷打开"格式化新加卷（G:）"对话框，在"文件系统"下拉列表框中选择分区的文件系统格式（如 NTFS），再选中"快速格式化"复选框，最后单击"开始"按钮，开始格式化磁盘分区

❸当格式化完成后，系统会提示格式化已完成，在弹出的对话框中单击"确定"按钮即可

图 5-7　格式化磁盘

5.3 高手经验总结

经验一：硬盘分区时，对于非全新硬盘，必须考虑硬盘中的数据是否需要备份，如果需要备份，要先备份，再进行分区。

经验二：如果要实现快速开机，那么硬盘必须采用 GPT 格式，并且最好安装 Windows 8/10 系统。

经验三：在安装操作系统时，可以使用安装程序自带的分区工具先把 C 盘分好，其他的分区可以在安装完系统后，用系统中的分区管理工具进行分区。

第❻章

安装快速启动的Windows 8/10系统

 学习目标

1. 掌握快速启动系统的安装方法
2. 掌握快速启动系统的安装流程
3. 掌握系统备份方法
4. 掌握用光盘安装 Windows 系统的方法
5. 掌握用 U 盘安装 Windows 系统的方法
6. 掌握用 Ghost 安装 Windows 系统的方法

学习效果

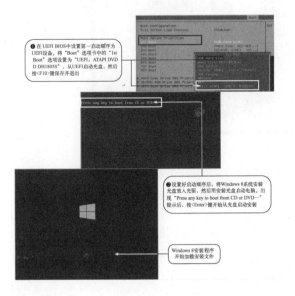

❶ 在 UEFI BIOS 中设置第一启动顺序为 UEFI 设备。将"Boot"选项卡中的"1st Boot"选项设置为"UEFI: ATAPI DVD D DH1805S",从 UEFI 启动盘,然后按 <F10> 键保存并退出

❷ 设置好启动顺序后,将 Windows 8 系统安装光盘放入光驱,然后用安装光盘启动电脑。出现"Press any key to boot from CD or DVD…"提示后,按 <Enter> 键开始从光盘启动安装

Windows 8 安装程序开始加载安装文件

❶ 在桌面的"此电脑"图标上单击鼠标右键,并选择快捷菜单中的"属性"命令

❷ 在打开的"系统"窗口中,单击"设备管理器"选项

❸ 在打开的"设备管理器"窗口中即可查看到设备的型号

6.1 知识储备

相信很多人都曾因为电脑开机启动时的慢悠悠而着急过，这个时候的你一定想过将来要更换一台启动飞快的顶配电脑。其实，不用更换配置最高的电脑，只要掌握本章介绍的方法，你的电脑就可以飞快地启动。

6.1.1 如何实现快速启动

问答1：如何让电脑开机速度变得飞快？

实现电脑快速开机的方法简单地说就是"UEFI + GPT"，即硬盘使用 GPT 格式，并在 UEFI 模式下安装 Windows 8/10 系统。

要在 UEFI 平台上安装 Windows 8/10 系统，到底需要什么设备呢？其实很简单，如图 6-1 所示。

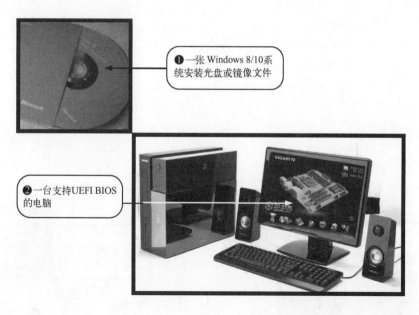

❶一张 Windows 8/10系统安装光盘或镜像文件

❷一台支持UEFI BIOS的电脑

图 6-1　需要的设备

问答2：快速启动系统的安装流程是什么？

快速开机系统的安装方法与普通安装方法既有区别，也有相同的地方。其中，区别比较大的地方就是硬盘分区要采用 GPT 格式，电脑 BIOS 要采用 UEFI BIOS。下面先来了解一下 UEFI 引导安装 Windows 8/10 的流程，如图 6-2 所示。

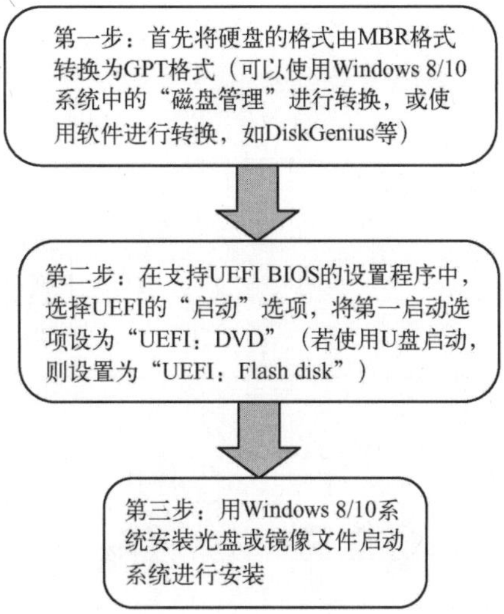

第一步：首先将硬盘的格式由MBR格式转换为GPT格式（可以使用Windows 8/10系统中的"磁盘管理"进行转换，或使用软件进行转换，如DiskGenius等）

第二步：在支持UEFI BIOS的设置程序中，选择UEFI的"启动"选项，将第一启动选项设为"UEFI：DVD"（若使用U盘启动，则设置为"UEFI：Flash disk"）

第三步：用Windows 8/10系统安装光盘或镜像文件启动系统进行安装

图 6-2 安装流程

6.1.2 系统安装前需要做什么准备工作

安装操作系统是维修电脑时经常需要做的工作，在安装前要做好充分的准备工作，不然有可能无法正常安装。具体来讲，对于全新组装的电脑，准备好安装系统需要的物品即可；但对于因出现故障而需要重新安装系统的电脑来说，需要做的工作就比较多了，大致包括备份硬盘中的数据、查看硬件型号、查看电脑安装的应用软件、准备安装物品等。

问答 1：如何备份电脑中的重要数据？

当用一块新买的、第一次使用的硬盘安装系统时，不必考虑备份工作，因为硬盘是空的，没有任何东西。但是如果用已经使用过的硬盘安装系统，则必须考虑备份硬盘中的重要数据，否则将酿成大错。因为在安装系统时通常要将装系统的分区进行格式化，此时会丢失格式化盘中的所有数据。

备份实际上就是将硬盘中重要的数据转移到安全的地方，用复制的方法可进行备份。因此，可将硬盘中要格式化的分区（如 C 盘）中的重要数据复制到不需要格式化的分区（如 D 盘、E 盘等）中，或复制到 U 盘、移动硬盘，或刻录光盘等，或上位到联网的服务器或客户机上等。不需要格式化的分区不用备份。

哪些是重要数据呢？重要数据包括用户平时写的文章、软件程序、游戏、歌曲、电影、视频等。备份时需要查看桌面上已创建的文件和文件夹（如果电脑还可以启动的话）、"文档"文件夹、"图片"文件夹，要格式化分区中自己建立的文件和文件夹、其他资料等。已经安装的应用软件不用备份，原来的操作系统也不用备份。

当系统能正常启动或能启动到安全模式下时，可将桌面、文档及 C 盘中的重要文件，复制到 D 盘、E 盘或 U 盘中。

当系统无法启动时，用启动盘启动到 Windows PE 系统，将"电脑" C 盘中的重要文件，以及 C 盘"用户"文件夹中的"桌面""文档""图片"等文件夹中的重要文件，复制到 D

盘、E 盘或 U 盘中即可，如图 6-3 所示。

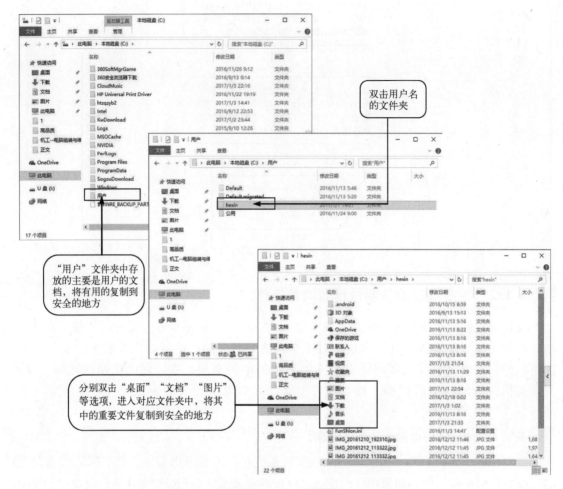

图 6-3　备份重要数据

问答 2：怎样查看电脑各硬件的型号？

为什么要查看电脑硬件的型号呢？因为在安装完操作系统后，需要安装硬件的驱动程序，通过提前查看硬件的型号，可以提前准备硬件的驱动程序。如不提前查看，等系统装完后，又找不见原先设备配套的驱动盘，此时再查找设备型号就比较麻烦（如遇见这种情况，须打开机箱查看设备硬件芯片的标识）。新装电脑由于还没安装操作系统，因此无法查看，可以对照装机配置单进行查看。

查看硬件设备型号的方法如图 6-4 所示（以 Windows 10 系统为例）。

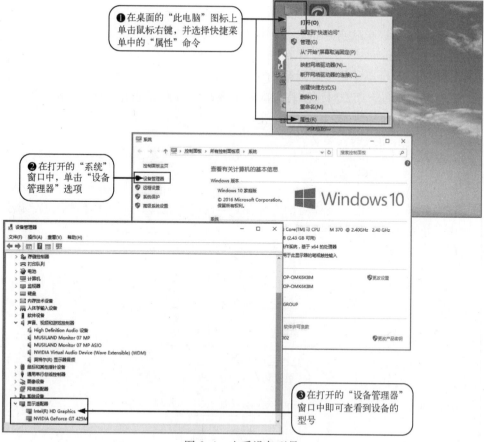

①在桌面的"此电脑"图标上单击鼠标右键，并选择快捷菜单中的"属性"命令

②在打开的"系统"窗口中，单击"设备管理器"选项

③在打开的"设备管理器"窗口中即可查看到设备的型号

图 6-4　查看设备型号

问答 3：为何要查看系统中安装的应用软件？

对于维修人员来说，需要提前了解用户可能需要的软件和游戏并提前准备好，这样可以提高服务效率。提前查看电脑中的软件和游戏的具体方法如图 6-5 所示。

②查看弹出的程序列表即可了解

①单击"开始"按钮

图 6-5　查看软件列表

问答 4：安装系统需要准备哪些物品？

（1）启动盘：启动光盘或 U 盘。

（2）系统盘：Windows 10/8 操作系统的安装 U 盘/光盘。

（3）驱动盘：各个部件购买时附带的光盘，主要是显卡、声卡、网卡、主板的光盘驱动程序。若驱动盘丢失，用户可以从官方网站下载设备的驱动程序，也可以到一些专门提供驱动的网址下载（如驱动之家网站，网址是 www.mydrivers.com）。

（4）应用软件和游戏的安装文件。

6.1.3 操作系统安装流程

在正式安装操作系统前，要先对操作系统安装的整体流程有一个大体的认识，做到心中有数。操作系统安装流程如图 6-6 所示。

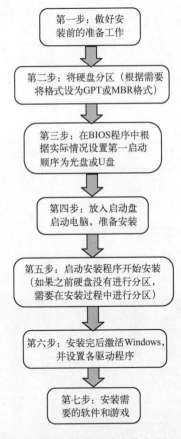

图 6-6　操作系统安装流程

6.1.4 Ghost 程序菜单功能详解

Ghost 软件是赛门铁克公司的硬盘备份还原工具。使用 Ghost 可方便地安装系统或备份/还原硬盘数据。Ghost 虽然功能实用，使用方便，但它有一个突出的问题，即大部分版本都是英文界面，这给英语不好的朋友带来不小的麻烦。接下来将重点介绍 Ghost 程序中英文菜单的功能。

问答 1：Ghost 程序的一级菜单有何功能？

Ghost 程序的一级菜单如图 6-7 所示。

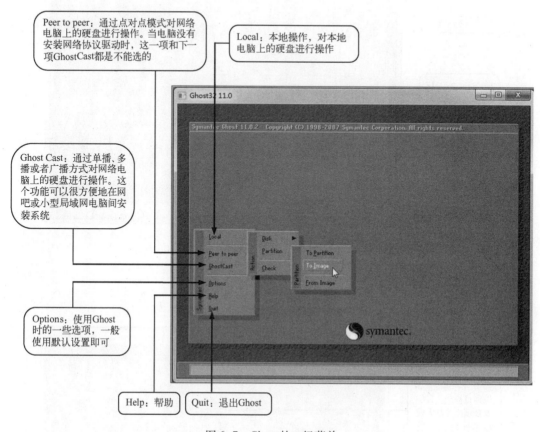

Peer to peer：通过点对点模式对网络电脑上的硬盘进行操作。当电脑没有安装网络协议驱动时，这一项和下一项GhostCast都是不能选的

Local：本地操作，对本地电脑上的硬盘进行操作

Ghost Cast：通过单播、多播或者广播方式对网络电脑上的硬盘进行操作。这个功能可以很方便地在网吧或小型局域网电脑间安装系统

Options：使用Ghost时的一些选项，一般使用默认设置即可

Help：帮助　　Quit：退出Ghost

图 6-7　Ghost 的一级菜单

问答 2：Ghost 程序的 Local 二级菜单有何功能？

Ghost 程序的 Local 二级菜单如图 6-8 所示。

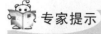专家提示

　由于用户常使用的是 Ghost 的本地操作，因此这里主要介绍 Local 二级菜单。

问答 3：Ghost 程序 Local 菜单下的三级菜单有何功能？

Local 菜单下的 Disk 三级菜单及其功能如图 6-9 所示。

Local 菜单下的 Partition 三级菜单及其功能如图 6-10 所示。

Local 菜单的 Check 三级菜单及其功能如图 6-11 所示。

问答 4：Ghost 程序的 Peer To Peer 二级菜单及其子菜单有何功能？

Peer To Peer 二级菜单及其子菜单的功能如图 6-12 所示。

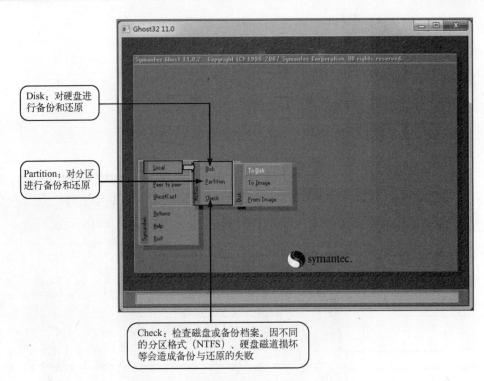

Disk：对硬盘进行备份和还原

Partition：对分区进行备份和还原

Check：检查磁盘或备份档案。因不同的分区格式（NTFS）、硬盘磁道损坏等会造成备份与还原的失败

图 6-8　Local 二级菜单

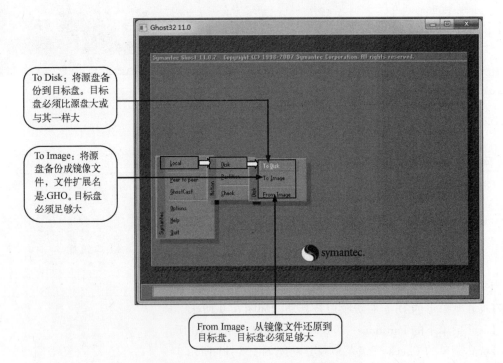

To Disk：将源盘备份到目标盘。目标盘必须比源盘大或与其一样大

To Image：将源盘备份成镜像文件，文件扩展名是.GHO。目标盘必须足够大

From Image：从镜像文件还原到目标盘。目标盘必须足够大

图 6-9　Local 菜单下的 Disk 三级菜单

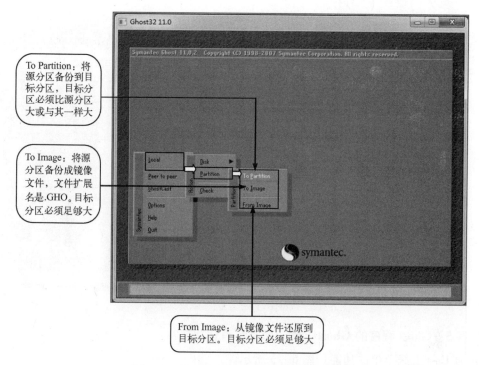

To Partition：将源分区备份到目标分区，目标分区必须比源分区大或与其一样大

To Image：将源分区备份成镜像文件，文件扩展名是.GHO。目标分区必须足够大

From Image：从镜像文件还原到目标分区。目标分区必须足够大

图 6-10　Local 菜单下的 Partition 三级菜单

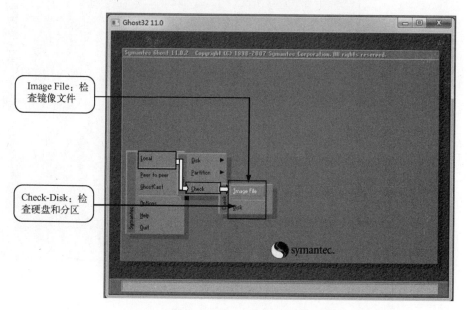

Image File：检查镜像文件

Check-Disk：检查硬盘和分区

图 6-11　Local 菜单下的 Check 三级菜单

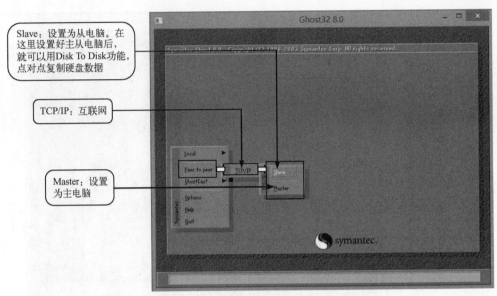

Slave：设置为从电脑。在这里设置好从电脑后，就可以用Disk To Disk功能，点对点复制硬盘数据

TCP/IP：互联网

Master：设置为主电脑

图 6-12 Peer To Peer 二级菜单及其子菜单

问答 5：Ghost 程序的 GhostCast 二级菜单有何功能？

Ghost Cast 二级菜单的功能如图 6-13 所示。

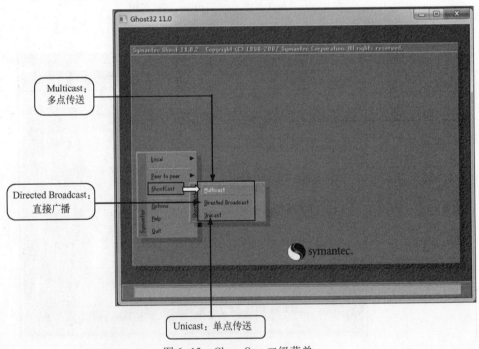

Multicast：多点传送

Directed Broadcast：直接广播

Unicast：单点传送

图 6-13 Ghost Cast 二级菜单

6.2 实战：安装 Windows 操作系统

目前用得比较多的操作系统有 Windows 8、Windows 10 系统，安装方法也比较多，有用

光盘安装、用 U 盘安装、用 Ghost 安装等，下面逐一进行讲解。

6.2.1　任务 1：用 U 盘安装全新的 Windows 10 系统

Windows 10 操作系统的安装方法主要有光盘安装和 U 盘安装两种，这两种安装方法类似，下面以 U 盘安装为例进行讲解。

首先要从网上下载 Windows 10 系统安装程序，然后用制作工具（如 ULTRAISO）创建 U 盘系统安装盘。然后将硬盘分区格式化为 GPT 格式。接着按下面的方法进行安装，如图 6-14 所示。

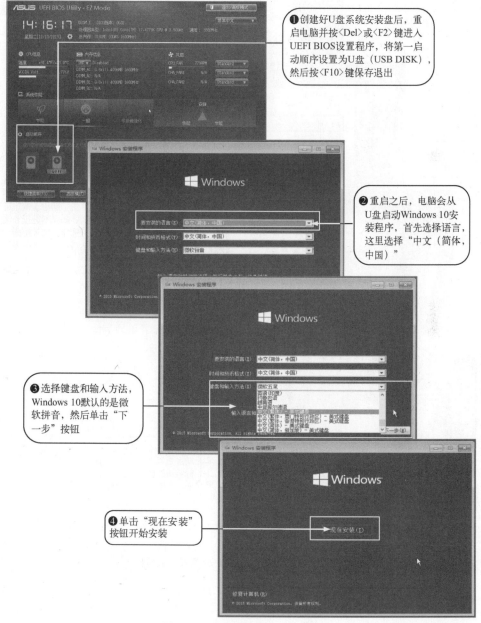

图 6-14　安装 Windows 10 系统

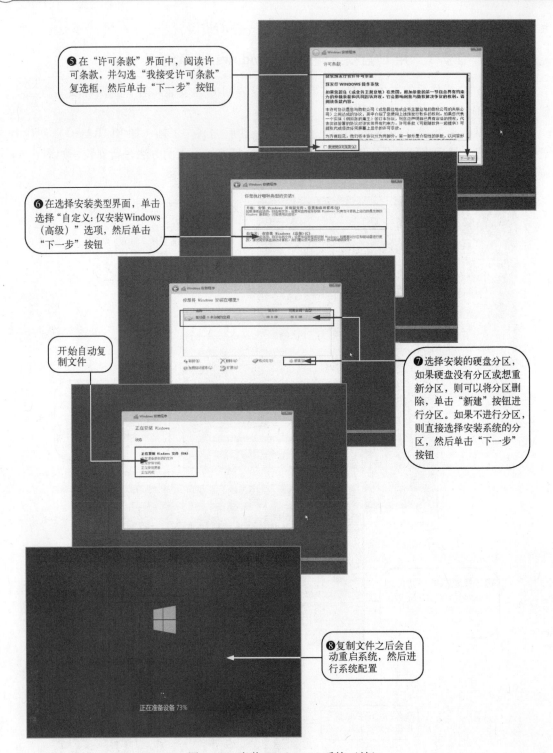

❺ 在"许可条款"界面中，阅读许可条款，并勾选"我接受许可条款"复选框，然后单击"下一步"按钮

❻ 在选择安装类型界面，单击选择"自定义: 仅安装Windows（高级）"选项，然后单击"下一步"按钮

开始自动复制文件

❼ 选择安装的硬盘分区，如果硬盘没有分区或想重新分区，则可以将分区删除，单击"新建"按钮进行分区。如果不进行分区，则直接选择安装系统的分区，然后单击"下一步"按钮

❽ 复制文件之后会自动重启系统，然后进行系统配置

图 6-14　安装 Windows 10 系统（续）

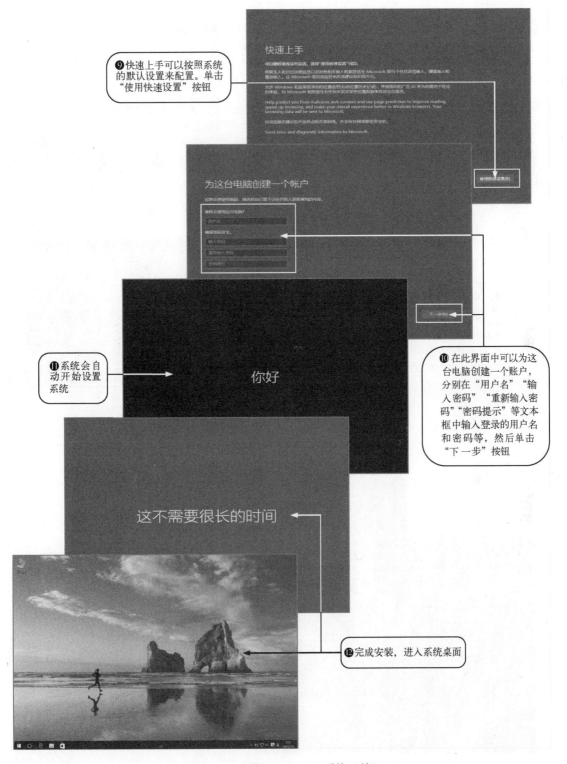

❾快速上手可以按照系统的默认设置来配置。单击"使用快速设置"按钮

❿在此界面中可以为这台电脑创建一个账户，分别在"用户名""输入密码""重新输入密码""密码提示"等文本框中输入登录的用户名和密码等，然后单击"下一步"按钮

⓫系统会自动开始设置系统

⓬完成安装，进入系统桌面

图 6-14　安装 Windows 10 系统（续）

6.2.2 任务2：用光盘安装快速启动的 Windows 8 系统

在安装系统之前，最好先将硬盘的分区转换为 GPT 格式，然后开始安装系统，首先在 UEFI BIOS 中设置启动顺序，并放入光盘启动安装，这里以联想笔记本电脑为例，如图 6-15 所示。

专家提示

如果在传统的 BIOS 主机中安装，设置电脑由光驱启动的方法是：开机进入自检画面后，按〈Del〉键进入 BIOS 设置程序，然后进入 "Advanced BIOS Features" 选项，用〈Page Down〉键将 "First Boot Device" 选项设置为 "CDROM"，最后按〈F10〉键保存并退出。

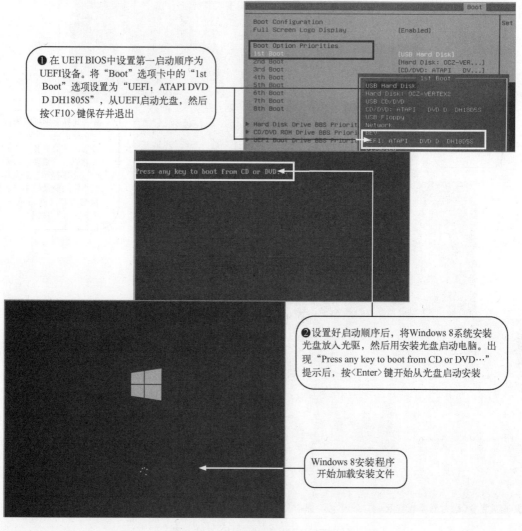

❶ 在 UEFI BIOS 中设置第一启动顺序为 UEFI 设备。将 "Boot" 选项卡中的 "1st Boot" 选项设置为 "UEFI：ATAPI DVD D DH1805S"，从 UEFI 启动光盘，然后按〈F10〉键保存并退出

❷ 设置好启动顺序后，将 Windows 8 系统安装光盘放入光驱，然后用安装光盘启动电脑。出现 "Press any key to boot from CD or DVD…" 提示后，按〈Enter〉键开始从光盘启动安装

Windows 8 安装程序开始加载安装文件

图 6-15　安装 Windows 8 系统

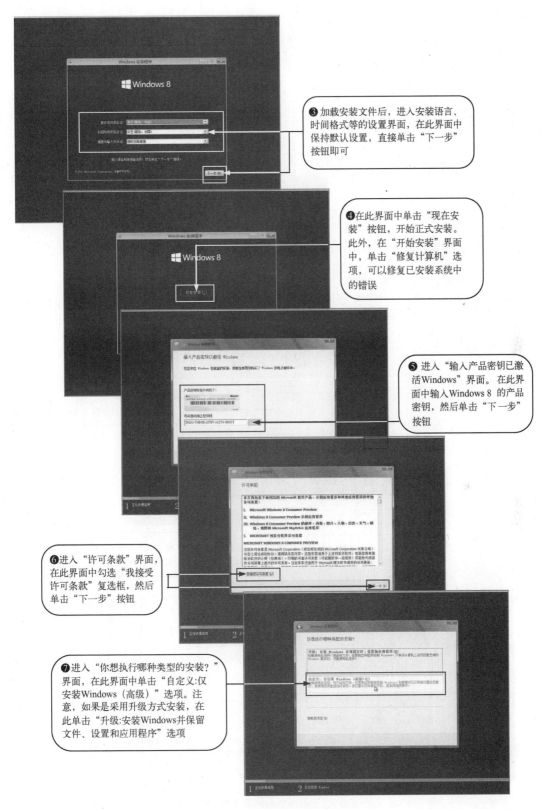

❸加载安装文件后，进入安装语言、时间格式等的设置界面，在此界面中保持默认设置，直接单击"下一步"按钮即可

❹在此界面中单击"现在安装"按钮，开始正式安装。此外，在"开始安装"界面中，单击"修复计算机"选项，可以修复已安装系统中的错误

❺进入"输入产品密钥已激活Windows"界面。在此界面中输入Windows 8 的产品密钥，然后单击"下一步"按钮

❻进入"许可条款"界面，在此界面中勾选"我接受许可条款"复选框，然后单击"下一步"按钮

❼进入"你想执行哪种类型的安装？"界面，在此界面中单击"自定义:仅安装Windows（高级）"选项。注意，如果是采用升级方式安装，在此单击"升级:安装Windows并保留文件、设置和应用程序"选项

图 6-15　安装 Windows 8 系统（续）

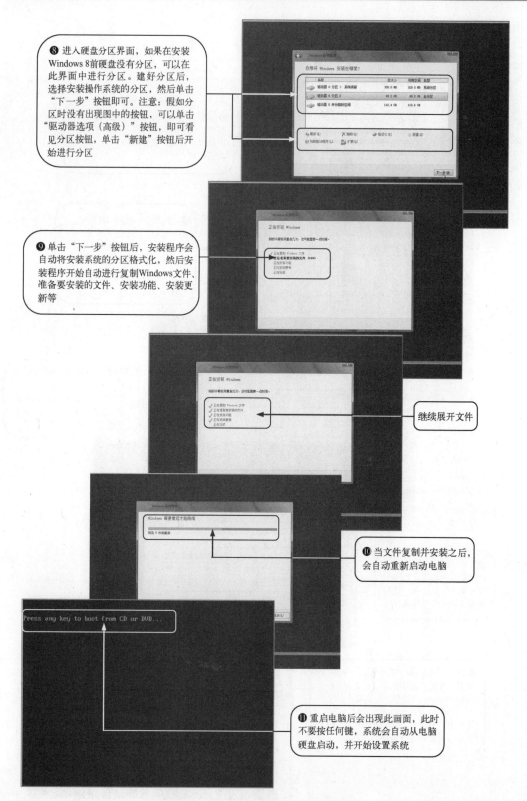

❽ 进入硬盘分区界面，如果在安装 Windows 8前硬盘没有分区，可以在此界面中进行分区。建好分区后，选择安装操作系统的分区，然后单击"下一步"按钮即可。注意：假如分区时没有出现图中的按钮，可以单击"驱动器选项（高级）"按钮，即可看见分区按钮，单击"新建"按钮后开始进行分区

❾ 单击"下一步"按钮后，安装程序会自动将安装系统的分区格式化，然后安装程序开始自动进行复制Windows文件、准备要安装的文件、安装功能、安装更新等

继续展开文件

❿ 当文件复制并安装之后，会自动重新启动电脑

⓫ 重启电脑后会出现此画面，此时不要按任何键，系统会自动从电脑硬盘启动，并开始设置系统

图 6-15　安装 Windows 8 系统（续）

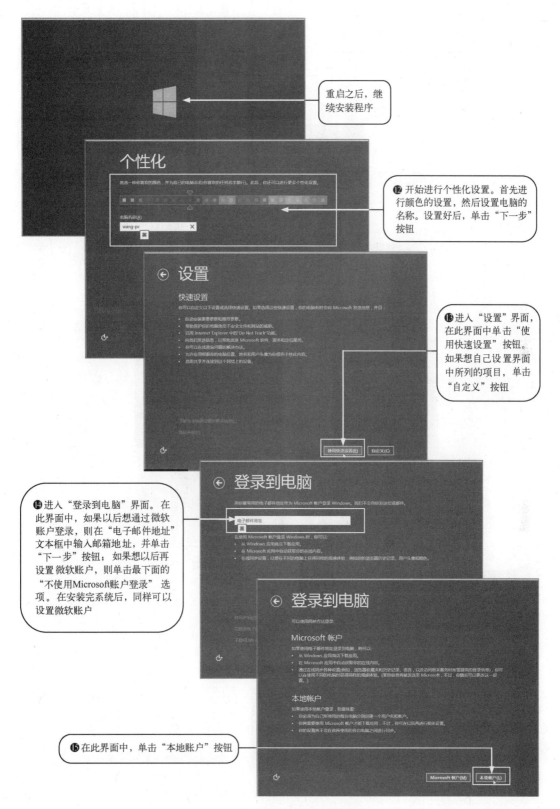

重启之后，继续安装程序

个性化

⑫ 开始进行个性化设置。首先进行颜色的设置，然后设置电脑的名称。设置好后，单击"下一步"按钮

设置

快速设置

⑬ 进入"设置"界面，在此界面中单击"使用快速设置"按钮。如果想自己设置界面中所列的项目，单击"自定义"按钮

登录到电脑

⑭ 进入"登录到电脑"界面。在此界面中，如果以后想通过微软账户登录，则在"电子邮件地址"文本框中输入邮箱地址，并单击"下一步"按钮；如果想以后再设置微软账户，则单击最下面的"不使用Microsoft账户登录"选项。在安装完系统后，同样可以设置微软账户

登录到电脑

Microsoft 帐户

本地帐户

⑮ 在此界面中，单击"本地账户"按钮

图 6-15　安装 Windows 8 系统（续）

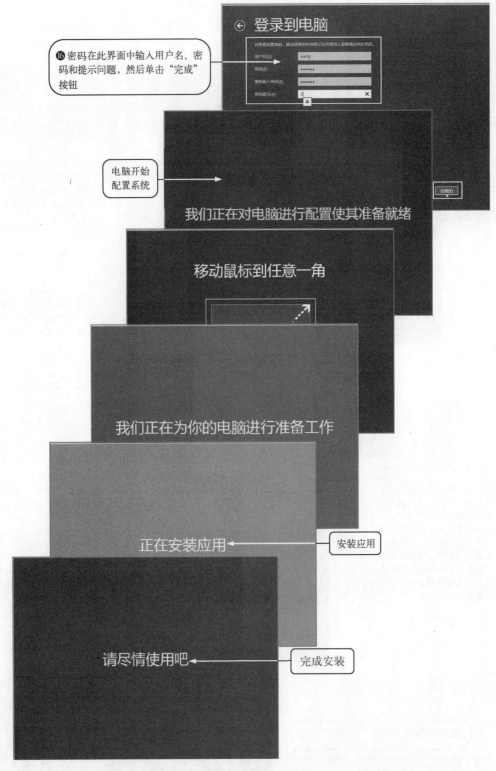

❶密码在此界面中输入用户名、密码和提示问题，然后单击"完成"按钮

电脑开始配置系统

图 6-15 安装 Windows 8 系统（续）

⓱完成上面的设置后，就会进入 Windows 8 操作系统的开始界面。至此，Windows 8 操作系统安装完成

Windows 8 操作系统的桌面

图 6-15 安装 Windows 8 系统（续）

6.2.3 任务 3：用 Ghost 安装 Windows 系统

用 Ghost 安装 Windows 系统的方法如图 6-16 所示。

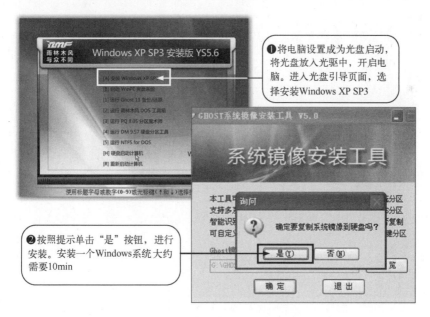

❶将电脑设置成为光盘启动，将光盘放入光驱中，开启电脑。进入光盘引导页面，选择安装Windows XP SP3

❷按照提示单击"是"按钮，进行安装。安装一个Windows系统大约需要10min

图 6-16 用 Ghost 安装 Windows 系统

6.3 高手经验总结

经验一：要想让电脑开机速度变快，首先，硬盘必须采用 GPT 格式，其次，电脑必须

支持 UEFI BIOS。

经验二：备份电脑中的文件是非常重要的事情，当要给故障电脑安装系统时，一定要做好备份，否则可能导致重要数据丢失。

经验三：维修电脑时，提前查看电脑硬件的型号和安装的软件，可以提高装机效率，大大节省时间。

经验四：在操作系统、硬件驱动、游戏软件都安装完后，使用 Ghost 备份系统，可以在电脑出现故障时快速恢复系统。

经验五：制作一个 U 盘启动盘，在以后维修电脑时可以方便地检查电脑故障，同时也方便备份电脑中的文件。

第7章

电脑硬件驱动程序的安装及设置

学习目标

1. 掌握硬件驱动程序的查看方法
2. 掌握电脑自动安装驱动程序的方法
3. 掌握安装电脑硬件驱动程序的方法

学习效果

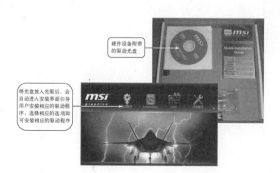

硬件设备附带的驱动光盘

将光盘放入光驱后，会自动进入安装界面引导用户安装相应的驱动程序，选择相应的选项即可安装相应的驱动程序

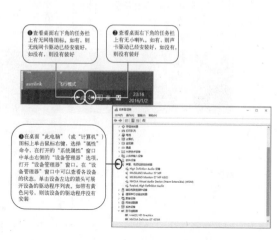

❶ 查看桌面右下角的任务栏上有无网络图标，如有，则无线网卡驱动已经安装好，如没有，则没有装好

❷ 查看桌面右下角的任务栏上有无小喇叭，如有，则声卡驱动已经安装好，如没有，则没有装好

❸ 在桌面"此电脑"（或"计算机"）图标上单击鼠标右键，选择"属性"命令，在打开的"系统属性"窗口中单击右侧的"设备管理器"选项，打开"设备管理器"窗口。在"设备管理器"窗口中可以查看各设备的状态，单击设备左边的箭头可展开设备的驱动程序列表。如带有黄色问号，则该设备的驱动程序没有安装

安装完操作系统之后，要想让硬件设备正常工作，还需要安装并设置各硬件的驱动程序。驱动程序是一种能让电脑与各种硬件设备通信的特殊程序，操作系统通过驱动程序控制电脑上的硬件设备。驱动程序是硬件设备和操作系统之间的桥梁，由它把硬件设备；自身的功能告诉操作系统，同时将标准的操作系统指令转化成特殊的外设专用命令，从而保证硬件设备的正常工作。

7.1　知识储备

7.1.1　硬件驱动程序基本知识

问答1：如何查看某设备驱动程序是否安装了？

为了提高安装操作系统的效率，Windows 操作系统包含了大量设备的驱动程序，在安装操作系统时 Windows 会自动安装好相应的驱动程序。但有些新设备的驱动程序操作系统中不带，也就不会自动装上，这就要求用户在装完操作系统后，检查一下设备的驱动程序是否已安装。查看设备驱动程序是否装好的方法如图 7-1 所示。

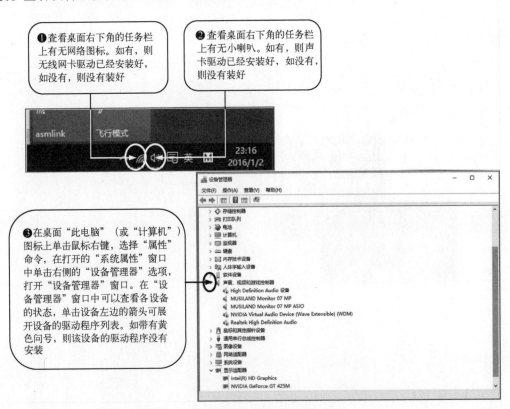

图 7-1　查看设备驱动是否装好

■ 问答 2：需要安装哪些驱动程序？

电脑需要安装的驱动程序主要有以下几种。

（1）主板芯片组（Chipset）驱动程序。

（2）显卡（Video）驱动程序。

（3）声卡（Audio）驱动程序。

（4）网卡（Network）驱动程序。

（5）键盘、鼠标驱动程序。

在安装系统时，因为 Windows 操作系统带有大量的设备驱动程序，所以有些设备的驱动程序会自动装好，而有些设备的驱动程序需要手动安装。

■ 问答 3：先装哪个设备的驱动程序？

驱动程序的安装顺序非常重要，如果不按顺序安装，有可能会造成频繁地非法操作、部分硬件不能被 Windows 识别或出现资源冲突，甚至会造成黑屏死机等现象。

驱动程序的安装顺序如下。

（1）先安装主板的驱动程序，其中最需要安装的是主板识别和管理硬盘的驱动程序。

（2）再依次安装显卡、声卡、网卡、打印机、鼠标等驱动程序，这样就能让各硬件发挥最优的效果。

7.1.2　获得硬件驱动程序

■ 问答 1：从哪里找硬件的驱动程序？

一般购买电脑硬件设备时，包装盒内会带有一张驱动程序安装光盘（简称驱动光盘），如图 7-2 所示。

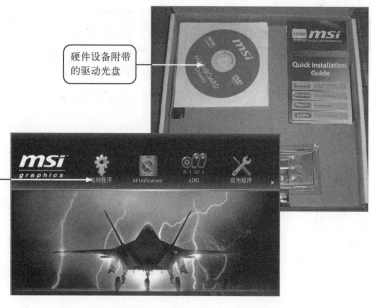

硬件设备附带的驱动光盘

将光盘放入光驱后，会自动进入安装界面引导用户安装相应的驱动程序，选择相应的选项即可安装相应的驱动程序

图 7-2　驱动程序安装界面

■ 问答2：如何从网上下载驱动程序？

通过网络一般都可以找到绝大部分硬件设备的驱动程序，获取资源也非常方便，通下以下几种方式可获得驱动程序。

（1）访问电脑硬件厂商的官方网站。当硬件的驱动程序有新版本发布时，在官方网站都可以找到。

（2）访问专业的驱动程序下载网站。用户可以到一些专业的驱动程序下载网站下载驱动程序，如驱动之家网站，网址为 http//www.mydrivers.com/。在这些网址中，可以找到几乎所有硬件设备的驱动程序，并且提供多个版本供用户选择。

专家提示

下载程序时用户要注意驱动程序支持的操作系统类型和硬件的型号，硬件的型号可从产品说明书或 Everest 等软件检测得到。

7.2 实战：电脑硬件驱动程序的安装和设置

电脑硬件的驱动程序的安装方法有多种，可以通过手动安装，可以让电脑自动安装，也可以通过网络安装，下面详细讲解其安装方法。

7.2.1 任务1：通过网络自动安装驱动程序

如果操作系统在系统驱动程序库中能够找到合适的硬件驱动程序，那么会在不需要用户干涉的前提下自动安装正确的驱动程序。图7-3所示提示正在安装设备驱动程序。

图7-3 自动安装设备驱动程序

如果操作系统在自带的驱动程序库中无法找到对应的硬件驱动程序，则会自动弹出"发现新硬件"对话框，提示用户安装硬件驱动程序。

在安装的过程中，系统会首先从网络搜索硬件的驱动程序并安装，安装方法如图7-4所示。

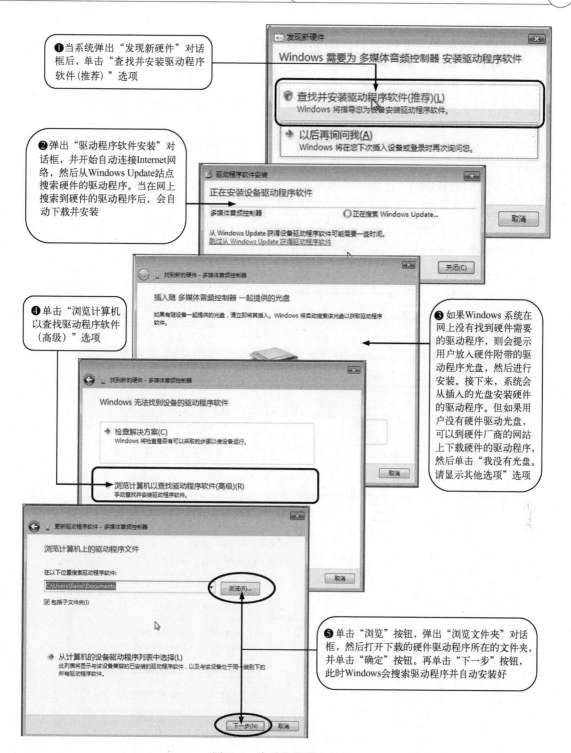

①当系统弹出"发现新硬件"对话框后，单击"查找并安装驱动程序软件(推荐)"选项

②弹出"驱动程序软件安装"对话框，并开始自动连接Internet网络，然后从Windows Update站点搜索硬件的驱动程序。当在网上搜索到硬件的驱动程序后，会自动下载并安装

④单击"浏览计算机以查找驱动程序软件(高级)"选项

③如果Windows系统在网上没有找到硬件需要的驱动程序，则会提示用户放入硬件附带的驱动程序光盘，然后进行安装。接下来，系统会从插入的光盘安装硬件的驱动程序。但如果用户没有硬件驱动光盘，可以到硬件厂商的网站上下载硬件的驱动程序，然后单击"我没有光盘。请显示其他选项"选项

⑤单击"浏览"按钮，弹出"浏览文件夹"对话框，然后打开下载的硬件驱动程序所在的文件夹，并单击"确定"按钮。再单击"下一步"按钮，此时Windows会搜索驱动程序并自动安装好

图 7-4　自动安装驱动程序

7.2.2　任务2：手动安装并设置驱动程序

目前绝大多数硬件厂商都会开发人性化的驱动程序，如当用户放入光盘后，自动弹出漂亮的多媒体安装界面，用户只要在该界面中单击相应的按钮即可进入驱动程序安装向导。

但有一些小厂的硬件可能采用公版驱动程序，这类驱动程序没有安装文件，只提供 INF 格式的驱动文件。这类驱动程序则需要手动安装。

手动安装驱动程序的方法如图 7-5 所示（这里以 Windows 10 系统为例）。

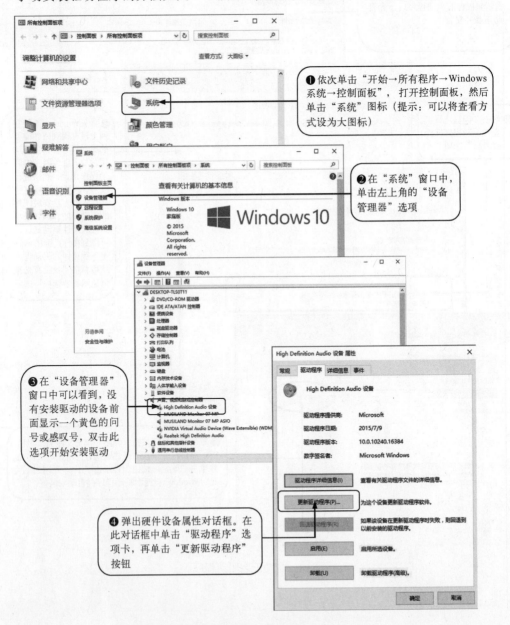

图 7-5　手动安装驱动程序

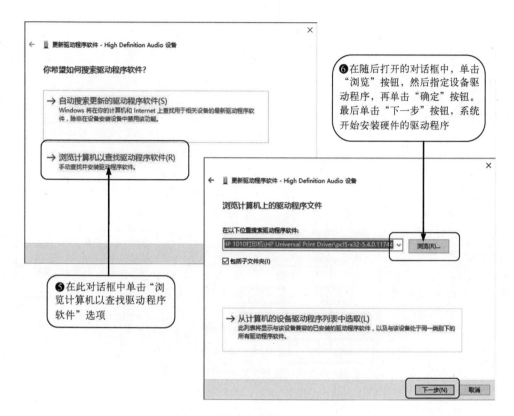

图 7-5　手动安装驱动程序（续）

7.2.3　任务 3：让电脑自动更新驱动程序

为了使硬件设备支持更多的功能，或为了解决硬件驱动程序的漏洞，硬件厂商会不断更新硬件设备的驱动程序。同时，微软公司的网站也会不断提供很多设备的新版本驱动程序，用户可以让系统自动更新设备驱动程序。

自动更新硬件驱动程序的方法如图 7-6 所示（以 Windows 10 系统为例）。

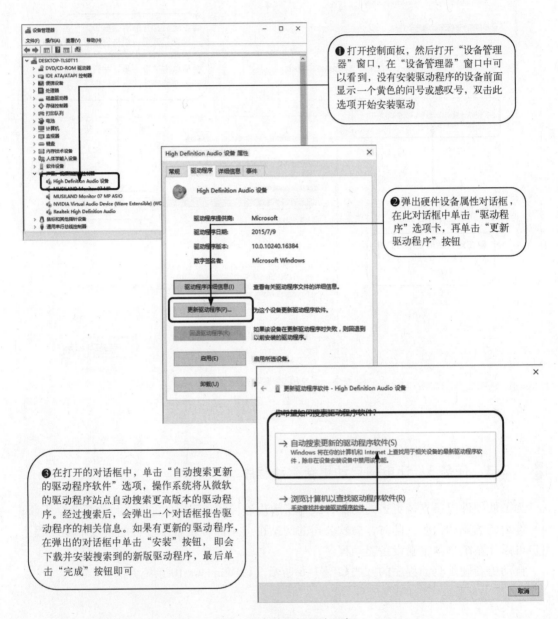

❶ 打开控制面板，然后打开"设备管理器"窗口，在"设备管理器"窗口中可以看到，没有安装驱动程序的设备前面显示一个黄色的问号或感叹号，双击此选项开始安装驱动

❷ 弹出硬件设备属性对话框，在此对话框中单击"驱动程序"选项卡，再单击"更新驱动程序"按钮

❸ 在打开的对话框中，单击"自动搜索更新的驱动程序软件"选项，操作系统将从微软的驱动程序站点自动搜索更高版本的驱动程序。经过搜索后，会弹出一个对话框报告驱动程序的相关信息。如果有更新的驱动程序，在弹出的对话框中单击"安装"按钮，即会下载并安装搜索到的新版驱动程序，最后单击"完成"按钮即可

图 7-6　自动更新驱动程序

7.2.4 任务4：安装主板驱动程序

下面以在 Windows 8 系统中安装主板驱动程序为例，讲解 Windows 8/10 系统中硬件设备驱动程序的安装方法（Windows 10 系统中的驱动程序安装方法与此相同）。

在 Windows 8 中安装驱动程序的具体方法如图 7-7 所示（这里以方正电脑为例）。

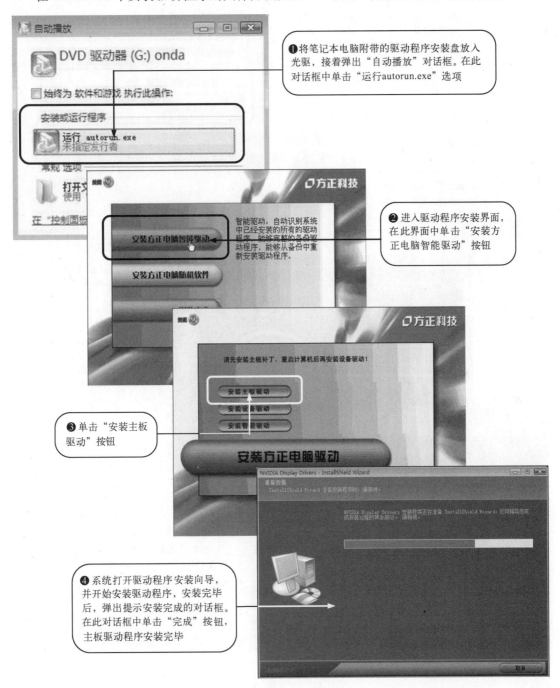

❶ 将笔记本电脑附带的驱动程序安装盘放入光驱，接着弹出"自动播放"对话框。在此对话框中单击"运行autorun.exe"选项

❷ 进入驱动程序安装界面，在此界面中单击"安装方正电脑智能驱动"按钮

❸ 单击"安装主板驱动"按钮

❹ 系统打开驱动程序安装向导，并开始安装驱动程序，安装完毕后，弹出提示安装完成的对话框。在此对话框中单击"完成"按钮，主板驱动程序安装完毕

图 7-7　安装主板驱动程序

7.2.5 任务5：安装显卡驱动程序

电脑显卡驱动程序的安装方法如图7-8所示。

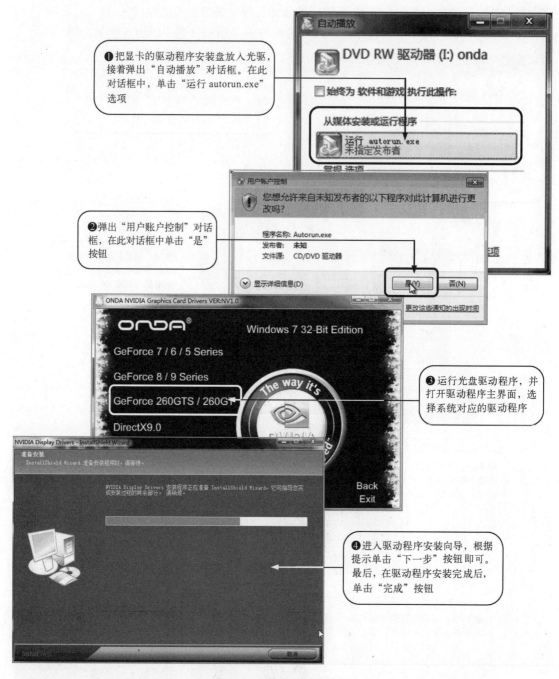

图7-8 安装显卡驱动程序

7.3　高手经验总结

经验一：越新的设备，操作系统中附带它的驱动程序的概率越小，所以用户最好提前准备好驱动程序。

经验二：当要对故障电脑重新安装系统时，最好先查看硬件设备的驱动程序，再进行系统安装，这样可以在安装驱动程序时做到心中有数。

经验三：在安装完操作系统后，最好先把网卡的驱动程序装好，这样可以联网下载其他硬件设备的驱动程序。

经验四：在电脑硬件出现驱动程序故障时，可以通过将驱动程序禁用再启用的方法来解决。如果还是无法排除故障，重新安装驱动程序一般即可解决（系统问题造成的故障除外）。

经验五：安装硬件驱动程序时，虽然并不是必须先装哪个硬件设备的驱动程序，但最好先安装主板的驱动程序。

第8章

电脑上网及组建家庭小型局域网

学习目标

1. 掌握网线的制作方法
2. 掌握 Modem 拨号连接的建立方法
3. 掌握无线路由器的设置方法
4. 掌握家庭无线网络的组建方法

学习效果

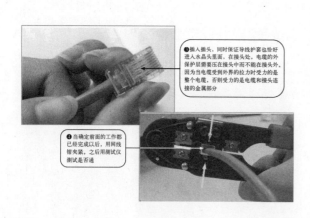

❸插入插头，同时保证导线护套也恰好进入水晶头里面，在接头处，电缆的外保护层需要压在接头中而不能在接头外。因为当电缆受到外界的拉力时受力的是整个电缆，否则受力的是电缆和接头连接的金属部分

❹当确定前面的工作都已经完成以后，用网线钳夹紧，之后用测试仪测试是否通

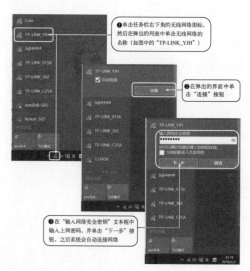

❶单击任务栏右下角的无线网络图标，然后在弹出的列表中单击无线网络的名称（如图中的"TP-LINK_YJH"）

❷在弹出的界面中单击"连接"按钮

❸在"输入网络安全密钥"文本框中输入上网密码，并单击"下一步"按钮，之后系统会自动连接网络

目前网络已与人们的工作和生活紧密联系，但必须先设置相关的硬件和程序，才能让电脑顺利上网。本章通过讲解网线的制作、宽带网上网实战、组网实战等，帮助读者掌握电脑上网和组网的方法和技巧。

8.1　知识储备

网络是利用通信设备和线路将地理位置不同的、功能独立的多个操作系统互联起来，以功能完善的网络软件（网络通信协议、信息交换方式及网络操作系统等）实现网络中资源共享和信息传递的系统。它的功能主要表现在两个方面：一是实现资源共享（包括硬件资源和软件资源的共享）；二是在用户之间交换信息。

问答 1：网络有哪些种类

按网络覆盖的地理范围的大小，一般可将网络分为广域网（WAN）、城域网（MAN）和局域网（LAN）。其中，局域网（LAN）是指在一个较小地理范围内将各种网络设备互联在一起的通信网络，可以包含一个或多个子网，通常在几千米的范围之内。

问答 2：什么是网络协议

网络协议是对数据格式和电脑之间交换数据时必须遵守的规则的正式描述，它的作用和人的语言的作用一样。网络协议主要有 Ethernet（以太网）、NetBEUI、IPX/SPX 及 TCP/IP 协议。其中，TCP/IP（传输控制协议/网间协议）是开放系统互联协议中最早的协议之一，也是目前应用最广的协议，能实现各种不同平台之间的连接和通信。

问答 3：什么是网络的拓扑结构

拓扑结构是指网络中各个站点（文件服务器、工作站等）相互连接的形式。现在最主要的拓扑结构有总线型拓扑、星形拓扑、环形拓扑以及混合型。顾名思义，总线型拓扑就是将文件服务器和工作站都连在一条称为总线的公共电缆上，且总线两端必须有终结器；星形拓扑则是以一台设备作为中央连接点，各工作站都与它直接相连；环型拓扑就是将所有站点彼此串行连接，像链子一样构成一个环形回路；混合型就是把上述三种基本的拓扑结构混合起来运用。

问答 4：什么是 IP 地址

IP 地址用来标识网络中的一个通信实体，比如一台主机，或者路由器的某个端口。在基于 IP 的网络中传输的数据包，都必须使用 IP 地址进行标识，如同人们写一封信时要标明收信人的通信地址和发信人的地址，邮政工作人员则通过该地址来决定邮件的去向。

目前，IP 地址使用 32 位二进制数据表示，为了方便记忆，通常使用以点号分隔的十进制数据表示，例如 192.168.0.1。IP 地址主要由两部分组成，一部分用于标识该地址所属网络的网络号，另一部分用于指明该网络上某个特定主机的主机号。

为了给不同规模的网络提供必要的灵活性，IP 地址的设计者将 IP 地址空间划分为 5 个不同的地址类别，具体如下所示。其中，A、B、C 三类 IP 地址最为常用。

（1）A 类地址：可以拥有很大数量的主机，最高位为 0，紧跟的 7 位表示网络号，其余 24 位表示主机号，总共允许有 126 个网络。

（2）B 类地址：被分配到中等规模和大规模的网络中，最高两位为 10，允许有 16 384 个网络。

（3）C 类地址：用于局域网。高三位被置为 110，允许有大约 200 万个网络。

（4）D 类地址：用于多路广播组用户，高四位被置为 1110，余下的位用于标明客户机所属的组。

（5）E 类地址：仅供试验的地址。

8.2 实战：上网与组网

下面将用很多实战案例讲解电脑上网和组网的方法。

8.2.1 任务 1：动手制作网线

用于通信的网线有直通线（568B）和交叉线（568A）两种。

直通线两端线序一样，从左至右的线序为白橙，橙，白绿，蓝，白蓝，绿，白棕，棕。直通线主要用于网卡与集线器、网卡与交换机、集线器与交换机、交换机与路由器等的连接。

交叉线一端为正线的线序，另一端从左至右的线序为白绿，绿，白橙，蓝，白蓝，橙，白棕，棕。交叉线主要用于网卡与网卡、交换机与交换机、路由器与路由器等的连接。

网线的制作步骤如图 8-1 所示。

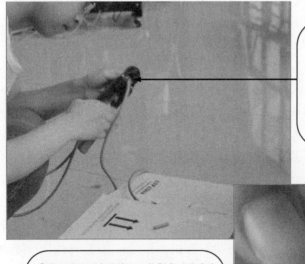

❶ 从线箱中取出一段线，根据设备之间的实际走线长度使用专用夹线钳剪断（线的长度最好不要超过100m，ISDN网线的长度必须限制在10m以内，若超过该距离，传输质量就不能保证了）。把外皮剥除一段（约半寸），在操作时不要损伤里面的导线，里面导线的外皮不需要剥掉

❷ 将双绞线反向缠绕开，按照交叉线或直通线的线序排列整齐（根据实际情况决定选择交叉线还是直通线）。预留大约半寸的长度（恰好让导线插进水晶头里面），然后剪齐线头。注意线头一定要齐，同时电缆的接头处反缠绕开的线段的距离不应过长，过长会引起较大的近端串扰

图 8-1 制作网线

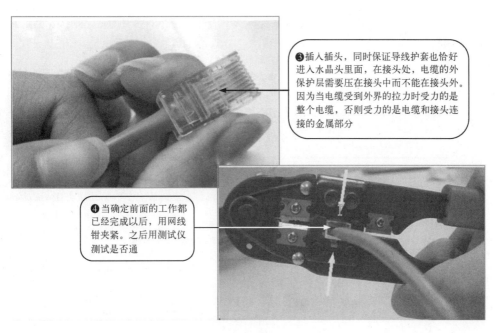

❸ 插入插头，同时保证导线护套也恰好进入水晶头里面，在接头处，电缆的外保护层需要压在接头中而不能在接头外。因为当电缆受到外界的拉力时受力的是整个电缆，否则受力的是电缆和接头连接的金属部分

❹ 当确定前面的工作都已经完成以后，用网线钳夹紧。之后用测试仪测试是否通

图 8-1　制作网线（续）

8.2.2　任务 2：通过宽带拨号上网

目前国内的宽带网络有很多，例如网通、移动、宽带通、长城、歌华、方正等。这些宽带网络一般提供 10～100Mbit/s 的网络带宽。用户一般需要通过 PPPoE 拨号来连接上网。下面重点讲解 Windows 7/8/10 操作系统中连接宽带网络的方法。

专家提示

有些宽带网，如光纤宽带等需要连接 Modem 才能拨号上网 oModem 的连接方法如图 8-2 所示。

光纤接入口　　网线接口

电源接口

网线另一端接电脑网卡接口

图 8-2　Modem 的连接方法

在 Windows 7/8/10 操作系统中连接宽带网络的方法如图 8-3 所示（这里以 Windows 10 操作系统为例）。

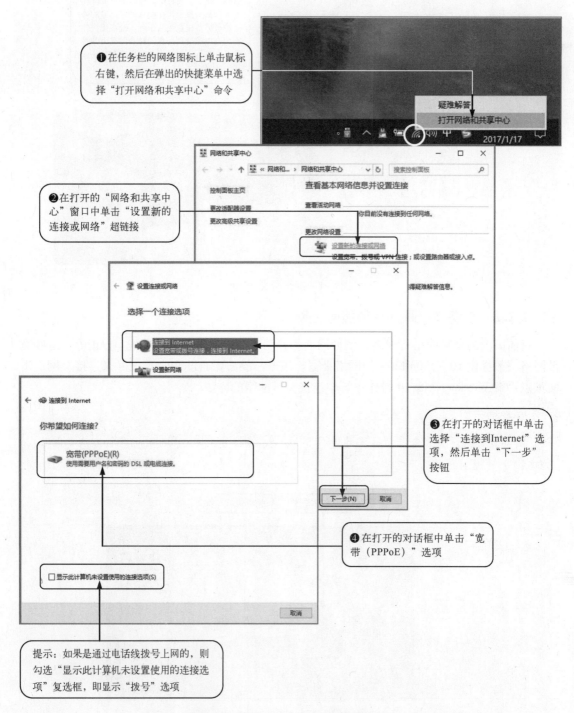

图 8-3　在 Windows 10 中连接宽带网络

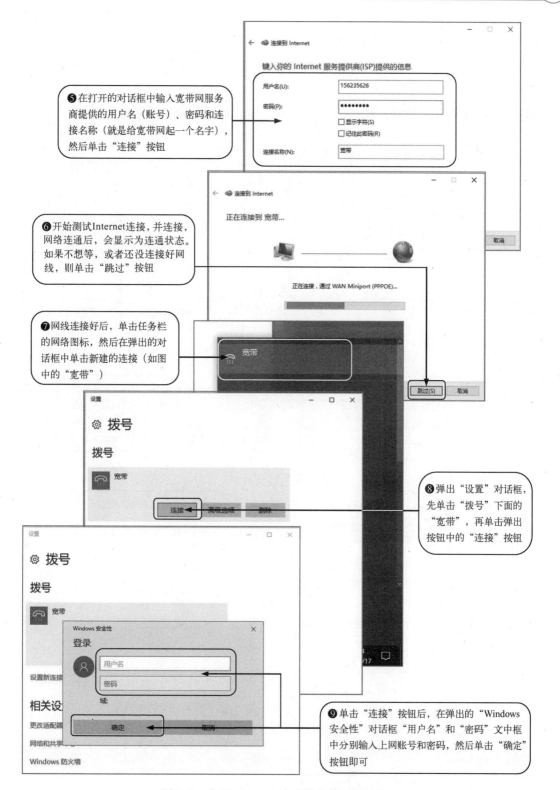

图 8-3　在 Windows 10 中连接宽带网络（续）

8.2.3　任务3：通过公司固定 IP 地址上网

在公司网络中，由于已经组建了内部局域网，因此用户必须按照指定的 IP 地址上网。通过这种方法上网，需要公司提供一个 IP 地址，然后将电脑的 IP 地址设置好，即可通过网线连接上网。设置 IP 地址的方法如图 8-4 所示（这里以 Windows 10 系统为例）。

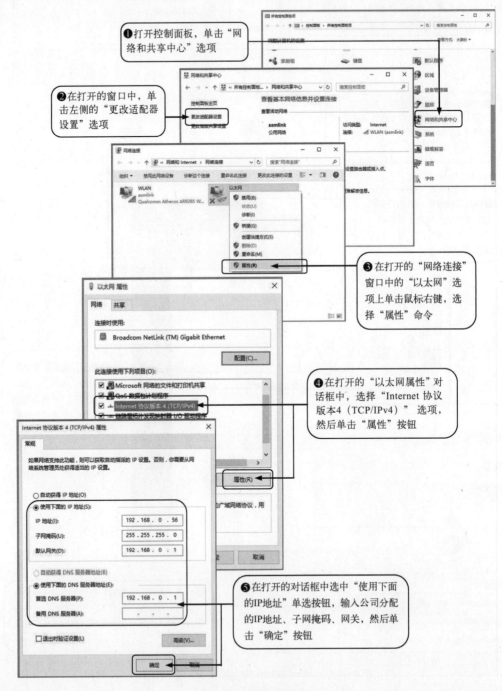

图 8-4　设置 IP 地址

8.2.4　任务 4：通过 WiFi 上网

现在家里、饭店、酒店等很多地方都有 WiFi，用户只要在 WiFi 的信号范围内（WiFi 信号一般由无线路由器发出），就可以通过无线网卡来上网。

通过 WiFi 上网的方法如图 8-5 所示。

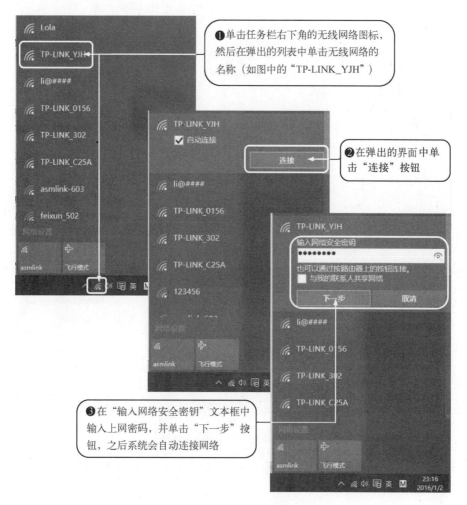

图 8-5　WiFi 上网连接方法

8.2.5　任务 5：电脑/手机/平板电脑无线网络联网

由于通过网线组建网络时，需要将网线连接到各个设备，而走线会破坏家庭的装修，且手机/平板电脑无法实现上网，因此最好是考虑通过组建无线网络实现多台电脑及手机/平板电脑共同上网。组建家庭无线网主要用到无线网卡（每台电脑一块，笔记本电脑、手机和平板电脑等通常有内置无线网卡）、无线宽带路由器、宽带 Modem（有的网可能不需要）等设备。

组建的无线家庭网络的示意图如图 8-6 所示。

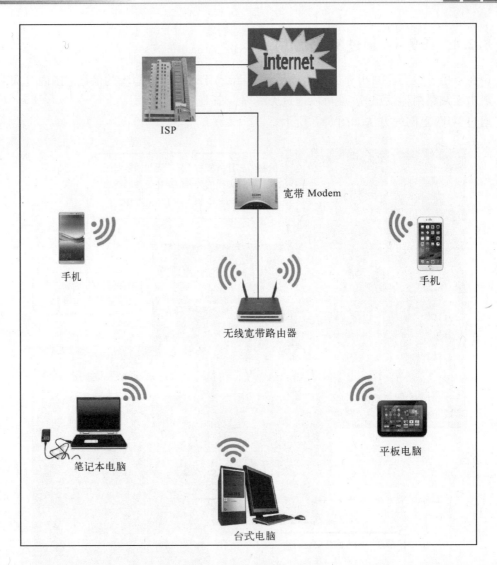

图 8-6　无线家庭网络示意图

提示：对于没有无线网卡的台式电脑，可以通过网线直接连接到无线路由器（无线路由器通常提供 4 个有线接口）。

无线家庭网络的联网方法如图 8-7 所示（以 TP – Link 路由器为例）。

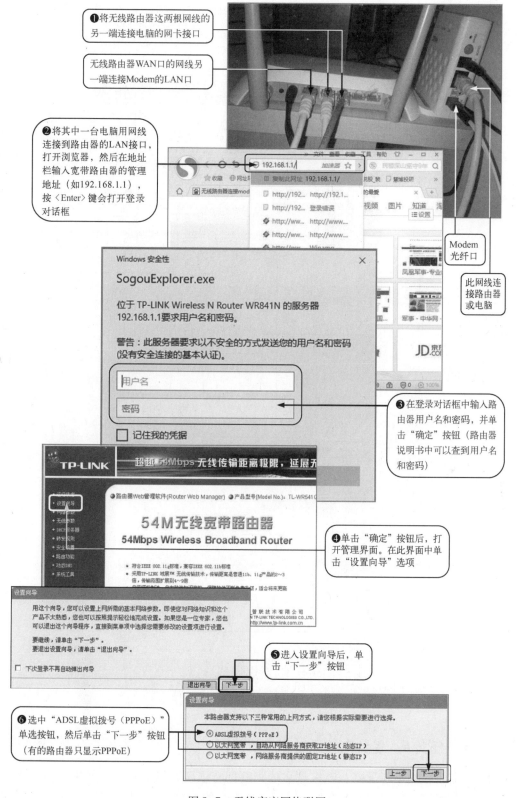

❶将无线路由器这两根网线的另一端连接电脑的网卡接口

无线路由器WAN口的网线另一端连接Modem的LAN口

❷将其中一台电脑用网线连接到路由器的LAN接口，打开浏览器，然后在地址栏输入宽带路由器的管理地址（如192.168.1.1），按〈Enter〉键会打开登录对话框

Modem
光纤口

此网线连接路由器或电脑

Windows 安全性

SogouExplorer.exe

位于 TP-LINK Wireless N Router WR841N 的服务器
192.168.1.1要求用户名和密码。

警告：此服务器要求以不安全的方式发送您的用户名和密码（没有安全连接的基本认证）。

用户名

密码

☐ 记住我的凭据

❸在登录对话框中输入路由器用户名和密码，并单击"确定"按钮（路由器说明书中可以查到用户名和密码）

TP-LINK　超越54Mbps 无线传输距离极限，延展开

●路由器Web管理软件(Router Web Manager)　●产品型号(Model No.): TL-WR541 G

54M无线宽带路由器
54Mbps Wireless Broadband Router

• 符合IEEE 802.11g标准，兼容IEEE 802.11b标准
• 采用TP-LINK 域展™ 无线传输技术，传输距离是普通11b、11g产品的2~3倍，传输范围扩展到4~9倍

❹单击"确定"按钮后，打开管理界面。在此界面中单击"设置向导"选项

设置向导

用这个向导，您可以设置上网所需的基本网络参数。即使您对网络知识和这个产品不太熟悉，您也可以按照提示轻松地完成设置。如果您是一位专家，您也可以退出这个向导程序，直接到菜单项中选择您需要修改的设置项进行设置。

要继续，请单击"下一步"。
要退出设置向导，请单击"退出向导"。

☐ 下次登录不再自动弹出向导

退出向导　下一步

❺进入设置向导后，单击"下一步"按钮

设置向导

本路由器支持以下三种常用的上网方式，请您根据实际需要进行选择。

◉ ADSL虚拟拨号（PPPoE）
○ 以太网宽带，自动从网络服务商获取IP地址（动态IP）
○ 以太网宽带，网络服务商提供的固定IP地址（静态IP）

❻选中"ADSL虚拟拨号（PPPoE）"单选按钮，然后单击"下一步"按钮（有的路由器只显示PPPoE）

上一步　下一步

图 8-7　无线家庭网络联网

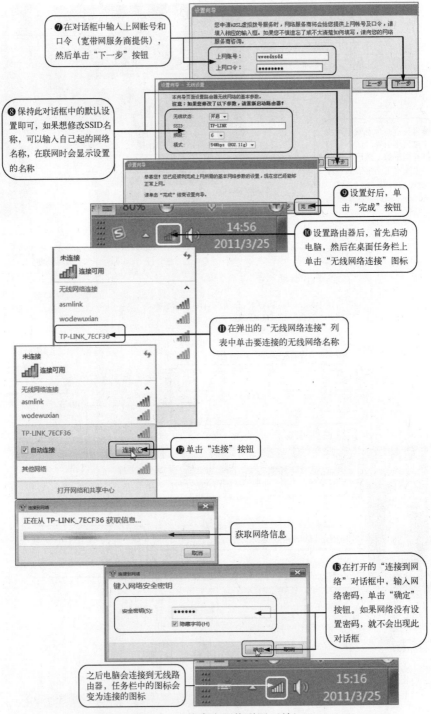

❼在对话框中输入上网账号和口令（宽带网服务商提供），然后单击"下一步"按钮

❽保持此对话框中的默认设置即可，如果想修改SSID名称，可以输入自己起的网络名称，在联网时会显示设置的名称

❾设置好后，单击"完成"按钮

❿设置路由器后，首先启动电脑，然后在桌面任务栏上单击"无线网络连接"图标

⓫在弹出的"无线网络连接"列表中单击要连接的无线网络名称

⓬单击"连接"按钮

获取网络信息

⓭在打开的"连接到网络"对话框中，输入网络密码，单击"确定"按钮。如果网络没有设置密码，就不会出现此对话框

之后电脑会连接到无线路由器，任务栏中的图标会变为连接的图标

图 8-7　无线家庭网络联网（续）

8.2.6　任务6：多台电脑通过家庭组联网

随着电脑价格的不断下降，越来越多的家庭拥有了两台以上电脑，如果家里有多台电脑，可以通过组网连接实现资源共享，打印共享等服务。如果家里或公司已经通过无线路由

器联网，那么，可以在各台电脑上设置共享资源，以实现资源共享。

　　将家里多台电脑联网的前提是这些电脑已经在一个网络中，并且还需要建立家庭组。下面详细讲解联网方法。

1. 创建家庭组网络

首先在一台电脑上对网络进行设置如图 8-8 所示（这里以 Windows 10 系统为例）。

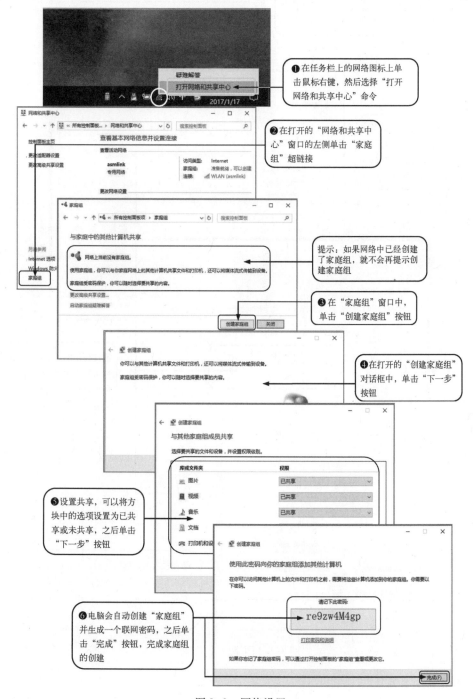

❶ 在任务栏上的网络图标上单击鼠标右键，然后选择"打开网络和共享中心"命令

❷ 在打开的"网络和共享中心"窗口的左侧单击"家庭组"超链接

提示：如果网络中已经创建了家庭组，就不会再提示创建家庭组

❸ 在"家庭组"窗口中，单击"创建家庭组"按钮

❹ 在打开的"创建家庭组"对话框中，单击"下一步"按钮

❺ 设置共享，可以将方块中的选项设置为已共享或未共享，之后单击"下一步"按钮

❻ 电脑会自动创建"家庭组"并生成一个联网密码，之后单击"完成"按钮，完成家庭组的创建

图 8-8　网络设置

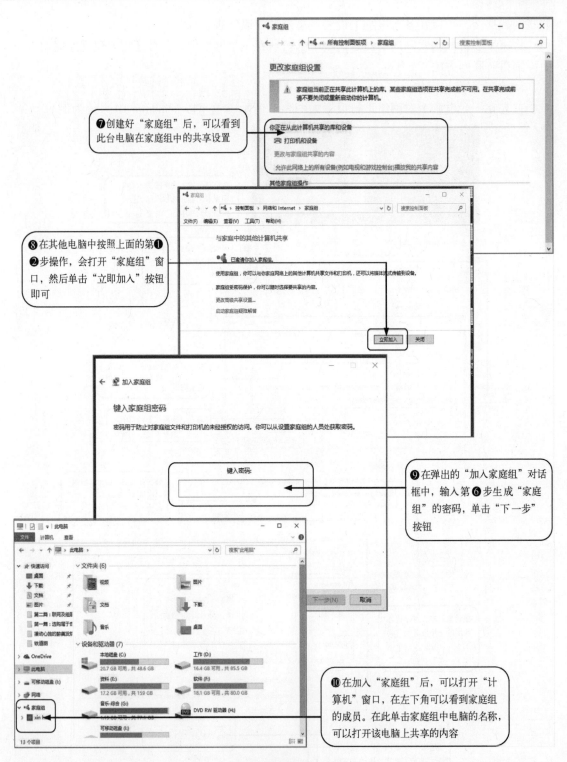

❼创建好"家庭组"后，可以看到此台电脑在家庭组中的共享设置

❽在其他电脑中按照上面的第❶❷步操作，会打开"家庭组"窗口，然后单击"立即加入"按钮即可

❾在弹出的"加入家庭组"对话框中，输入第❻步生成"家庭组"的密码，单击"下一步"按钮

❿在加入"家庭组"后，可以打开"计算机"窗口，在左下角可以看到家庭组的成员。在此单击家庭组中电脑的名称，可以打开该电脑上共享的内容

图 8-8 网络设置（续）

2. 将文件夹共享

将文件夹共享之后，网络中的其他用户就可以查看或编辑该文件夹中的文件。将文件夹

共享的方法如图 8-9 所示（这里以 Windows 10 系统为例）。

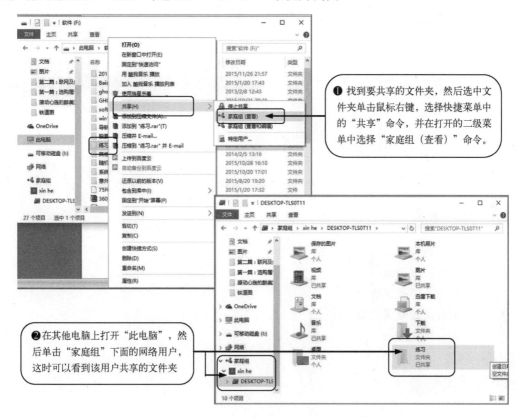

图 8-9　将文件夹共享

专家提示

如果想编辑共享文件夹中的文件，则在图 8-9 第①步设置中，选择"家庭组（查看和编辑）"命令即可。

8.3　高手经验总结

经验一：制作网线时，首先要确保线的排列顺序正确，在夹水晶头时多夹几次，确保所有线接触良好。

经验二：目前多数宽带网络都是通过拨号联网的，该方式都是通过创建宽带 PPPoE 联网的。

经验三：无线 WiFi 发展很快，很多家庭都配备了无线路由器，这样可以解决电脑、手机、平板电脑同时上网，此外还可以满足智能家居的联网需求，所以对于无线路由器的设置方法读者一定要很好地掌握。

第 **9** 章

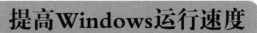

 学习目标

1. 了解电脑运行速度变慢的原因
2. 掌握电脑升级方法
3. 掌握虚拟内存设置方法
4. 掌握电脑电源设置方法
5. 掌握系统优化方法

 学习效果

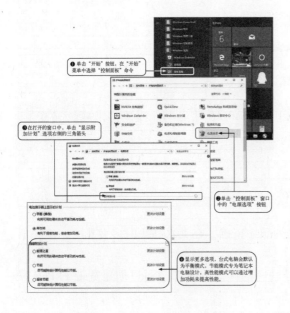

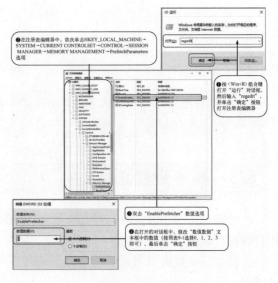

　　您是否遇到过这样的情况，Windows 系统使用久了，不但运行速度明显变慢，还经常跳出各种错误提示？本章就为您介绍导致 Windows 变慢的原因和解决的方法。

9.1　知识储备

　　硬盘分区就是将一个物理硬盘通过软件划分为多个区域使用，即将一个物理硬盘分为多个盘使用，如 C 盘、D 盘、E 盘等。

■　**问答 1：Windows 运行速度为什么越来越慢？**

　　Windows 使用久了，会变得越来越慢，主要有几方面的原因，如图 9-1 所示。

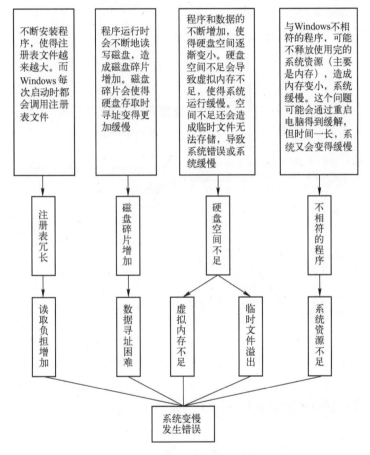

图 9-1　造成系统缓慢的原因

■　**问答 2：为什么要用 Windows Update 更新系统文件？**

　　经常升级更新系统文件到最新版本，不但可以弥补系统的安全漏洞，还会提高 Windows 的性能。

　　想要升级 Windows 系统，可以使用 Windows 自带的更新功能（Update 功能），通过网络自动下载安装 Windows 升级文件。用户可根据需要设置定期自动更新系统。

　　Windows 更新功能的设置方法如图 9-2 所示（这里以 Windows 10 系统为例）。

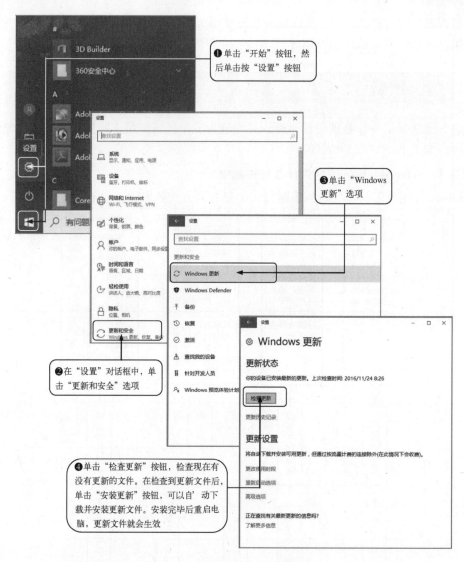

①单击"开始"按钮，然后单击按"设置"按钮

③单击"Windows 更新"选项

②在"设置"对话框中，单击"更新和安全"选项

④单击"检查更新"按钮，检查现在有没有更新的文件。在检查到更新文件后，单击"安装更新"按钮，可以自'动下载并安装更新文件。安装完毕后重启电脑，更新文件就会生效

图 9-2　Window 更新功能的设置

9.2　实战：提高电脑的存取速度

9.2.1　任务 1：通过设置虚拟内存提高速度

虚拟内存是指当内存空间不足时，系统会把一部分硬盘空间作为内存使用。也就是将一部分硬盘空间作为内存使用，从形式上增加了系统内存的大小。有了虚拟内存，Windows 就可以同时运行多个大型程序。

在运行多个大型程序时，会导致存储指令和数据的内存空间不足。这时 Windows 会把次重要的数据保存到硬盘的虚拟内存中，这个过程叫作 Swap（交换数据）。交换数据以后，系统内存中只留下重要的数据。由于要在内存和硬盘间交换数据，因此使用虚拟内存会导致系统速度略微下降。内存和虚拟内存就像书桌和书柜的关系，使用中的书本放在桌子上，暂时

不用但经常使用的书本放在书柜里。

　　虚拟内存的诞生是为了应对内存的价格高昂和容量不足。使用虚拟内存会降低系统的速度，但依然难掩它的优势。现在虽然内存的价格已经大众化，容量也已经达到数十吉字节（GB），但仍然继续使用虚拟内存，这是因为虚拟内存的使用已经成为系统管理的一部分。

　　Windows 会默认设置一定量的虚拟内存。用户可以根据自己电脑的情况，合理设置虚拟内存，这样可以提升系统速度。如果电脑中有两个或多个硬盘，将虚拟内存设置在速度较快的硬盘上，可以提高交换数据的效率，如果设置在固态硬盘（SSD）上，效果会非常明显。大小设置为系统内存的 2.5 倍左右，如果太小就需要更多的数据交换，降低效率。

　　在 Windows 10 系统中设置虚拟内存的方法如图 9-3 所示。

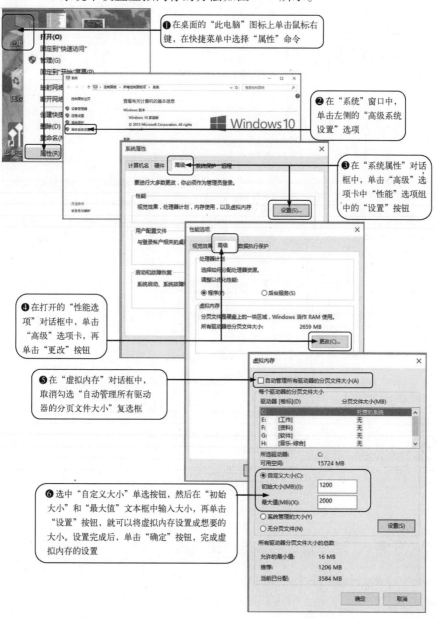

图 9-3　设置虚拟内存

9.2.2　任务2：用快速硬盘存放临时文件夹提高速度

Windows 系统中有三个临时文件夹，用于存储运行时临时生成的文件。安装 Windows 系统的时候，临时文件夹会默认放在 Windows 文件夹下。如果系统盘空间不够大的话，可以将临时文件放置在其他速度快的分区中。临时文件夹中的文件可以通过磁盘清理功能进行删除。

以 Windows 10 为例，改变临时文件夹路径的方法如图9-4所示。

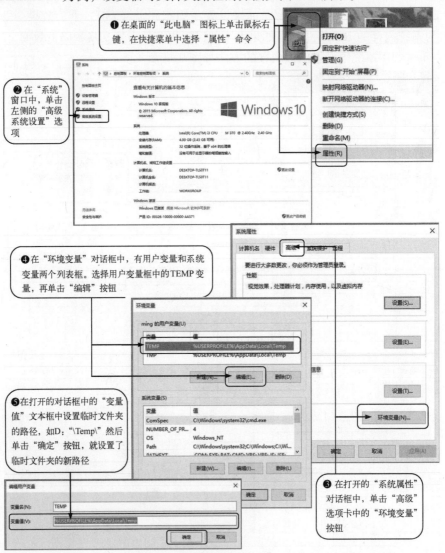

图9-4　改变临时文件夹路径

9.2.3　任务3：通过设置电源选项提高速度

在 Windows Vista 以上版本中，系统还提供了多种节能模式。在节能模式下，可以在不使用电脑的时候切断电源，达到节能的目的。

以 Windows 10 为例，设置电源选项的方法如图9-5所示。

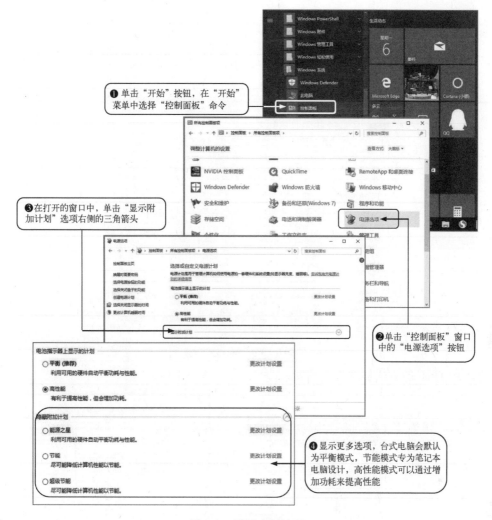

图 9-5　设置电源选项

9.2.4　任务 4：通过设置 Prefetch 提高 Windows 效率

Prefetch 是预读取文件夹，用来存放系统已访问过的文件的预读信息，扩展名为 .PF。Prefetch 技术是为了加快系统启动的进程，它会自动创建 Prefetch 文件夹。运行程序时所需要的所有程序（exe、com 等）都包含在这里。在 Windows XP 中，Prefetch 文件夹需要经常手动清理，而 Windows 7/8/10 系统中则不必手动清理。如图 9-6 所示为 Prefetch 文件夹。

Prefetch 在注册表中的级别有 4 种，表 9-1 所示。在 Windows 系统中，默认使用的级别是 3。PF 格式文件会由 Windows 自行管理，用户只需要选择与电脑用途相符的级别即可。

表 9-1　Prefetch 在注册表中的级别

级　别	操 作 方 式
0	不使用 Prefetch。Windows 启动时不需要预读入 Prefetch 文件，所以启动时间可以略微缩短，但运行应用程序会相应变慢
1	优化应用程序。为部分经常使用的应用程序制作 PF 文件，对于经常使用 Photoshop、AutoCAD 等针对素材文件的程序来说，并不合适

（续）

级　　别	操　作　方　式
2	优化启动。为经常使用的文件制作 PF 文件，对于使用大规模程序的用户非常适合。刚安装 Windows 时没有明显效果，在经过几天积累后，就能发挥其性能了
3	优化启动和应用程序。同时使用 1 级别和 2 级别，既为文件也为应用程序制作 PF 文件，这样同时提高了 Windows 的启动速度和应用程序的运行速度，但会使 Prefetch 文件夹变得很大

图 9-6　Prefetch 文件夹

设置 Prefetch 的方法如图 9-7 所示。

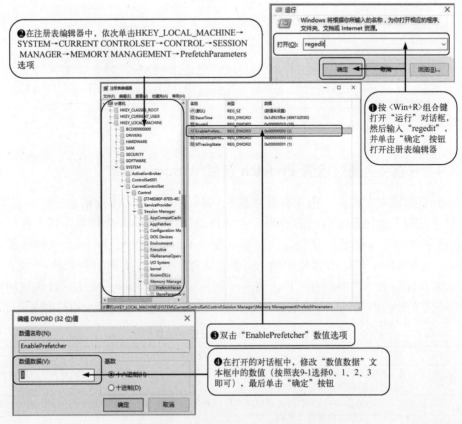

图 9-7　设置注册表中的 Prefetch 选项

9.2.5　任务5：通过优化系统提高速度

如果不愿意一项一项地优化你的 Windows 系统，那么优化工具可以帮助处理这些烦琐的工作。

优化软件有很多，很多安全软件都具有优化和清理的功能（如 360 安全卫士等），这里介绍一款免费的 Windows 优化工具，即"Windows 优化大师"。

Windows 优化大师不但可以自动优化系统和清理注册表，还可以通过手动设置优化系统、清理系统和维护系统，如图 9-8 所示。

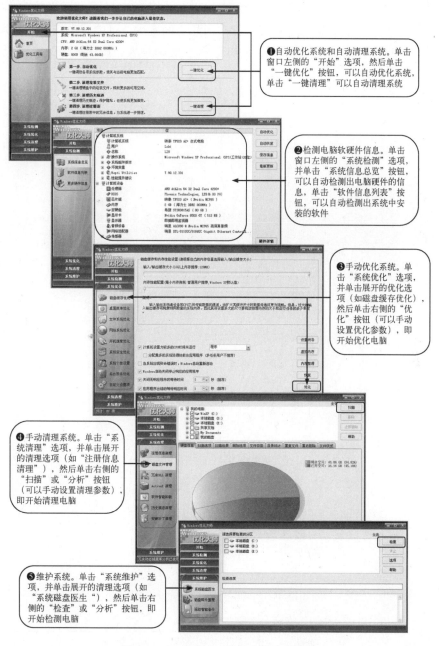

图 9-8　用 Windows 优化大师维护系统

9.3　高手经验总结

经验一：如果电脑的内存容量偏小，可以通过设置虚拟内存来适当提高电脑运行的速度。

经验二：如果电脑开机速度或运行速度变慢，可能是系统中开机运行的软件较多，或系统中的垃圾较多，可以使用安全软件的优化功能，对开机、系统、网络或硬盘进行优化加速。

经验三：如果电脑系统盘（通常为 C 盘）可用空间变少，可能是系统中的垃圾较多了，可以使用清理软件（一般安全软件都有此功能），对电脑垃圾、使用痕迹、注册表、无用插件、Cookies 等进行清理。

第 **10** 章

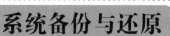

系统备份与还原

学习目标

1. 了解备份系统的作用及时机
2. 掌握利用 Windows 系统备份系统的方法
3. 掌握利用 Windows 系统恢复系统的方法
4. 掌握 Ghost 备份系统的方法
5. 掌握 Ghost 恢复系统的方法

学习效果

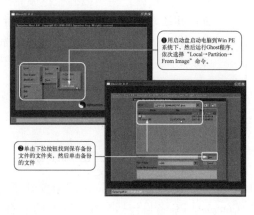

对于普通用户和电脑初学者来说，重新安装系统有一定的难度，即便对于维修人员来说，装系统也是一件比较耗费时间的事，所以为了方便维护电脑，可以将电脑的系统进行备份，这样在出现故障时，可以通过恢复系统的方法来修复系统，避免了重装系统的问题。

10.1 知识储备

问答 1：为什么要备份系统？

备份系统是为了在操作系统出现问题时，用户能够使用备份的文件来还原系统而不用费时费力地重装系统。备份系统是将一个完整的、纯净的系统保存起来，如果系统出问题了，就可以通过系统还原，几分钟内解决系统崩溃问题。因为重新安装系统后，还需要安装很多软件、游戏，这会耗费用户很多时间。

总的来说，备份系统有以下 3 个优点。

（1）备份好的系统可以作为一个系统镜像，在电脑需要重装系统时，只需要进行还原操作，就可以实现系统重装，速度非常快。

（2）使用备份的系统镜像还原系统后，可以得到一个已装好各种自己所需软件的可用系统。由于每个人使用的软件和游戏都不同，如果重新安装系统，通常需要逐一安装这些软件和游戏。

（3）当电脑中了顽固病毒，或者系统文件损坏导致电脑无法开机，可以使用该备份的系统，在不能上网、没有 U 盘、没有光盘的情况下完成系统的重装。

问答 2：何时备份系统好？

（1）当系统安装完毕，驱动程序都设置好，并将需要的软件都安装完成后，就可以进行系统备份了（这样的系统比较干净，在备份的系统中垃圾文件也少，运行起来较为迅速）。

（2）可以在电脑能够正常使用的情况下，选择任一时间点进行系统备份。

问答 3：备份和还原系统的方法有哪几种？

备份和还原系统的方法有多种，一般可以通过下面两种方法进行备份和还原。

（1）使用 Ghost 软件进行备份和还原系统。

（2）使用 Windows 系统自带的备份还原功能进行备份和还原。

10.2 实战：备份与还原系统

10.2.1 任务 1：备份系统

备份系统是对 Windows 的系统分区进行备份。从数据的安全性方面考虑，建议 Windows Complete PC 备份包括全部分区上的所有文件和程序。同时，要求必须将分区格式设为 NT-FS。如果需要将备份保存到外部硬盘，那么必须同时将外部硬盘格式设为 NTFS 系统，且保存备份的硬盘不能是动态磁盘，必须是基本磁盘。备份系统的方法如图 10-1 所示。

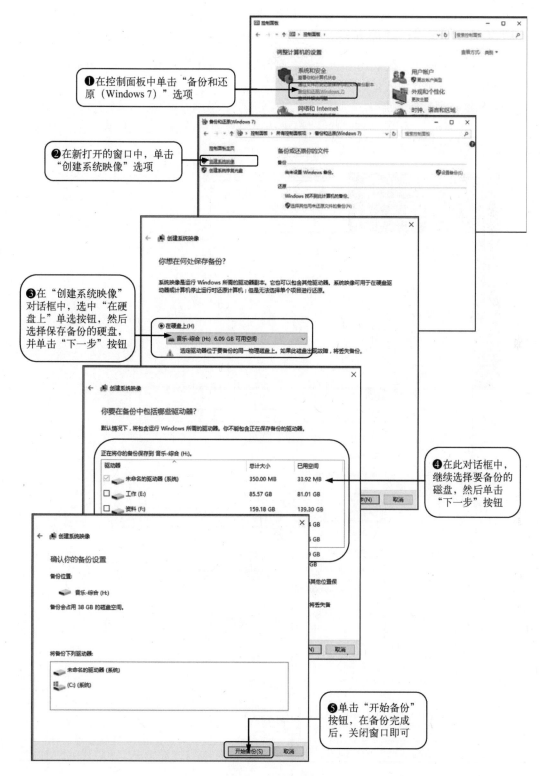

❶在控制面板中单击"备份和还原（Windows 7）"选项

❷在新打开的窗口中，单击"创建系统映像"选项

❸在"创建系统映像"对话框中，选中"在硬盘上"单选按钮，然后选择保存备份的硬盘，并单击"下一步"按钮

❹在此对话框中，继续选择要备份的磁盘，然后单击"下一步"按钮

❺单击"开始备份"按钮，在备份完成后，关闭窗口即可

图 10-1　备份系统

10.2.2　任务2：还原系统

还原系统可以使用系统的还原功能将之前备份的系统还原，也可以用 Windows 系统安装光盘进行还原。下面分别进行讲解。

1. 用系统还原功能还原

如图 10-2 所示，在电脑启动时的"高级选项"界面中单击"系统映像恢复"选项，然后按照提示进行操作即可。

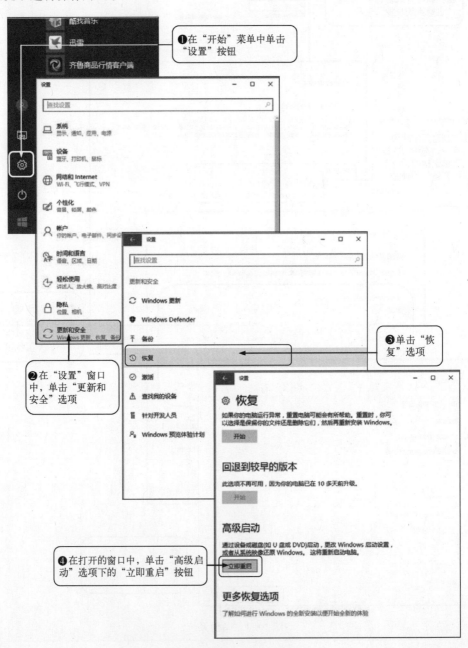

图 10-2　还原系统

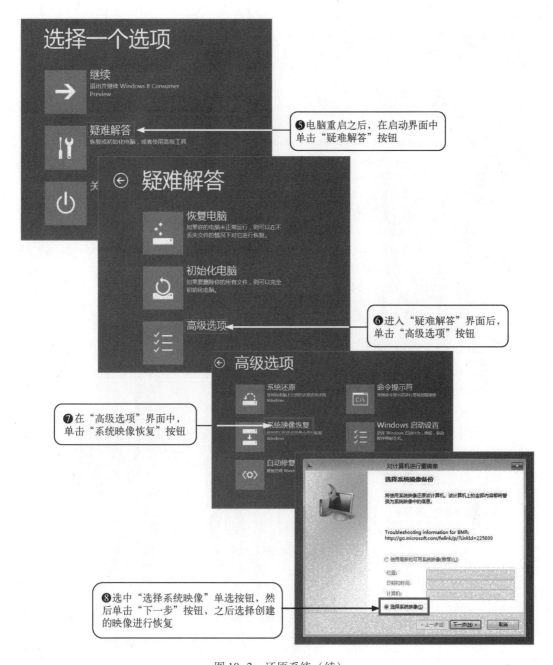

图 10-2 还原系统（续）

2. 用 Windows 系统安装光盘还原

用 Windows 系统安装光盘进行还原的方法比较简单，首先将 Windows 安装光盘放入光驱（如果是用 Windows 安装 U 盘，则插入 USB 口），并在 BIOS 设置程序中设置第一启动顺序为光盘启动（如果是用 U 盘，则设置 U 盘启动），然后启动电脑。下面按照图 10-3 所示的方法进行操作（这里以 U 盘安装盘为例）。

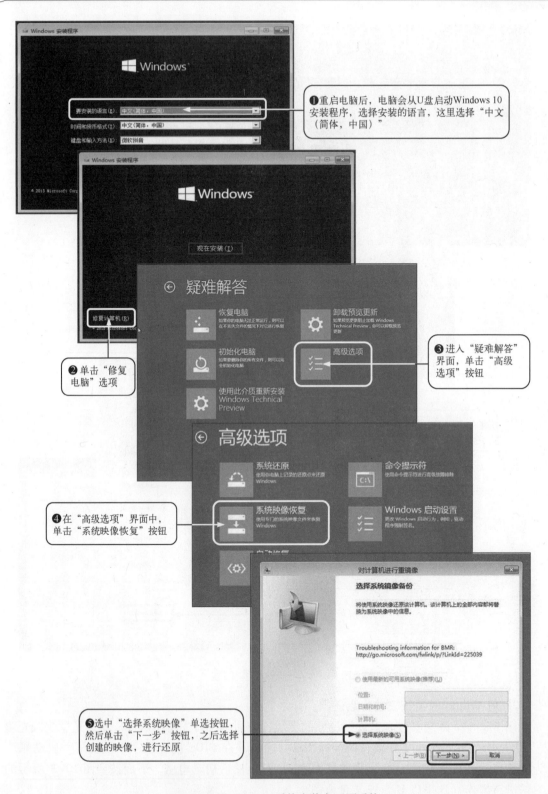

图 10-3   用 Windows 系统安装盘还原系统

10.2.3 任务3：使用 Ghost 备份系统

GHOST 软件是美国赛门铁克公司推出的一款出色的硬盘备份还原工具，可以实现 FAT16、FAT32、NTFS、OS2 等多种硬盘分区格式的分区及硬盘的备份还原，俗称克隆软件。使用 Ghost 将系统备份后，在系统出现问题时，用 Ghost 将系统还原，只需 10 min 左右就可以恢复系统。

使用 Ghost 备份系统的方法如图 10-4 所示。

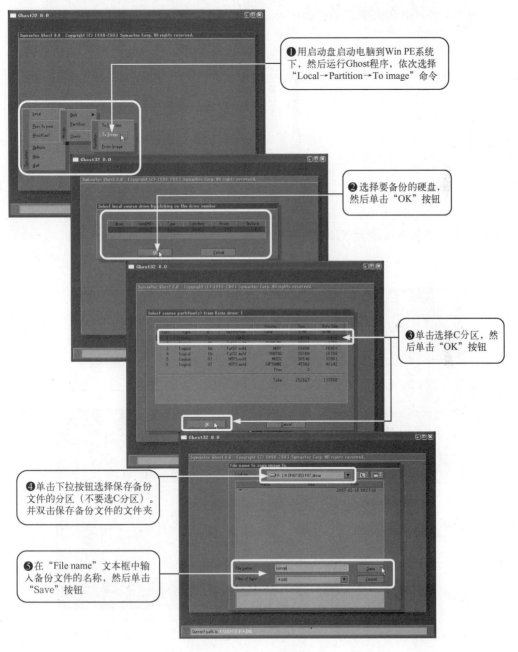

❶用启动盘启动电脑到Win PE系统下，然后运行Ghost程序，依次选择"Local→Partition→To image"命令

❷选择要备份的硬盘，然后单击"OK"按钮

❸单击选择C分区，然后单击"OK"按钮

❹单击下拉按钮选择保存备份文件的分区（不要选C分区）。并双击保存备份文件的文件夹

❺在"File name"文本框中输入备份文件的名称，然后单击"Save"按钮

图 10-4　备份系统

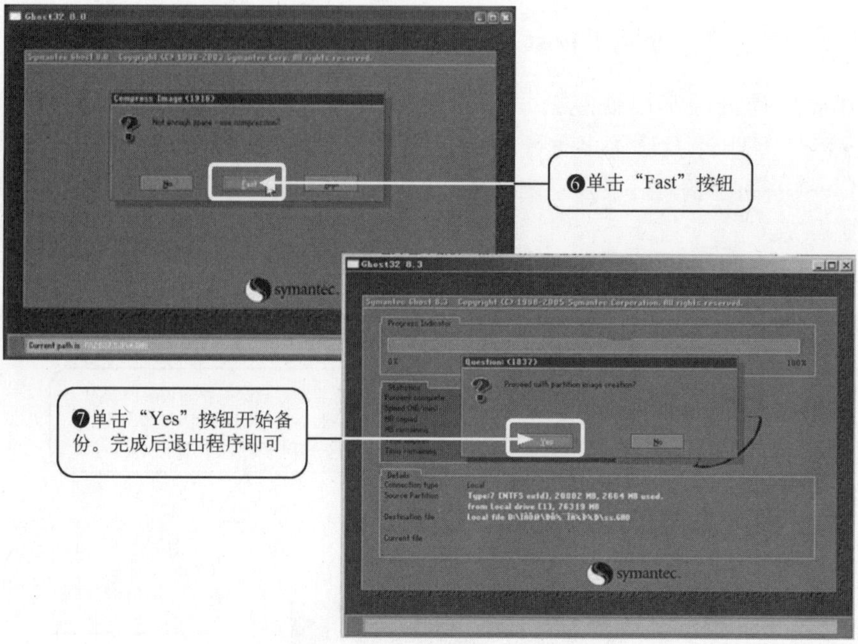

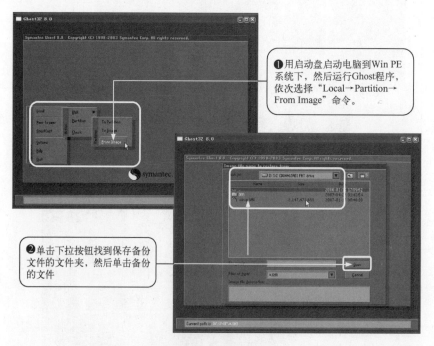

⑥单击"Fast"按钮

❼单击"Yes"按钮开始备份。完成后退出程序即可

图 10-4 备份系统（续）

10.2.4 任务 4：使用 Ghost 还原系统

使用 Ghost 还原系统的方法如图 10-5 所示。

❶用启动盘启动电脑到Win PE系统下，然后运行Ghost程序，依次选择"Local→Partition→From Image"命令。

❷单击下拉按钮找到保存备份文件的文件夹，然后单击备份的文件

图 10-5 还原系统

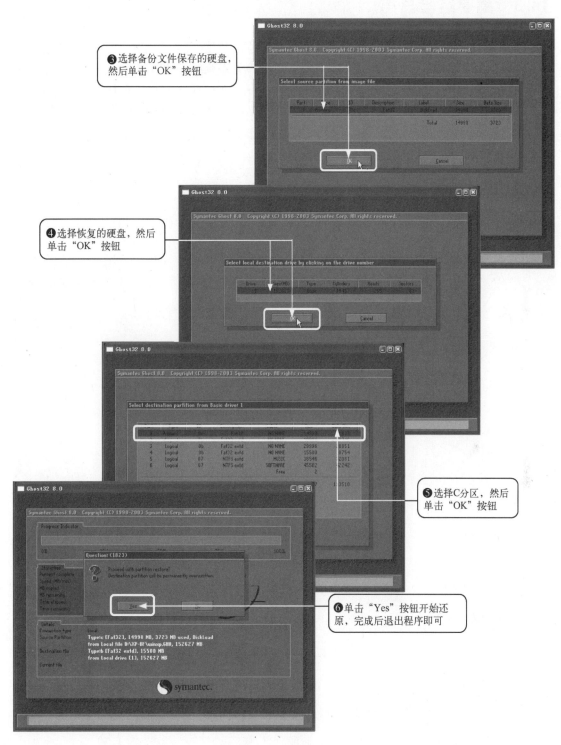

❸ 选择备份文件保存的硬盘，然后单击"OK"按钮

❹ 选择恢复的硬盘，然后单击"OK"按钮

❺ 选择C分区，然后单击"OK"按钮

❻ 单击"Yes"按钮开始还原，完成后退出程序即可

图 10-5　还原系统（续）

10.3　高手经验总结

经验一：在安装完全新的操作系统、硬件驱动程序和软件后，备份一下系统。今后当系统出现错误或故障时，可利用备份恢复系统，可以节省系统维护的时间。

经验二：备份系统时，一定要将备份的文件保存到非系统分区上（如 D 盘或 E 盘等）。

经验三：用 Ghost 还原系统时，通常需要启动电脑，然后运行 Ghost 程序，因此最好提前准备一个 Windows PE 启动盘，以备不时之需。

第**11**章

数据恢复

学习目标

1. 了解数据丢失的原因
2. 认识常用数据恢复软件
3. 掌握恢复误删除文件的方法
4. 掌握恢复格式化磁盘中的文件的方法
5. 掌握修复损坏文件的方法

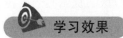
学习效果

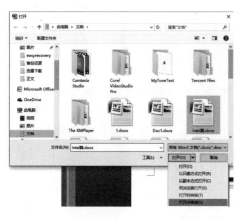

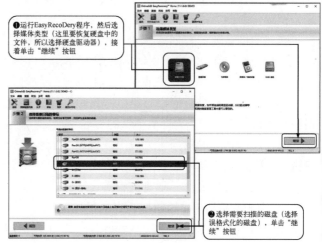

❶运行EasyRecoDery程序，然后选择媒体类型（这里要恢复硬盘中的文件，所以选择硬盘驱动器），接着单击"继续"按钮

❷选择需要扫描的磁盘（选择误格式化的磁盘），单击"继续"按钮

在进行数据恢复时，首先要调查造成数据丢失或损坏的原因，然后才能"对症下药"，根据不同的数据丢失或损坏的原因使用对应的数据恢复方法。本章将根据不同的数据丢失（或损坏）原因分析数据恢复的方法。

11.1　知识储备

在对数据进行恢复前，要先进行故障分析，不能盲目地做一些无用的操作，以免造成数据被覆盖无法恢复。

11.1.1　数据恢复分析

问答1：造成数据丢失或损坏的原因有哪些

硬盘数据丢失或损坏的原因较多，一般可以分为人为原因、自然原因、软件原因和硬件原因。

（1）人为原因造成的数据丢失或损坏

人为原因主要是指由于使用人员的误操作造成的数据被破坏，如误格式化或误分区、误克隆、误删除或覆盖、人为地摔坏硬盘等。

人为原因造成的数据丢失现象一般表现为操作系统丢失、无法正常启动系统、磁盘读写错误、找不到所需要的文件、文件打不开、文件打开后乱码、硬盘没有分区、提示某个硬盘分区没有格式化、硬盘被强制格式化、硬盘无法识别或发出异响等。

（2）自然原因造成的数据丢失或损坏

水灾、火灾、雷击、地震等可能造成电脑系统的破坏，导致存储数据被破坏或完全丢失，或操作时断电、意外电磁干扰等造成数据丢失或破坏。

自然原因造成的数据或损坏丢失现象一般表现为硬盘损坏（硬盘无法识别或盘体损坏）、磁盘读写错误、找不到所需要的文件、文件打不开、文件打开后乱码等。

（3）软件原因造成的数据丢失或损坏

软件原因主要是指病毒感染、零磁道损坏、硬盘逻辑锁、系统错误或瘫痪以及软件漏洞对数据的破坏等。

软件原因造成的数据丢失或损坏现象一般表现为操作系统丢失、无法正常启动系统、磁盘读写错误、找不到所需要的文件、文件打不开、文件打开后乱码、硬盘没有分区、提示某个硬盘分区没有格式化、硬盘被锁等。

（4）硬件原因造成的数据丢失或损坏

硬件原因主要是指电脑设备的硬件故障（包括存储介质的老化失效）、磁盘划伤、磁头变形、磁臂断裂、磁头放大器损坏、芯片组或其他元器件损坏等。

硬件原因造成的数据丢失或损坏现象一般表现为系统不认硬盘，常有一种"咔嚓咔嚓"或"哐当、哐当"的磁阻撞击声，或电机不转，通电后无任何声音，磁头定位不准造成读写错误等现象。

问答2：什么样的硬盘数据可以恢复

一块新的硬盘必须先分区，再对相应的分区进行格式化，这样才能在这个硬盘上存储数据。

当需要从硬盘中读取文件时，先读取某一分区的 BPB（分区表参数块）参数至内存，然后从目录区中读取文件的目录表（包括文件名、后缀名、文件大小、修改日期和文件在数据区保存的第一个簇的簇号）。找到相对应文件的首扇区和 FAT 表的入口，再从 FAT 表中找到后续扇区的相应链接，移动硬盘的磁臂到对应的位置进行文件读取。当读到文件结束标志"FF"时，就完成了某一个文件的读写操作。

当需要保存文件时，操作系统首先在 DIR 区（目录区）中找到空闲区写入文件名、大小和创建时间等相应信息，再在数据区找出空闲区域将文件保存，然后将数据区的第一个簇写入目录区，同时完成 FAT 表的填写，具体的动作和文件读取动作差不多。

当需要删除文件时，操作系统只是将目录区中该文件的第一个字符改为"E5"来表示该文件已经删除，同时改写引导扇区的第二个扇区，用来表示该分区可用空间大小的相应信息，而文件在数据区中的信息并没有删除。

当给一块硬盘分区、格式化时，并没有将数据从数据区直接删除，而是利用 Fdisk 重新建立硬盘分区表，利用 Format 格式化重新建立 FAT 表而已。

综上所述，在实际操作中，删除文件、重新分区并快速格式化（Format 不要加 U 参数）、快速低级格式化、重整硬盘缺陷列表等，都不会把数据从物理扇区的数据区中真正抹去。删除文件只是把文件的地址信息在列表中抹去，而文件的数据本身还在原来的地方，除非复制新的数据并覆盖到那些扇区，才会把原来的数据真正抹去。重新分区和快速格式化只不过是重新构造新的分区表和扇区信息，同样不会影响原来的数据在扇区中的物理存在，直到有新的数据去覆盖它们为止。而快速低级格式化是用 DM 软件快速重写盘面、磁头、柱面、扇区等初始化信息，仍然不会把数据从原来的扇区中抹去。重整硬盘缺陷列表也是把新的缺陷扇区加入到 G 列表或者 P 列表中去，而对于数据本身，其实还是没有实质性影响。但那些本来储存在缺陷扇区中的数据就无法恢复了，因为扇区已经出现物理损坏，即使不加入缺陷列表，也很难恢复。

上述操作造成的数据丢失，一般都可以恢复。在进行数据恢复时，最关键的一点是在错误操作出现后，不要再对硬盘做任何无意义操作，也不要再向硬盘写入任何东西。

一般对于上述操作造成的数据丢失，在恢复数据时，可以通过专门的数据恢复软件（如 EasyRecovery、FinalData 等）来恢复。但如果硬盘有轻微的缺陷，用专门的数据恢复软件恢复将会有一些困难，应该稍微修理一下，让硬盘可以正常使用后，再进行软件的数据恢复。

另外，如果硬盘已经不能运转了，这时需要使用成本比较高的软硬件结合的方式来恢复。采用软硬件结合的数据恢复方式，关键在于恢复用的仪器设备。这些设备都需要放置在级别非常高的超净无尘工作间里面。用这些设备进行恢复的方法一般都是把硬盘拆开，把损坏的磁盘放进超净工作台上，然后用激光束对盘片表面进行扫描。因为盘面上的磁信号其实是数字信号（0 和 1），所以相应地，反映到激光束发射的信号上也是不同的。这些仪器就是通过这样的扫描，一丝不漏地把整个硬盘的原始信号记录在仪器附带的电脑里面，再通过专门的软件分析来进行数据恢复；或者将损坏的硬盘的磁盘拆下后安装在另一个型号相同的硬盘中，借助正常的硬盘读取损坏磁盘的数据。

11.1.2 了解数据恢复软件

问答1：常用的数据恢复软件有哪些？

在日常维修中，通常使用专门的数据恢复软件来恢复硬盘的数据。使用这些软件恢复数据的成功率也较高，常用的数据恢复软件有 EasyRecovery、FinalData、R – Studio、DiskGenius、WinHex 等。

问答2：EasyRecovery 数据恢复软件有哪些功能？

EasyRecovery 是一款非常著名的老牌数据恢复软件。该软件可以说功能非常强大，它能够恢复因分区表破坏、病毒攻击、误删除、误格式化、重新分区后等原因而丢失的数据，甚至可以不依靠分区表来按照簇来进行硬盘扫描。

另外，EasyRecovery 软件还能够对 ZIP 文件以及微软的 Office 系列文档进行修复，如图 11-1所示为 EasyRecovery 软件主界面。

图 11-1　EasyRecovery 软件主界面

问答3：FinalData 数据恢复软件有哪些功能？

FinalData 软件自身的优势就是恢复速度快，可以大大缩短搜索丢失数据的时间。FinalData 不仅恢复速度快，而且在数据恢复方面的功能也十分强大，不仅可以按照物理硬盘或者逻辑分区来进行扫描，还可以通过对硬盘的绝对扇区来扫描分区表，找到丢失的分区。

FinalData 软件在对硬盘扫描之后会在其浏览器的左侧显示出文件的各种信息，并且把找到的文件按状态进行归类，如果状态是已经被破坏，表明如果对数据进行恢复也不能完全找回数据。从而方便用户了解数据恢复的可能性。同时，此款软件还可以通过扩展名来进行同类文件的搜索，这样就方便对同一类型文件进行数据恢复。

FinalData 软件可以恢复误删除（并从回收站中清除）、FAT 表或者磁盘根区被病毒侵蚀造成的文件信息全部丢失，物理故障造成 FAT 表或者磁盘根区不可读，以及磁盘格式化造成的全部文件信息丢失，损坏的 Office 文件、邮件文件、Mpeg 文件、Oracle 文件，磁盘格式化、分区造成的文件丢失等。如图 11-2 所示为 FinalData 软件界面，表 11-1 为图 11-2 所示 FinalData 软件界面左边导航窗格中各项的含义。

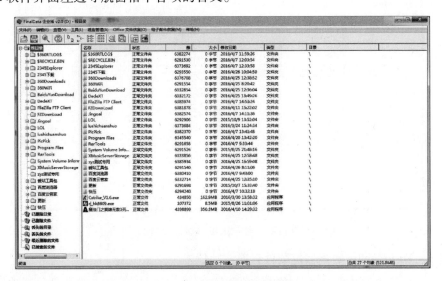

图 11-2　FinalData 软件界面

表 11-1　导航窗格中各项的含义

内　　容	含　　义
根目录	正常根目录
已删除目录	从根目录删除的目录集合
已删除文件	从根目录删除的文件集合
丢失的目录	如果根目录由于格式化或者病毒等而被破坏，FinalData 就会把发现和恢复的信息放到"丢失的目录"中
丢失的文件	被严重破坏的文件，如果数据部分依然完好，可以从"丢失的文件"中恢复
最近删除的文件	在 FinalData 安装后，"文件删除管理器"功能自动将被删除文件的信息加入到"最近删除的文件"中。这些文件信息保存在一个特殊的硬盘位置，一般可以完整地恢复
已搜索的文件	显示通过"查找"功能找到的文件

问答 4：R – Studio 数据恢复软件有哪些功能？

R – Studio 软件是功能超强的数据恢复、反删除工具，可以支持 FAT16、FAT32、NTFS 和 Ext2（Linux 系统）格式的分区，同时提供对本地和网络磁盘的支持。

R – Studio 软件支持 Windows XP 等系统，可以通过网络恢复远程数据、能够重建损毁的 RAID 阵列；为磁盘、分区、目录生成镜像文件；恢复删除分区上的文件、加密文件（NTFS 5）、数据流（NTFS、NTFS 5）；恢复 FDISK 或其他磁盘工具删除过的数据、病毒破坏的数据、MBR 破坏后的数据等。如图 11-3 所示为 R – Studio 软件主界面。

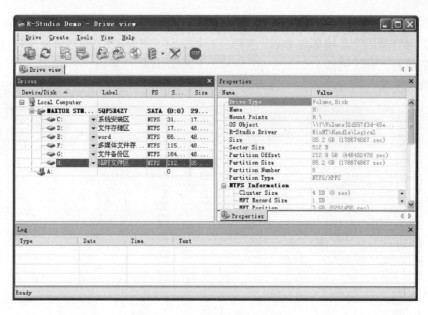

图 11-3　R-Studio 软件主界面

问答 5：DiskGenius 数据恢复软件有哪些功能？

　　DiskGenius 是一款硬盘分区及数据维护软件。它不仅提供了基本的硬盘分区功能（如建立、激活、删除、隐藏分区），还具有强大的分区维护功能（如分区表备份和恢复、分区参数修改、硬盘主引导记录修复、重建分区表等）。此外，它还具有分区格式化、分区无损调整、硬盘表面扫描、扇区拷贝、彻底清除扇区数据等实用功能。另外还增加了对 VMWare 虚拟硬盘的支持。如图 11-4 所示为 DiskGenius 软件主界面。

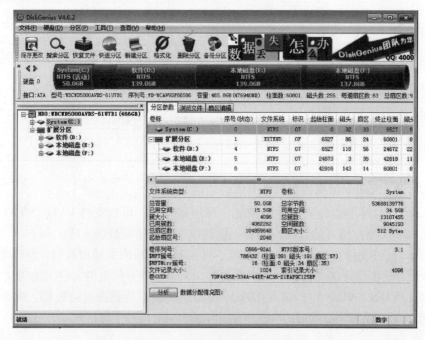

图 11-4　DiskGenius 软件主界面

问答 6：WinHex 数据恢复软件有哪些功能？

WinHex 是一款在 Windows 下运行的十六进制编辑软件，此软件功能强大，有完善的分区管理功能和文件管理功能，能自动分析分区链和文件簇链，能对硬盘进行不同方式、不同程度的备份，甚至克隆整个硬盘。它能够编辑任何一种文件类型的二进制内容（用十六进制显示），其磁盘编辑器可以编辑物理磁盘或逻辑磁盘的任意扇区。

另外，它可以用来检查和修复各种文件、恢复删除文件、处理硬盘损坏造成的数据丢失问题等。同时，它还可以让用户看到被其他程序隐藏起来的文件和数据。此软件主要通过手工恢复数据。如图 11-5 所示为 WinHex 软件主界面。

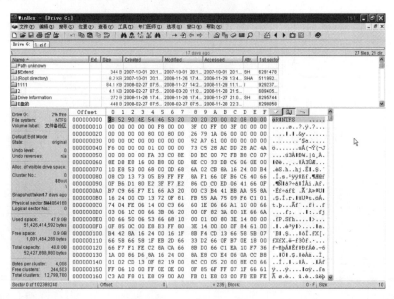

图 11-5　WinHex 软件主界面

11.2　实战：恢复损坏或丢失的数据

下面通过实战案例来讲解数据恢复的方法。

11.2.1　任务 1：恢复误删除的照片或文件

照片或文件被误删除（回收站中已经被清空）是一种比较常见的数据丢失情况。对于这种数据丢失情况，在数据恢复前不要再向该分区或者磁盘写入信息（保存新资料），因为刚被删除的文件被恢复的可能性最大，如果向该分区或磁盘写入信息就可能将误删除的数据覆盖而无法恢复。

在 Windows 系统中，删除文件仅仅是把文件的首字节改为"E5H"，而数据区的内容并没有被修改，因此比较容易恢复。可以使用数据恢复软件轻松地把误删除或意外丢失的文件找回来。

在文件被误删除或丢失时，可以使用 EasyRecovery 或 FinalData 等数据恢复工具进行恢复。不过，需要特别注意的是，在发现文件丢失后，准备使用恢复软件时，不能直接在故障电脑中安装这些恢复软件，因为软件的安装可能恰恰把刚才丢失的文件覆盖掉。最好把硬盘连接到其他电脑上进行恢复。

恢复误删除的照片或文件的方法如图11-6所示。

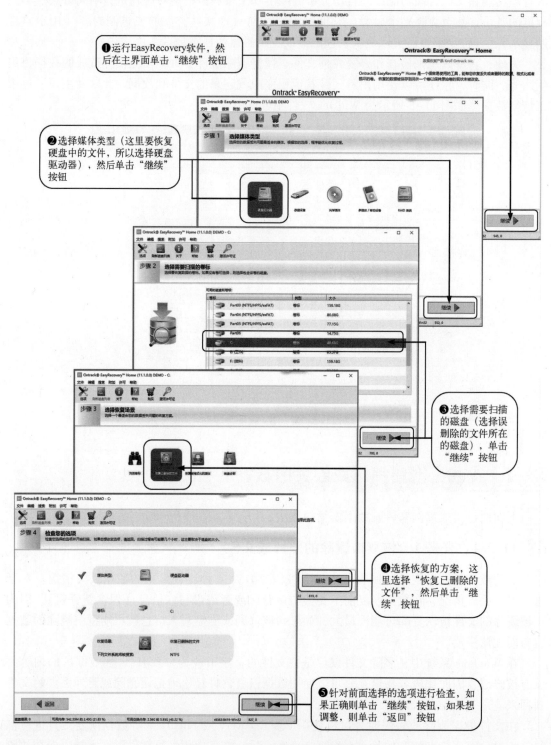

图 11-6　恢复误删除的照片或文件

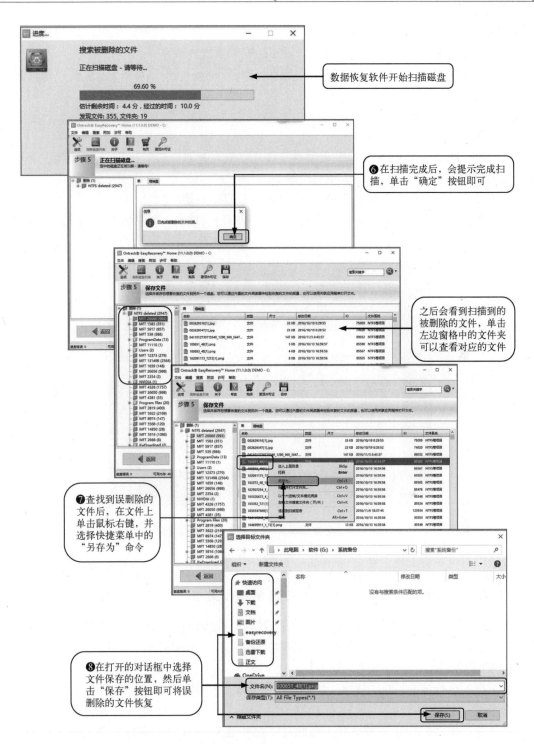

图 11-6 恢复误删除的照片或文件（续）

11.2.2 任务 2：抢救系统无法启动后电脑中的文件

当 Windows 系统损坏导致无法开机启动时，一般需要采用重新安装系统来修复故障，而重装系统通常会将C盘格式化，这样势必造成C盘中未备份的文件的丢失。因此在安装系统前，需要将C盘中有用的文件备份出来后才能安装系统。

对于这种情况，可以使用启动盘启动电脑（如Windows PE启动盘），直接将系统盘中的有用文件复制到非系统盘中。或采取将故障电脑的硬盘连接到其他电脑中的方法，将系统盘（C盘）的数据复制出来。

具体操作方法如下。

第1步：准备一张Windows PE启动盘，将光盘放入光驱。然后在BIOS中把第一启动顺序设置为光驱启动，保存并退出，重启电脑。

第2步：重新启动电脑后，选择从Windows PE启动系统。

第3步：进入桌面后，打开桌面上的"我的文档"文件夹，然后将有用的文件复制到E盘，如图11-7所示。

图11-7　在Windows PE系统中备份数据文件

提示：利用加密文件系统（Encrypting File Sytem，EFS）加密的文件不易被恢复。

11.2.3　任务3：修复损坏或丢失的Word文档

当Word文档损坏而无法打开时，可以采用一些方法修复损坏文档，恢复受损文档中的文字。"打开并修复"是Word具有的文件修复功能，当Word文件损坏后可以尝试这种方法。具体方法如下。

第1步：运行Word 2007程序，然后单击"Office"按钮，并在弹出的菜单中选择"打开"命令。

第2步：弹出"打开"对话框，在此对话框中选择要修复的文件，然后单击"打开"按钮右边的下拉按钮，并在弹出的下拉列表中选择"打开并修复"选项，如图11-8所示。

第3步：Word程序会修复损坏的文件并打开。

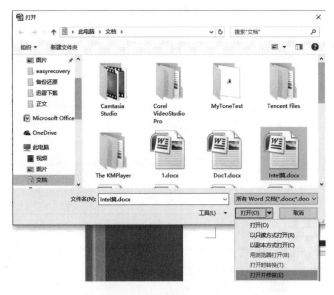

图 11-8 "打开"对话框

11.2.4 任务 4：恢复误格式化磁盘中的文件

当格式化一块硬盘时，并没有将数据从硬盘的数据区（DATA 区）直接删除，而是利用 Format 格式化重新建立了分区表，所以硬盘中的数据还有被恢复的可能。通常，硬盘被格式化后，可结合数据恢复软件进行恢复。

恢复误格式化磁盘中的文件的方法如图 11-9 所示。

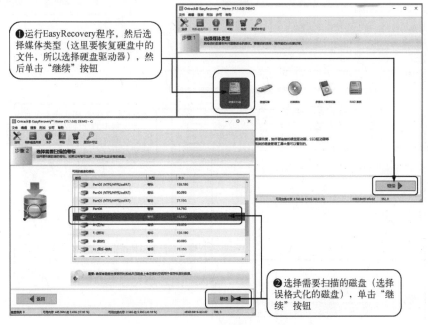

❶运行 EasyRecovery 程序，然后选择媒体类型（这里要恢复硬盘中的文件，所以选择硬盘驱动器），然后单击"继续"按钮

❷选择需要扫描的磁盘（选择误格式化的磁盘），单击"继续"按钮

图 11-9 恢复误格式化磁盘中的文件

❸选择恢复的方案，这里选择"恢复被格式化的媒体"，然后单击"继续"按钮

❹针对前面选择的选项进行检查，如果正确则单击"继续"按钮，如果想调整，则单击"返回"按钮

数据恢复软件开始扫描磁盘

❺在扫描完成后，会提示完成扫描，单击"确定"按钮即可

❻之后会看到扫描到的丢失文件，单击左边窗格中的文件夹可以查看对应的文件。在文件上单击鼠标右键，并选择快捷菜单中的"另存为"命令

❼从打开的对话框中，选择文件保存的位置，然后单击"保存"按钮即可将误格式化磁盘中的文件恢复

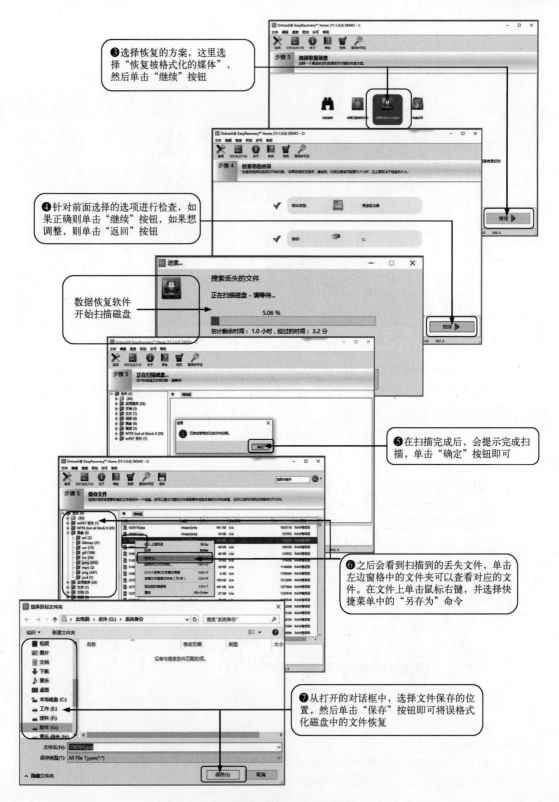

图 11-9　恢复误格式化磁盘中的文件（续）

11.2.5 任务5：恢复手机存储卡中误删的照片

如果不小心把手机存储卡内的相片删除了该怎么办？这是很多朋友都遇到的问题。手机中存放了一些新拍的照片，一不小心删除掉了，还有没有办法恢复呢？由于手机用的是闪存，和电脑的机械硬盘相比，手机数据被删除后要恢复更加困难。不过，只要丢失数据没有被彻底覆盖掉，还是有机会找回的。

恢复手机存储卡中误删的照片的方法如图11-10所示。

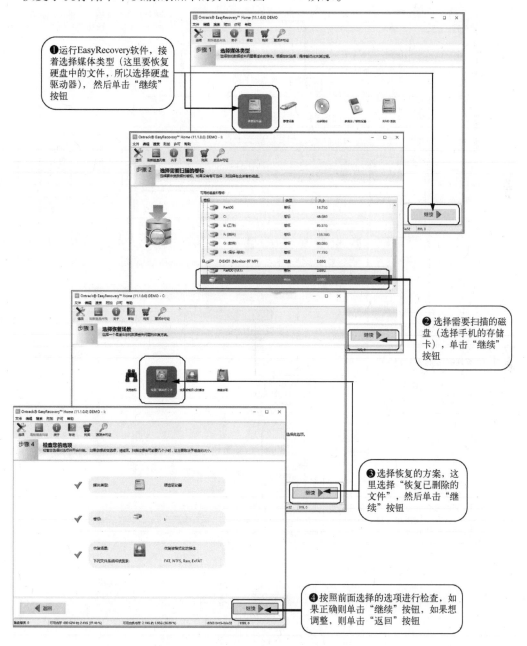

图11-10 恢复手机存储卡中误删的照片

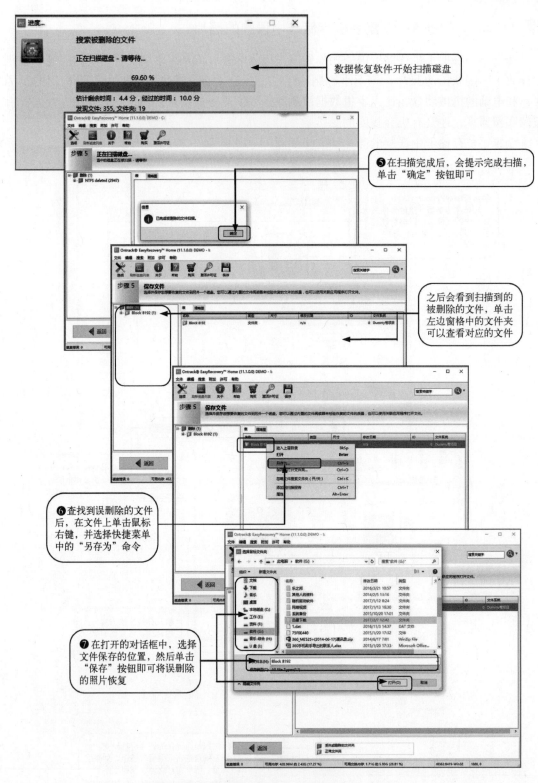

图 11-10 恢复手机存储卡中误删的照片（续）

11.3 高手经验总结

　　经验一：当发现文件或照片被误删除之后，首先要停止操作误删除文件所在的磁盘，更不能往里面存放文件，否则可能造成删除的文件无法恢复。

　　经验二：不同的数据恢复软件有不同的特点和用处，最好对各个数据恢复软件的功能了解清楚。

　　经验三：启动盘在日常维修和维护电脑中经常会用到，最好提前准备一个 Windows PE 启动盘。

第 12 章

电脑安全加密

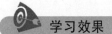

学习目标

1. 掌握系统加密的方法
2. 掌握应用软件加密的方法
3. 掌握锁定电脑系统的方法
4. 掌握给 Office 文件加密的方法
5. 掌握给压缩文件加密的方法
6. 掌握给文件夹加密的方法
7. 掌握给共享文件夹加密的方法
8. 掌握给硬盘驱动器加密的方法

学习效果

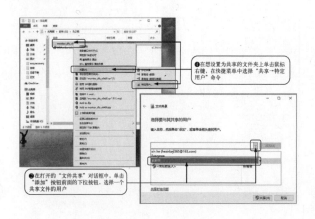

❶ 在想设置为共享的文件夹上单击鼠标右键，在快捷菜单中选择"共享→特定用户"命令

❷ 在打开的"文件共享"对话框中，单击"添加"按钮前面的下拉按钮，选择一个共享文件的用户

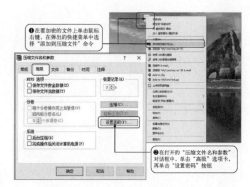

❶ 在要加密的文件上单击鼠标右键，在弹出的快捷菜单中选择"添加到压缩文件"命令

❷ 在打开的"压缩文件名和参数"对话框中，单击"高级"选项卡，再单击"设置密码"按钮

进入信息化和网络化的时代以来，人们可以通过网络来获取并处理信息，同时将自己最重要的信息以数据文件的形式保存在电脑中。为防止存储在电脑中的数据信息被泄露，有必要对电脑操作系统及文件进行一定的加密。本章将讲解几种常用的加密方法。

12.1　实战：操作系统电脑系统安全防护

12.1.1　任务 1：系统加密

1. 设置电脑 BIOS 加密

进入电脑系统，可以设置的第一个密码就是 BIOS 密码。电脑的 BIOS 密码可以分为开机密码（Power On Password）、超级用户密码（Supervisor Password）和硬盘密码（Hard Disk Password）。

其中，开机密码需要用户在每次开机时候都输入正确密码才能引导系统；超级用户密码可以阻止未授权用户访问 BIOS 程序；硬盘密码可以阻止未授权的用户访问硬盘上的所有数据，只有输入正确的密码才能访问。如图 12-1 所示为要求输入开机密码的界面。

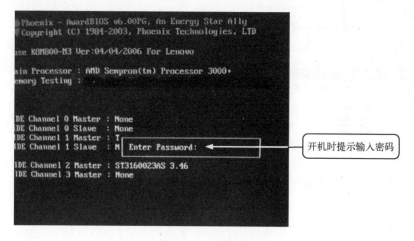

开机时提示输入密码

图 12-1　开机密码

另外，超级用户密码用户拥有完全修改 BIOS 设置的权限。而其他两种密码的用户有些项目将无法设置。所以，建议用户在设置密码时直接使用超级用户密码。

在台式电脑中，如果忘记了密码，可以通过 CMOS 放电来清除密码。但如果用户使用的是笔记本电脑，由于笔记本电脑中的密码有专门的密码芯片管理，如果忘记了密码，就不能像台式电脑那样通过 CMOS 放电来清除密码，往往需要返回维修站修理，所以设置密码后一定要注意不要遗忘密码。

BIOS 密码的设置方法请参考 4.2.4 节内容。

2. 设置系统密码

Windows 系统是当前应用最广泛的操作系统之一，在 Windows 系统中可以为每个用户分别设置一个密码，具体设置方法如图 12-2 所示（以 Windows 7 系统为例，Windows 8/10 系统的设置方法与此相同）。

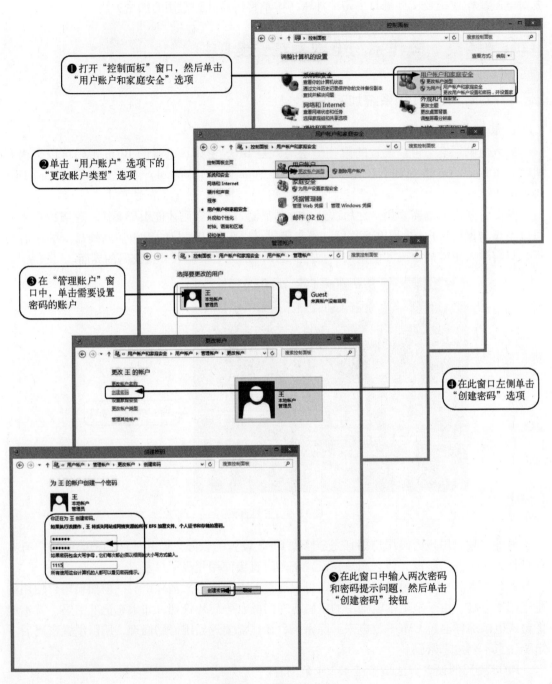

❶打开"控制面板"窗口,然后单击
"用户账户和家庭安全"选项

❷单击"用户账户"选项下的
"更改账户类型"选项

❸在"管理账户"窗
口中,单击需要设置
密码的账户

❹在此窗口左侧单击
"创建密码"选项

❺在此窗口中输入两次密码
和密码提示问题,然后单击
"创建密码"按钮

图 12-2　设置系统密码

12.1.2　任务 2：应用软件加密

如果多人共用一台电脑，可以在电脑上对软件进行加密，禁止其他用户安装或删除软件。对应用软件加密的方法如图 12-3 所示。

图 12-3　应用软件加密

12.1.3　任务 3：锁定电脑系统

当用户在使用电脑时，如果需要暂时离开，并且不希望其他人使用自己的电脑。这时可以把电脑系统锁定起来，当重新使用时，只需要输入密码即可。

下面介绍锁定电脑系统的方法。必须先给 Windows 用户设定登录密码，然后才能执行操作。

锁定电脑系统的设置方法如图 12-4 所示。

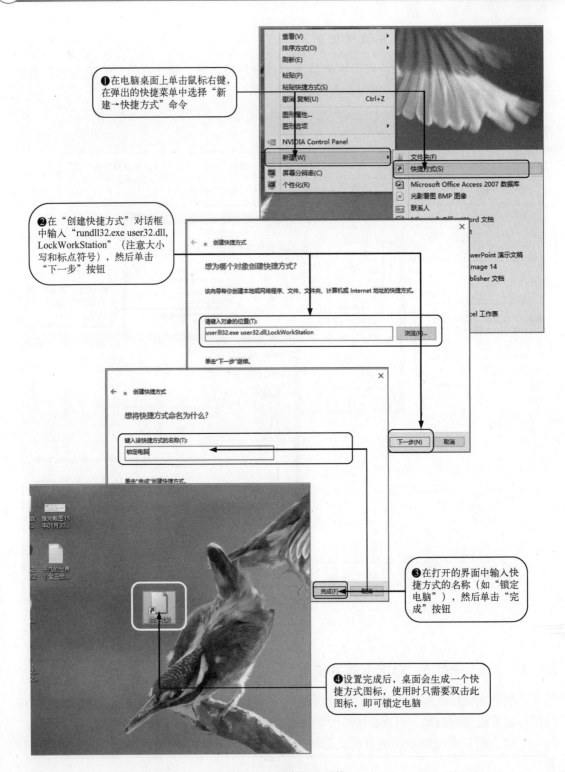

❶在电脑桌面上单击鼠标右键，在弹出的快捷菜单中选择"新建→快捷方式"命令

❷在"创建快捷方式"对话框中输入"rundll32.exe user32.dll, LockWorkStation"（注意大小写和标点符号），然后单击"下一步"按钮

❸在打开的界面中输入快捷方式的名称（如"锁定电脑"），然后单击"完成"按钮

❹设置完成后，桌面会生成一个快捷方式图标，使用时只需要双击此图标，即可锁定电脑

图12-4　锁定电脑系统

12.2　实战：电脑数据安全防护

电脑数据安全防护的方法主要是给数据文件加密，下面介绍几种常见的数据文件的加密方法。

12.2.1　任务1：给 Office 文件加密

Word 文件和 Excel 文件的加密方法大致相同，这里以 Excel 文件为例讲解给 Office 文件加密的方法，如图 12-5 所示（以 Office 2007 为例）。

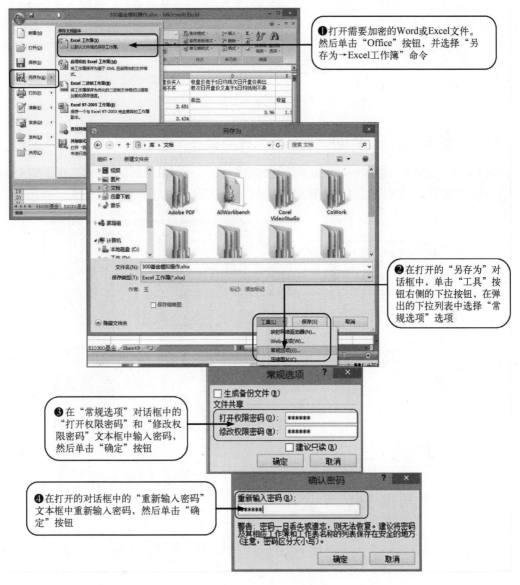

图 12-5　给 Office 文件加密

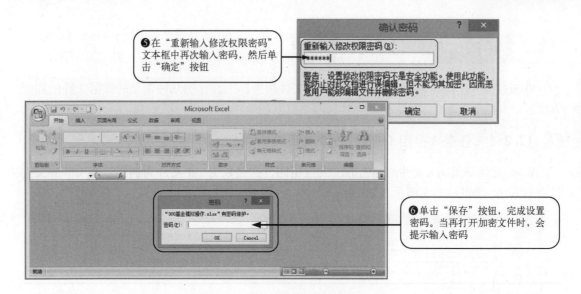

图 12-5　给 Office 文件加密（续）

12.2.2　任务 2：给 WinRAR 压缩文件加密

WinRAR 除了用来压缩和解压缩文件，还常常被当作一个加密软件来使用，在压缩文件的时候设置一个密码，就可以达到保护数据的目的。WinRAR 文件的加密方法如图 12-6 所示。

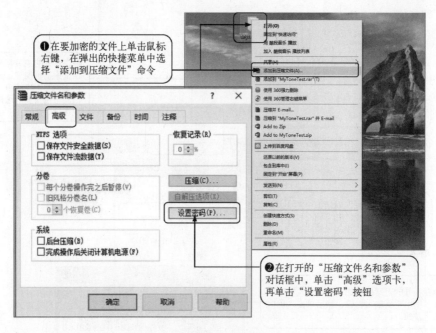

图 12-6　给 WinRAR 压缩文件加密

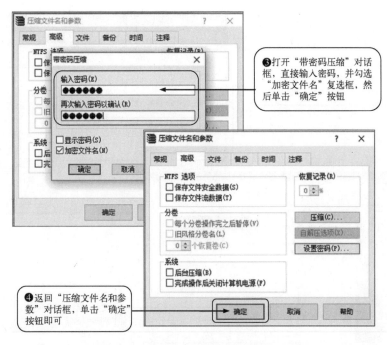

❸打开"带密码压缩"对话框，直接输入密码，并勾选"加密文件名"复选框，然后单击"确定"按钮

❹返回"压缩文件名和参数"对话框，单击"确定"按钮即可

图 12-6　给 WinRAR 压缩文件加密（续）

🔲 12.2.3　任务 3：给 WinZip 压缩文件加密

WinZip 软件也是一款常用的压缩软件，它也能够用来为压缩文件进行密码设置。这里以 WinZip 11.1 汉化版为例进行讲解，如图 12-7 所示。

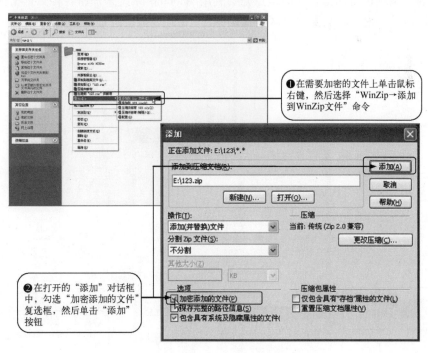

❶在需要加密的文件上单击鼠标右键，然后选择"WinZip→添加到WinZip文件"命令

❷在打开的"添加"对话框中，勾选"加密添加的文件"复选框，然后单击"添加"按钮

图 12-7　给 WinZip 压缩文件加密

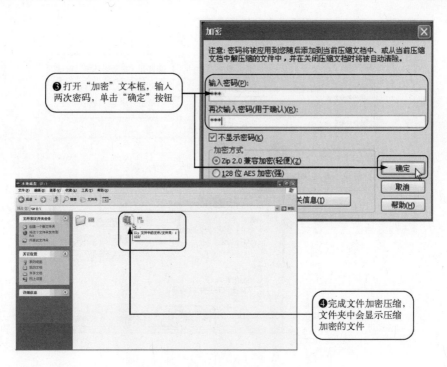

图 12-7　WinZip 压缩文件的加密（续）

12.2.4　任务 4：给数据文件夹加密

数据文件夹加密有两种常用的方法，一种是使用第三方的加密软件进行加密，另一种是使用 Windows 系统进行加密。下面重点介绍利用 Windows 系统来加密各种数据文件。

用 Windows 加密的方法要求分区格式是 NTFS 格式才能进行加密，如图 12-8 所示。

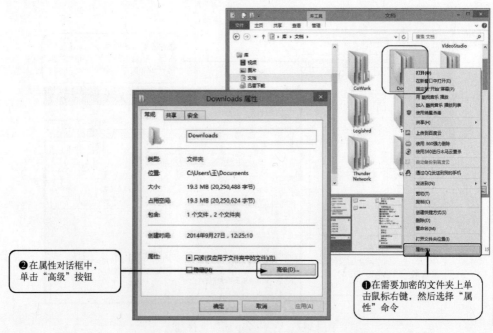

图 12-8　给数据文件夹加密

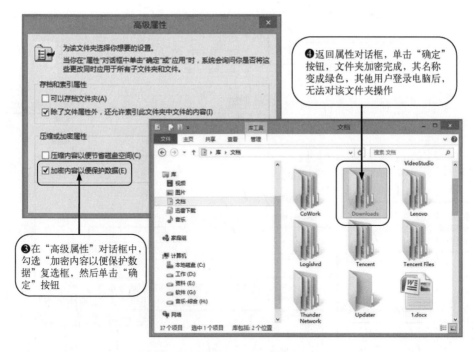

图 12-8　给数据文件夹加密（续）

12.2.5　任务 5：给共享文件夹加密

通过对共享文件夹加密，可以为不同的网络用户设置不同的访问权限。给共享文件夹设置权限的方法如图 12-9 所示（这里以 Windows 10 系统为例）。

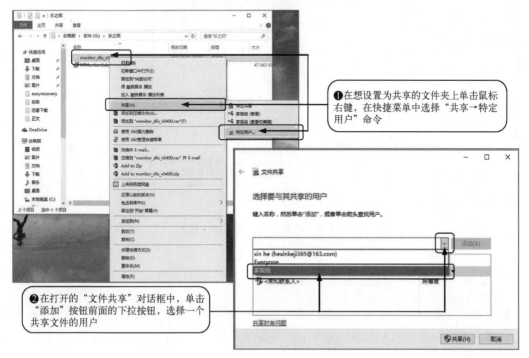

图 12-9　给共享文件夹加密

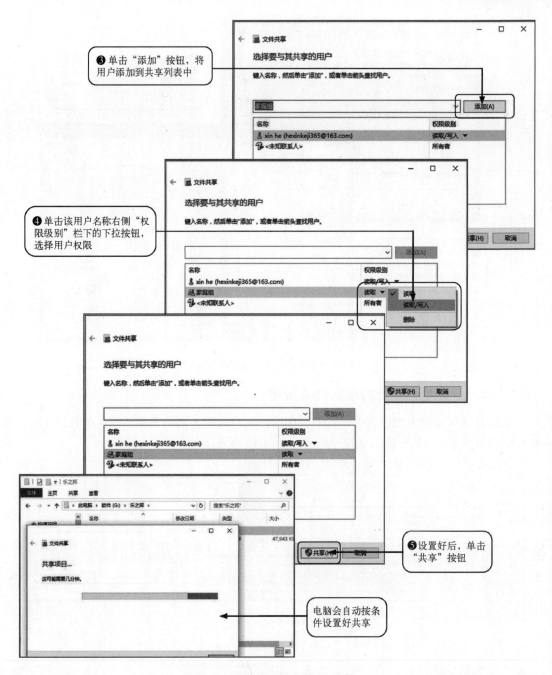

❸ 单击"添加"按钮，将用户添加到共享列表中

❹ 单击该用户名称右侧"权限级别"栏下的下拉按钮，选择用户权限

❺ 设置好后，单击"共享"按钮

电脑会自动按条件设置好共享

图 12-9 给共享文件夹加密（续）

12.2.6 任务 6：隐藏重要文件

如果担心重要的文件被别人误删，或出于隐私的需要不想让别人看到重要的文件，可以采用隐藏的方法将重要的文件保护起来。具体设置方法如图 12-10 所示。

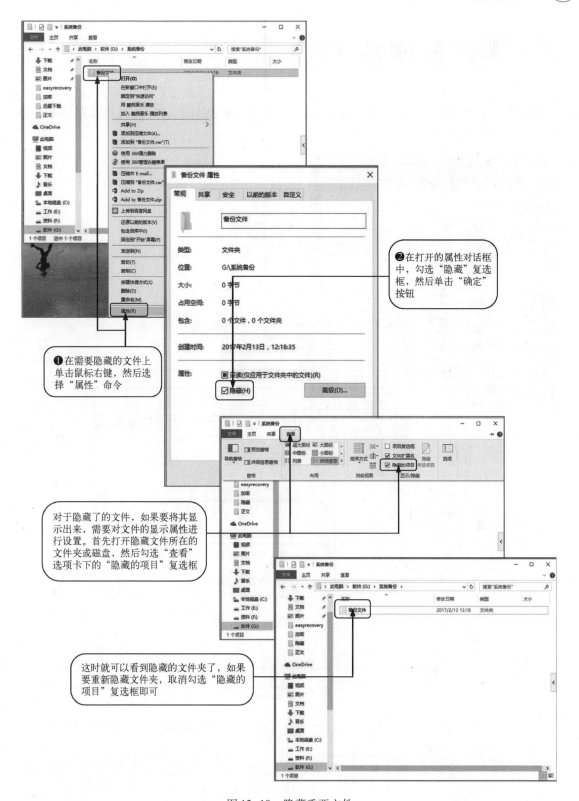

❶在需要隐藏的文件上单击鼠标右键，然后选择"属性"命令

❷在打开的属性对话框中，勾选"隐藏"复选框，然后单击"确定"按钮

对于隐藏了的文件，如果要将其显示出来，需要对文件的显示属性进行设置。首先打开隐藏文件所在的文件夹或磁盘，然后勾选"查看"选项卡下的"隐藏的项目"复选框

这时就可以看到隐藏的文件夹了，如果要重新隐藏文件夹，取消勾选"隐藏的项目"复选框即可

图 12-10　隐藏重要文件

12.3 实战：给硬盘驱动器加密

在 Windows 系统中有一个功能强大的磁盘管理工具，此工具可以将电脑中的磁盘驱动器隐藏起来，让其他用户无法看到隐藏的驱动器，从而增强电脑的安全性。给磁盘驱动器加密的设置方法如图 12-11 所示。

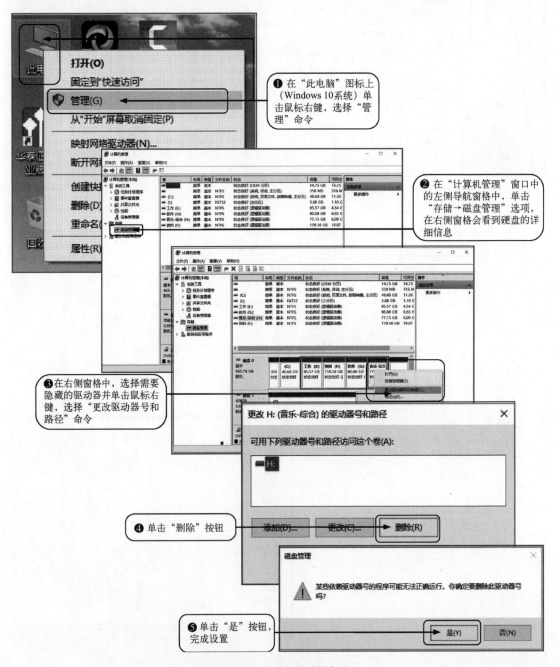

图 12-11　给磁盘驱动器加密

12.4　高手经验总结

经验一：在设置 BIOS 密码时，一定要分清设置的是 BIOS 密码还是系统密码，因为在设置 BIOS 密码时，需要选择相对应的选项。

经验二：对于应用软件加密的操作，有些 Windows 系统中没有开放"本地策略编辑器"权限，所以在"运行"对话框中输入"gpedit.msc"会提示找不到文件。

经验三：Office 文件加密、压缩文件加密、隐藏文件和文件夹等都是最简单、实用的加密方法，掌握这些方法对用户来说非常有用。

第13章

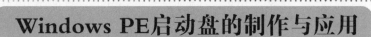

Windows PE启动盘的制作与应用

学习目标

1. 了解 Windows PE 启动盘的作用
2. 掌握 Windows PE 启动盘的制作方法
3. 掌握用 Windows PE 启动盘启动系统的方法
4. 掌握用 Windows PE 启动盘检测硬盘坏扇区的方法

学习效果

❶按照第4章讲解的启动顺序设置方法,将"First Boot Device"选项设置为"CDROM",保存并退出

❷将应急启动光盘放入光驱

❸再次开机时,电脑会从应急启动光盘启动,并进入到Windows PE桌面

❹随后程序便开始初始化,将U盘制成Windows PE启动盘

❺一键制作完成后,单击"是"按钮,启动电脑模拟器测试U盘

❻若能够正常打开老毛桃主菜单界面,则说明制作成功,此时请勿进行其他操作,按〈Ctrl+Alt〉组合键释放鼠标即可

13.1　知识储备

在使用电脑的过程中，电脑硬盘故障可能造成电脑不能从硬盘启动。要检查出电脑的故障，就必须进入操作系统，这时必须从光盘或 U 盘等启动，因此，备一张完整的系统应急启动盘就很有必要（应急启动光盘或应急启动 U 盘）。这张系统盘可以称为应急启动光盘或应急启动 U 盘。本节将带领大家亲自制作一张应急启动盘，以便维护电脑时使用。

■ 问答 1：什么是应急启动盘？

应急启动盘很重要，当你的系统崩溃而无法启动的时候，应急启动盘就成"救命稻草"了。应急启动盘，顾名思义，就是用来启动电脑的盘，这个盘可以是软盘、光盘、U 盘或其他盘，现在使用的启动盘主要是光盘和 U 盘。

应急启动盘中的第 1 扇区里都会存有系统启动所必需的启动文件和用来修复电脑的必要工具软件。如图 13-1 所示为应急启动光盘中的文件。

图 13-1　应急启动光盘中的文件

■ 问答 2：应急启动盘是怎么来的？

从 Windows 95 开始，Windows 系统就开始支持创建这样一张能够启动电脑的软盘。Windows 2000 系统和 Windows XP 系统的"启动盘"是需要 4 张软盘的一个小型操作系统，通过它可以完成修复系统文件等工作，Windows 称它们为"系统恢复磁盘"。实际上，它是 Windows 安装程序的一部分。

另外，微软在 2002 年 7 月 22 日发布了 Windows PreInstallation Environment（Windows PE）系统，即 Windows 预安装环境。它是带有限服务的最小 Win32 子系统，基于以保护模式运行的 Windows XP Professional 内核。它包括运行 Windows 安装程序及脚本、连接网络共享、自动化基本过程以及执行硬件验证所需的最小功能。换句话说，可以把 Windows PE 看作是一个只拥有最少核心服务的 Mini 操作系统。同时，在 Windows Vista 操作系统发布后，也发布了 Windows PE 2.0 预安装环境。

当电脑出现故障无法启动时，用户可以用 Windows PE 预安装环境来启动电脑，对电脑系统进行修复。因此 Windows PE 可以作为安装、维护与维修电脑时的应急启动盘。

问答 3：应急启动盘有何作用？

应急启动盘的主要作用如下。

（1）在系统崩溃时，用应急启动盘恢复被删除或破坏的系统文件等。

（2）当电脑感染了不能在 Windows 正常模式下清除的病毒时，用应急启动盘启动电脑并彻底删除这些顽固病毒。

（3）用启动盘启动系统，并测试一些软件等。

（4）用启动盘启动系统，并运行硬盘修复工具，解决硬盘坏道等问题。

（5）用启动盘启动系统，然后对硬盘进行分区或格化。

13.2 实战：制作 Windows PE 启动盘

Windows PE 启动盘可以直接使用第三方工具进行制作。下面介绍使用第三方工具制作 Windows PE 启动盘的方法。

13.2.1 任务 1：制作 U 盘 Windows PE 启动盘

下面以 U 盘为例，详细介绍如何制作 Windows PE 启动盘。

先在网上下载一个"老毛桃 WinPE"工具软件，将 U 盘连接到电脑上，然后按照如下步骤进行操作，如图 13-2 所示。

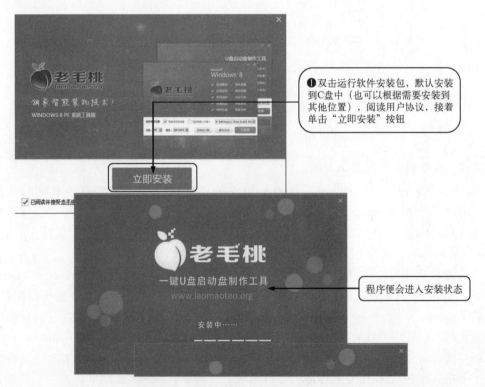

图 13-2　制作 U 盘 Windows PE 启动盘

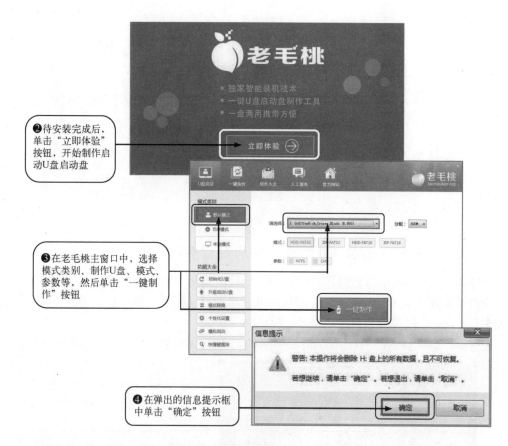

❷待安装完成后，单击"立即体验"按钮，开始制作启动U盘启动盘

❸在老毛桃主窗口中，选择模式类别、制作U盘、模式、参数等，然后单击"一键制作"按钮

❹在弹出的信息提示框中单击"确定"按钮

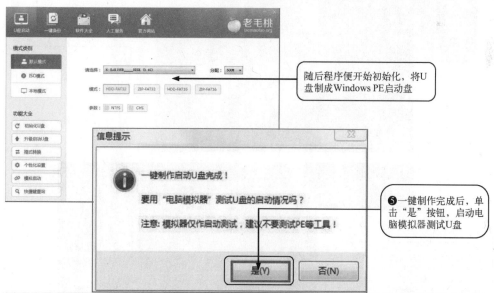

随后程序便开始初始化，将U盘制成 Windows PE 启动盘

❺一键制作完成后，单击"是"按钮，启动电脑模拟器测试U盘

图 13-2 制作 U 盘 Windows PE 启动盘（续）

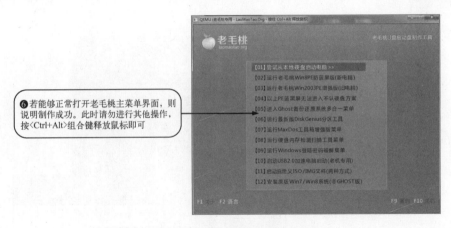

图 13-2 制作 U 盘 Windows PE 启动盘（续）

13.2.2 任务 2：设置 BIOS 使电脑从 U 盘启动

在使用 U 盘 Windows PE 启动盘时，如果要让电脑从该启动盘中启动，首先应先在 BIOS 中设置启动顺序为从 U 盘启动优先，即将 BIOS 启动引导顺序的第一位设置为 U 盘，然后电脑就会从 U 盘 Windows PE 启动盘启动。

设置 BIOS 使电脑从 U 盘启动的方法如图 13-3 所示（这里以华硕 UEFI BIOS 设置为例）。

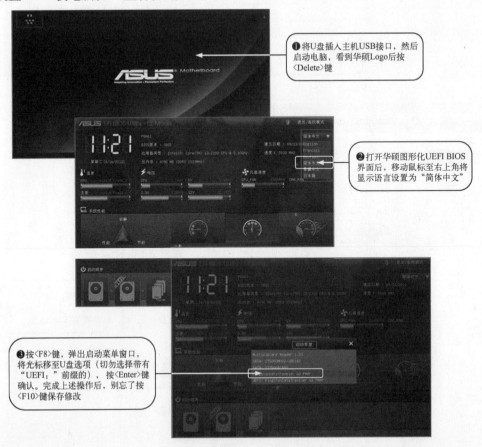

图 13-3 设置电脑从 U 盘启动

13.2.3　任务 3：用 Windows PE 启动盘启动系统

制作好应急启动设置盘，并 BIOS 中的启动顺序后，接下来就可以用该应急启动光盘启动电脑了。

下面以光盘 Windows PE 启动盘（应急启动光盘）为例，来演示用 Windows PE 启动盘启动电脑的过程，如图 13-4 所示（以普通 BIOS 为例）。

图 13-4　用光盘 PE 启动盘启动系统

专家提示

用 Windows PE 启动盘启动后，可以像在 Windows 系统中一样用鼠标操作电脑，用户维护系统会更加方便。有些启动盘启动后，会进入命令提示符下。这时需要用一些操作命令来操作电脑。

13.2.4 任务4：使用 Windows PE 启动盘检测硬盘坏扇区

使用 Windows PE 启动盘检测硬盘坏扇区的方法如图13-5所示。

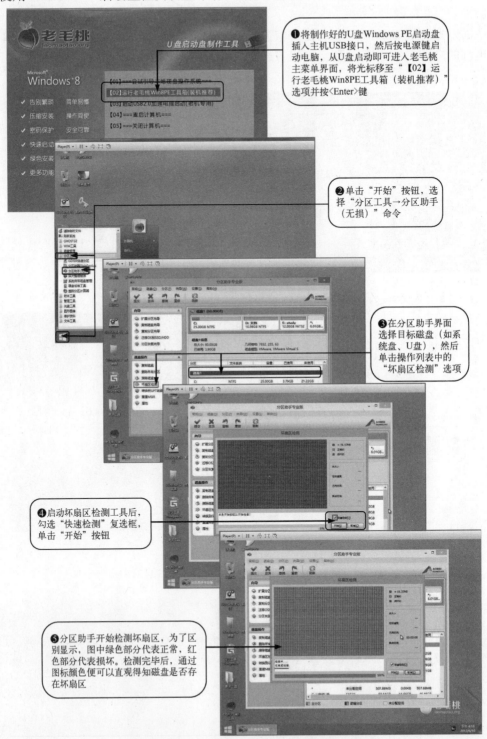

图13-5 使用 Windows PE 启动盘检测硬盘坏扇区

13.3　高手经验总结

经验一：Windows PE 启动盘是维护及维修电脑时必备的工具之一，所以一定要掌握 Windows PE 启动盘的制作方法，并提前制作一个 U 盘 Windows PE 启动盘，以备不时之需。

经验二：当电脑出现问题后，可以使用 Windows PE 启动盘启动电脑，然后备份电脑中的重要数据。

经验三：好多第三方工具软件制作的 Windows PE 启动盘包含很多工具软件，在电脑出现故障后，可以尝试用这些工具软件修复电脑的故障。

第**14**章

电脑故障分析和诊断方法

学习目标

1. 了解造成电脑软件故障的原因
2. 了解造成电脑硬件故障的原因
3. 掌握 Windows 系统故障的诊断方法
4. 掌握电脑整体故障的诊断方法
5. 掌握电脑 CPU 故障的诊断方法
6. 掌握电脑主板故障的诊断方法
7. 掌握电脑内存故障的诊断方法
8. 掌握电脑显卡故障的诊断方法
9. 掌握电脑硬盘故障的诊断方法
10. 掌握电脑电源故障的诊断方法

学习效果

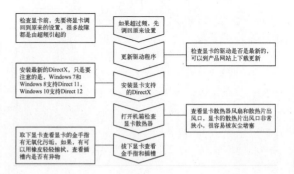

没有人能保证自己的电脑一直不出现故障，电脑故障和电脑形影不离，你不知道它什么时候就会突然出现。"昨天晚上还好好的，今天突然就开不了机了。"拿到电脑公司去修理，第一花费不少，第二耽误时间。如果你了解这些故障的原因，不但可以帮你和你的朋友维修电脑，而且还能让电脑的使用寿命更长。

14.1　知识储备

14.1.1　电脑软件故障分析

软件故障主要包括 Windows 系统错误、应用程序错误、网络故障和安全故障。

问答 1：Windows 系统错误故障由哪些原因造成？

造成 Windows 系统错误的主要原因有使用盗版 Windows 系统光盘、安装过程不正确、误操作造成系统损坏、非法程序造成系统文件丢失等。

这些方面的问题都可以通过重新安装 Windows 系统来修复，在本书第 6 章中有详细的安装方法。

问答 2：应用程序错误故障由哪些原因造成？

造成应用程序错误的主要原因有程序版本与当前系统不兼容、程序版本与电脑硬件设备不兼容、应用程序间的冲突、缺少运行环境文件、应用程序自身存在错误等。

因此，在安装应用程序前，应先确认该程序是否适用于当前系统，比如适用于 Windows 7 的应用程序可能在 Windows 10 下无法运行。然后再确认应用程序是否正规软件公司制作的，因为现在网上有很多个人或非正规软件公司设计的程序，自身存在很多缺陷，有的甚至带有病毒和木马程序。这样的软件不但可能由于自身缺陷而无法正常使用，而且很有可能造成系统瘫痪。

问答 3：网络故障和安全故障由哪些原因造成？

造成网络故障的原因有两个方面，即网络连接的硬件基础问题和网络设置问题。在本书第 8 章中，将教您如何搭建小型局域网和如何设置上网参数。

造成安全故障的主要原因有隐私泄漏、感染病毒、黑客袭击、木马攻击等，如图 14-1 所示。

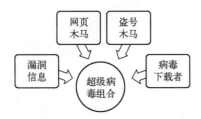

图 14-1　影响电脑安全的多种因素

14.1.2　电脑硬件故障分析

导致电脑硬件故障的主要因素有电、热、灰尘、静电、物理损坏、安装不当、使用不当。弄清引发问题的原因并提前预防，就能有效地防止硬件故障带来的损害，延长电脑的使用年限。如图 14-2 所示为各种硬件故障在所有故障中所占的比重。

图 14-2 各种硬件故障所占的比重

■ 问答 1：如何防止供电问题引起硬件故障？

供电引起的硬件故障在电脑故障中是比较常见的，这主要是由过压过流、突然断电、连接错误的电源等导致的。

过压过流指的是在电脑运行期间，电压和电流突然变大或变小，这对电脑来说是致命的灾难。比如供电线路突然遭到雷击，电压一瞬间超过 1×10^9 V，电流超过 3×10^4 A，不但电脑等电器会被损坏，而且可能会发生剧烈的爆炸，所以在雷雨天气使用电脑是十分危险的。再比如，电脑正常运行期间，周围的大型电器突然开启或停止，这也会使得电压瞬间升高或降低，从而可能造成电脑硬件的损坏。

要避免因为过压过流带来的硬件损坏，除了注意电脑的周围环境以外，还要使用五防（防雷击、防过载、防漏电、防尘、防火）电源插座，如图 14-3 所示。

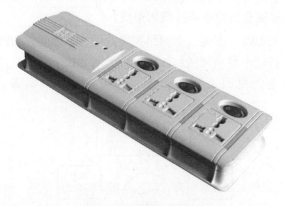

图 14-3 五防电源插座

在普通的电源插座中，电线直接连接到导电铜片上，而三防（防雷击、防过压、防过流）或五防插座中，有专门针对过压过流的电路设计，可以很好地保护电脑以免在电源不稳时损坏硬件，如图 14-4 所示。

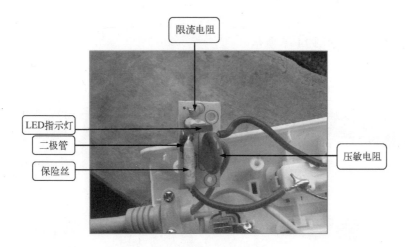

图 14-4　三防电源插座内部

此外，用户还要注意，不要将家用电器与电脑插在同一个插座上，避免开关家用电器时引起的电压电流变化对电脑带来影响。

问答 2：如何防止过热引起硬件异常？

电脑内部有很多会发热的芯片、电动机等设备，正常情况下，一定量的发热不会影响电脑的使用。但如果出现了非正常的发热，就可能会导致硬件损坏或过压短路，这样不但损坏电脑硬件，还有可能损坏其他家用电器。

要防止电脑过热的情况，就要经常检查电脑中的发热大户，比如 CPU、显卡核心芯片、主板芯片组上的风扇、机箱风扇等。如果风扇上积了太多的灰尘，就会影响散热的效果，必须及时清理。

问答 3：如何防止灰尘积累导致电路短路？

灰尘是电脑的致命敌人。查看机箱内部，就会发现各个电路上的金属排线纵横交错，电流是通过这些金属线在各部件间传递的，如果灰尘覆盖在金属线上，就可能阻碍电流的传递，如图 14-5 所示。

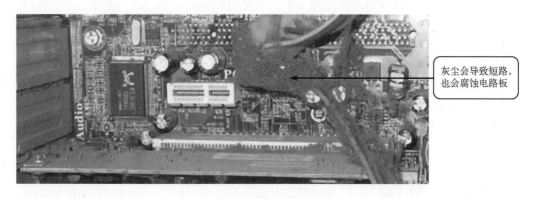

图 14-5　机箱内沉积的灰尘

电脑设备在通电时大多会产生电磁场，此时细微的灰尘就更容易吸附在设备上。所以，定期清理电脑中的灰尘是十分必要的。

清理灰尘可以使用专用的吹风机、皮吹球或灌装的压缩空气，配合软毛小刷子，就能有效地清除沉积的灰尘，如图14-6所示。

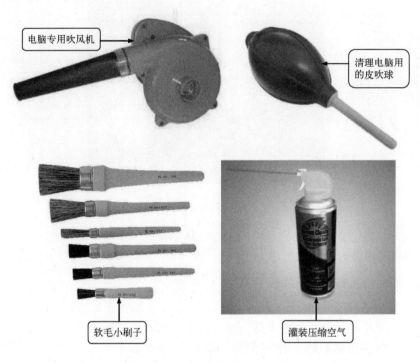

图14-6　各种清洁工具

问答4：哪些使用不当会导致电脑故障？

使用不当主要有以下几个方面，即电脑所处的不良环境、外力冲击或经常震动等。

在环境方面，比如电脑处在过于潮湿的环境中，空气中的水汽与灰尘一样会附着在电脑硬件上，从而导致电路的短路和不畅。

再比如在电脑前抽烟，香烟的烟雾中含有胶状物质，电脑长期处在烟雾中会导致关键硬件的污损。其中，硬盘是最容易由烟雾而引发故障的设备。

另外，如果电脑长期运行在倾斜、倒置等状态下，就会造成一些设备的故障。主要是需要高速旋转的电机、电动机、风扇等，长时间倾斜不但会使噪音增大，还会导致这些设备更容易出现故障和降低寿命。

电脑与其他物体的距离太近，也会导致互相干扰，从而引发电脑故障。所以在摆放电脑时，最好让电脑与其他物体，如墙壁、柜子等保持5～10 cm的距离。

最后，要注意机箱静电。电脑运行时本身会通过大量电流，导致机箱很容易带上静电，电脑的电源线可以将电脑所带的静电通过电源插座的接地功能将静电释放。如果使用两个插孔的电源插座，就无法释放电脑上的静电，所以最好将电脑机箱上连接一条导电的电线或铁丝的另一端连接到墙上或地上。

问答5：如何防止安装不当导致电脑损坏？

如果不是专业人员拆装电脑，就有可能造成安装不当。安装不当会导致电脑不能开机或运行不稳。

电脑的主要设备是插在主板上的板卡和通过导线连接接口的设备。如果连接不正确，就可能导致硬件故障或硬件损毁。所以，在安装之前一定要了解安插的接口和位置。

■ 问答 6：元件物理损坏导致故障由哪些原因造成？

有些硬件在出厂时就带有隐患。随着电脑的大众化，电脑硬件的品质也出现了明显的参差不齐，一个设备便宜的几十元，贵的上千元。而便宜的与贵的相比，究竟差别在哪？

有些设备在出厂时就带有稳定性方面的隐患，有的是因为虚焊，有的是因为元件的质量差等。这些设备刚开始可能可以正常使用，但随着电脑使用时间久了，这些部件就会频繁出现各种各样的故障。另外，电脑中的发热部件很多，像 CPU、芯片组都是发热大户，有些部件在长期高温的环境下，就会出现虚焊、烧毁等情况，如图 14-7 所示。

图 14-7　元件物理损坏

■ 问答 7：静电导致元件被击穿由哪些原因造成？

电脑中的部件对静电非常敏感。电脑使用的都是 220V 的市电，但静电一般高达几万伏，在接触电脑部件的一瞬间，可能就会造成电脑设备被静电击穿。因此在接触机箱内部部件前，必须用水洗手或将手摸在墙上、暖气、铁管等能够将静电引到地面的物体。电脑用的电源插座，最好也使用带有地线的三相插座，如图 14-8 所示。

图 14-8　两相和三相插座

14.2　实战：诊断 Windows 系统故障

　　操作系统故障一般主要是运行类的故障。运行类故障指的是在正常启动完成后，在运行应用程序或工控软件过程中出现错误，无法完成用户要求的任务。

　　运行类故障主要有内存不足故障、非法操作故障、电脑蓝屏故障、自动重启故障等。针对操作系统的特点，本章将介绍一些常用的诊断方法。

14.2.1　任务 1：用"安全模式"诊断故障

　　当系统频频出现故障的时候，最简单的排查办法就是用安全模式启动电脑。在安全模式下，Windows 会使用基本默认配置和最小功能启动系统。其他很多系统设置问题导致的故障，有时候也可以通过安全模式来排查和解决，如分辨率设置过高、将内存限制得过小、进入系统就重启、修复注册表等。

　　用安全模式启动系统的方法如下。

1. Windows 7 系统

　　用安全模式启动 Windows 7 系统的方法如图 14-9 所示。

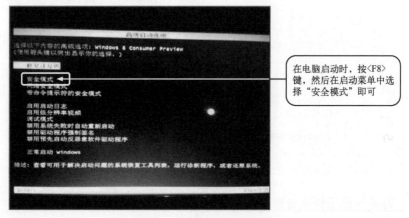

图 14-9　Windows 7 安全模式

2. Windows 8/10 系统

　　用安全模式启动 Windows 8/10 系统的方法如图 14-10 所示。

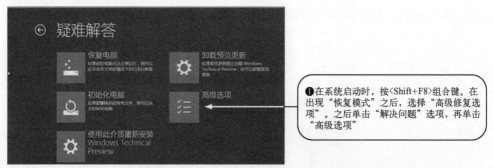

图 14-10　Windows 8/10 安全模式启动设置

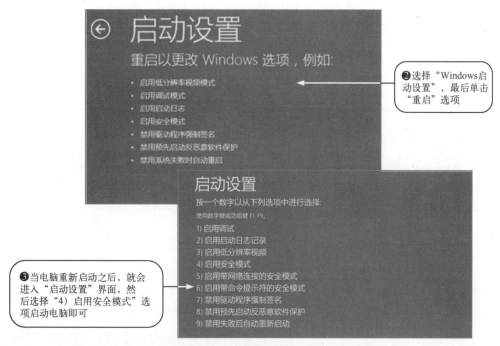

图 14-10　Windows 8/10 安全模式启动设置（续）

14.2.2　任务 2：用"最后一次正确的配置"诊断故障

当使用 Windows 发生严重错误，导致系统无法正常运行时，可以使用"最后一次正确的配置"恢复电脑正常时的配置信息，这样可以恢复很多因为操作不当而引发的系统错误。

使用"最后一次正确的配置"诊断故障的方法如图 14-11 所示。

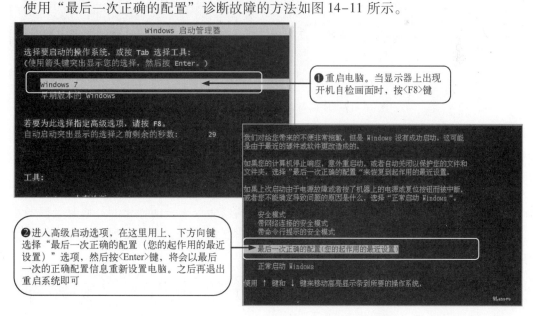

图 14-11　使用"最后一次正确的配置"诊断故障

使用"最后一次正确配置"的方法，对注册信息丢失、Windows 设置错误、驱动设置错误等引起的系统错误有着很好的修复效果。

以上是以 Windows XP 为代表的 NT 核心 Windows 系统，Vista 核心的 Windows Vista 和 Windows 7/8/10 都具有较强的自我修复能力，在发生错误时多数情况下都能自我恢复，并正常启动 Windows。

14.2.3　任务 3：用 Windows 安装光盘恢复系统

如果 Windows 操作系统的系统文件被误操作删除或被病毒破坏而受到损坏，可以通过 Windows 安装光盘来修复损坏了的文件。

使用 Windows 安装光盘修复损坏文件的方法如图 14-12 所示。

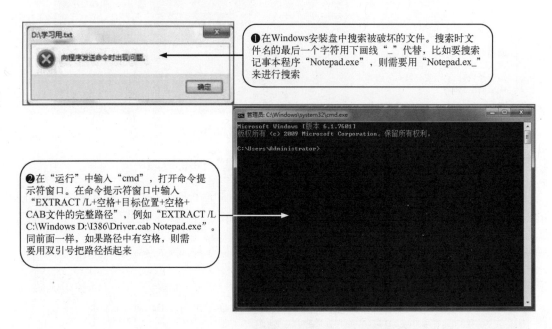

图 14-12　使用 Windows 安装光盘修复损坏文件

14.2.4　任务 4：全面修复受损文件

如果系统丢失了太多的系统重要文件就会变得非常不稳定，那么按照前面介绍的方法进行修复会非常麻烦。这时就需要使用 SFC 文件检测器命令来全面地检测并修复受损的系统文件了。大约 10 分钟，SFC 就会检测并修复好受保护的系统文件。让 SFC 命令全面修复受损文件的方法如图 14-13 所示。

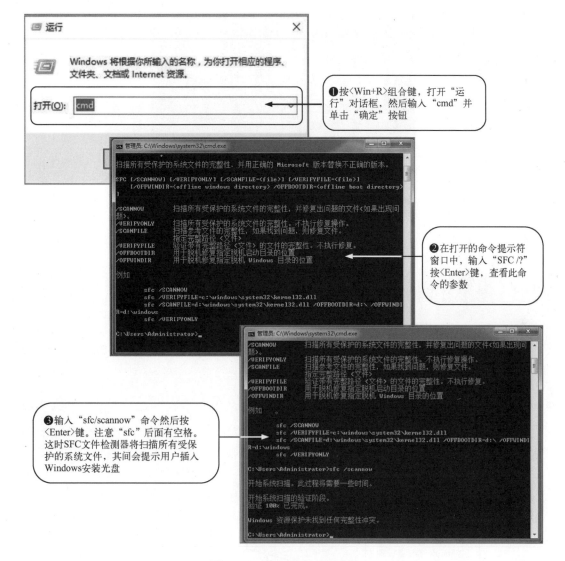

图 14-13　全面修复受损文件

14.2.5　任务 5：修复硬盘逻辑坏道

磁盘出现坏道会导致硬盘上的数据丢失，这是我们不愿意看到的。硬盘坏道分为物理坏道和逻辑坏道。物理坏道无法修复，但可以屏蔽一部分。逻辑坏道是可以通过重新分区格式化来修复的。

使用 Windows 安装光盘中的分区格式化工具，对硬盘进行重新分区，不但可以修复磁盘的逻辑坏道，还可以自动屏蔽掉一些物理坏道。注意分区之前一定要做好备份工作。如图 14-14 所示为安装 Windows 时的分区界面。

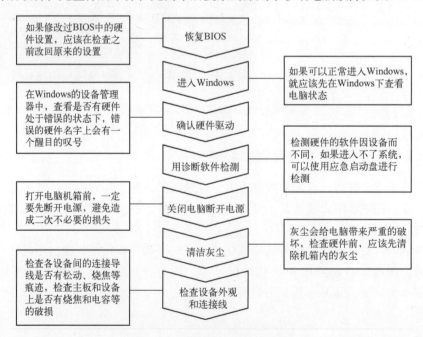

图 14-14　分区界面

14.3　电脑硬件故障诊断方法

除了前面介绍的快速判断电脑故障的方法外，还必须掌握详细的诊断方法。电脑中的部件众多，任何一个部件出现故障，都可能会影响电脑的使用。下面将详细讲解硬件故障诊断方法。

14.3.1　七招诊断电脑整体故障

当电脑出现故障时，如果一时不能快速判断出故障原因，就应当按照"套路"出牌。即遵循先软件后硬件，先整体后个体，先简单后复杂的原则来诊断电脑故障如图 14-15 所示。

如果修改过BIOS中的硬件设置，应该在检查之前改回原来的设置	恢复BIOS	
	进入Windows	如果可以正常进入Windows，就应该先在Windows下查看电脑状态
在Windows的设备管理器中，查看是否有硬件处于错误的状态下，错误的硬件名字上会有一个醒目的叹号	确认硬件驱动	
	用诊断软件检测	检测硬件的软件因设备而不同，如果进入不了系统，可以使用应急启动盘进行检测
打开电脑机箱前，一定要先断开电源，避免造成二次不必要的损失	关闭电脑断开电源	
	清洁灰尘	灰尘会给电脑带来严重的破坏，检查硬件前，应该先清除机箱内的灰尘
检查各设备间的连接导线是否有松动、烧焦等痕迹，检查主板和设备上是否有烧焦和电容等的破损	检查设备外观和连接线	

图 14-15　七招诊断电脑整体故障

14.3.2　四招诊断 CPU 故障

如果不是内部故障损毁这样的严重问题，又该怎么检测 CPU 呢？方法是通过增加运算，使 CPU 处于全负荷状态，从而检测 CPU 的稳定性。如图 14-16 所示。

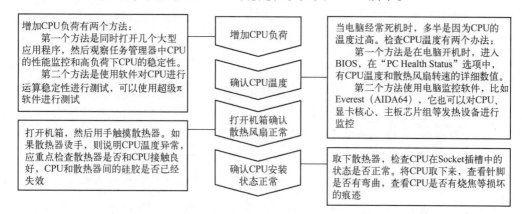

图 14-16　四招诊断 CPU 故障

14.3.3　七招诊断主板故障

如果要检测主板故障，首先应该确认 Windows 设置是否正常。如果用如图 14-17 所示的方法还查不到主板故障，就必须使用另一台电脑来进行代替检测了。

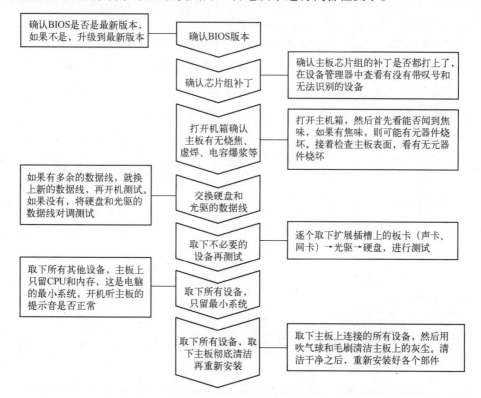

图 14-17　七招诊断主板故障

14.3.4 四招诊断内存故障

下面检测内存是否有故障，如图 14-18 所示。

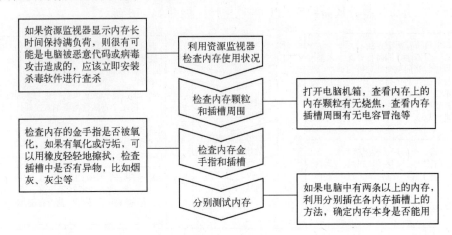

图 14-18 四招诊断内存故障

14.3.5 五招诊断显卡故障

如果显卡超过频，在检查故障时一定先将显卡调回到原来的设置，超频不仅会导致系统不稳定，还会降低显卡寿命。

如果怀疑显卡故障，应该首先检查 Windows 下的显卡设置和驱动，相对来说，驱动程序问题、连接问题、散热器问题等的概率远远高于显卡本身的故障。显卡故障的诊断方法如图 14-19 所示。

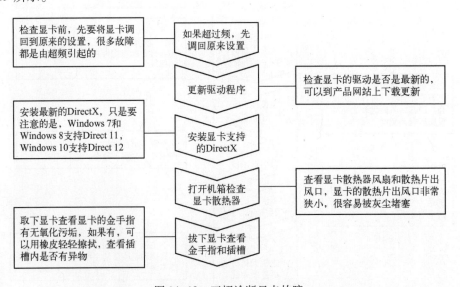

图 14-19 五招诊断显卡故障

14.3.6　五招诊断硬盘故障

检测硬盘是否出现故障的方法如图 14-20 所示。

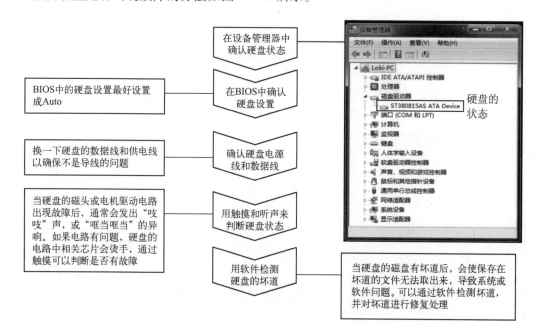

图 14-20　五招诊断硬盘故障

14.3.7　四招诊断电源故障

如果你按下电源开关，电脑机箱上的电源指示灯不亮，电脑没有任何反应，第一感觉就是电源出现故障了。如图 14-21 所示。

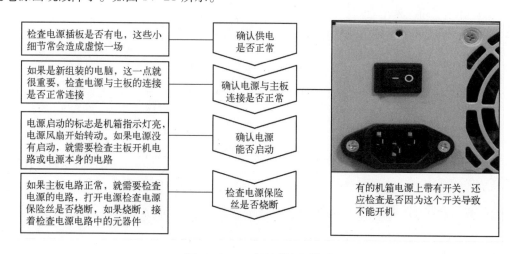

图 14-21　四招诊断电源故障

14.4 高手经验总结

经验一：相比硬件故障来说，软件故障相对容易解决。如果找不到软件故障的原因，则重新安装软件或系统即可解决（硬件问题造成的软件故障除外）。

经验二：安全模式是排除 Windows 系统故障非常好的工具，它可以修复大部分的系统故障。

经验三：硬件故障是电脑故障中比较难排除的故障，需要根据故障现象逐一排查，才可以准确找出故障原因。

经验四：造成硬件故障的原因是复杂的，因此在排查某个硬件设备故障时，最好按照诊断方法一一排查。

经验五：硬盘坏道通常会引起电脑中存储的文件无法读取，或系统文件无法读取导致系统问题，对于这种情况造成的系统故障，通常可以利用重新安装全新的系统来检验是系统问题还是硬盘问题。

第**15**章

Windows系统启动与关机故障维修实战

 学习目标

1. 掌握 Windows 系统无法启动故障的诊断方法
2. 掌握 Windows 系统关机故障诊断方法
3. 掌握 Windows 系统启动和关机故障维修实战

学习效果

❶通过"开始"菜单打开"服务"窗口,然后找到"Windows Event Log"服务项,发现此项的启动类型为"手动"。将该项设置为"自动"会加快启动速度

❷双击此项服务,打开"Windows Event Log的属性(本地电脑)"对话框,在此对话框的"启动类型"下拉列表框中选择"自动",接着单击"确定"按钮。接着重启电脑,发现系统正常启动,故障排除

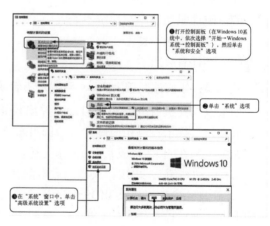

❶打开控制面板(在Windows 10系统中,依次选择"开始→Windows系统→控制面板"),然后单击"系统和安全"选项

❷单击"系统"选项

❸在"系统"窗口中,单击"高级系统设置"选项

你是否遇到过 Windows 系统不能正常启动或关机的情况？Windows 系统启动和关机故障又如何排除呢？本章将详细讲解。

15.1 知识储备

15.1.1 诊断 Windows 系统无法启动故障

Windows 系统无法启动故障是指电脑开机有自检画面，但进入 Windows 启动画面时，无法正常启动到 Windows 桌面的故障。

问答1：什么原因造成 Windows 系统无法启动？

Windows 操作系统启动故障又分为下列几种情况。

（1）电脑开机自检时出错无法启动故障。

（2）硬盘出错无法引导操作系统故障。

（3）启动操作系统过程中出错无法正常启动到 Windows 桌面故障。

造成 Windows 系统无法启动故障的原因较多，主要原因总结如下。

（1）系统文件损坏。

（2）系统文件丢失。

（3）系统感染病毒。

（4）硬盘有坏扇区。

（5）硬件不兼容。

（6）硬件设备有冲突。

（7）硬件驱动程序与系统不兼容。

（8）硬件接触不良。

（9）硬件有故障。

问答2：如何诊断 Windows 系统无法启动故障？

如果电脑开机后电脑停止启动，并出现错误提示，这时首先应认真领会错误提示的含义，根据错误提示检测相应硬件设备即可解决问题。

如果电脑在自检完成后，开始从硬盘启动时（即出现自检报告画面，但没有出现 Windows 启动画面），出现错误提示或电脑死机，这时故障一般与硬盘有关，应首先进入 BIOS 检查硬盘的参数。如果 BIOS 中没有硬盘的参数，则是硬盘接触不良或硬盘损坏，这时应关闭电源，然后检查硬盘的数据线、电源线连接情况以及是否损坏，主板的硬盘接口是否损坏，硬盘是否损坏等。如果 BIOS 中可以检测到硬盘的参数，则故障可能是由硬盘的分区表损坏、主引导记录损坏、分区结束标志丢失等引起的，这时需要使用 NDD 等磁盘工具进行修复。

如果电脑已经开始启动 Windows 操作系统，但在启动的中途出现错误提示、死机或蓝屏等故障，则故障可能是硬件方面的原因引起，也可能是软件方面的原因引起的。对于此类故障应首先检查软件方面的原因，先用安全模式启动电脑修复一般性的系统故障。如果不行，可以采用恢复注册表恢复系统的方法修复系统。如果还不行，可以采用重新安装系统的方法排除软件方面的故障。如果重新安装系统后故障依旧，则一般是由于硬件接触不良、不兼容、损坏等引起的，需要用替换法等方法排除。

Windows 系统无法启动故障的排除方法如下。

（1）在电脑启动时，按〈Shift + F8〉组合键，然后在启动菜单中选择"安全模式"，用安全模式启动电脑，看能否正常启动。如果用安全模式启动时出现死机或蓝屏等故障，则转至（6）。

（2）如果能启动到安全模式，则造成启动故障的原因可能是硬件驱动程序与系统不兼容，或操作系统有问题，或感染病毒等。接着在安全模式下运行杀毒软件查杀病毒，如果查出病毒，将病毒清除后重新启动电脑，看是否能正常运行。

（3）如果查杀病毒后系统还不能正常启动，则可能是病毒已经破坏了 Windows 系统的重要文件，需要重新安装操作系统才能解决问题。

（4）如果没有查出病毒，则可能是硬件设备驱动程序与系统不兼容引起的。接着将声卡、显卡、网卡等设备的驱动程序删除，然后再逐一安装驱动程序，每安装一个设备驱动程序就重新启动一次电脑，来检查是哪个设备的驱动程序引起的故障。查出故障原因后，下载故障设备的新版驱动程序，然后重新安装即可。

（5）如果检查硬件设备的驱动程序后仍不能排除故障，则 Windows 系统无法启动故障可能是操作系统损坏引起的。接着重新安装 Windows 操作系统即可排除故障。

（6）如果电脑不能从安全模式启动，则可能是 Windows 系统严重损坏或电脑硬件设备有兼容性问题。接着首先用 Windows 安装光盘重新安装操作系统，看是否可以正常安装，并正常启动。如果不能正常安装，则转至（10）。

（7）如果可以正常安装 Windows 操作系统，重新安装操作系统后，接着检查故障是否消失。如果故障消失，则是系统文件损坏引起的故障。

（8）如果重新安装操作系统后故障依旧，则故障可能是硬盘有坏道或设备驱动程序与系统不兼容等引起的。接着用安全模式启动电脑，如果不能启动，则是硬盘有坏道引起的故障。接着用 NDD 磁盘工具修复硬盘坏道即可。

（9）如果能启动安全模式，则电脑还存在设备驱动程序问题。接着按照（4）中的方法将声卡、显卡、网卡等设备的驱动程序删除，检查故障原因。查出来后，下载故障设备的新版驱动程序，然后安装即可。

（10）如果安装操作系统时出现故障，如死机、蓝屏、重启等，导致无法安装系统，则应该是硬件有问题或硬件接触不良引起的。接着首先清洁电脑中的灰尘，清洁内存、显卡等设备金手指，重新安装内存等设备，然后再重新安装系统。如果能够正常安装，则是接触不良引起的故障。

（11）如果还是无法安装系统，则可能是硬件问题引起的故障。接着用替换法检查硬件故障，找到后更换硬件即可。

15.1.2　Windows 系统关机故障修复

Windows 系统关机故障是指在执行"关机"命令后，Windows 系统无法正常关机，在出现"Windows 正在关机"的提示后，系统停止反应。这时只好强行关闭电源，下一次开机时系统会自动运行磁盘检查程序，长此以往会对系统造成一定的损害。

问答1：Windows 系统是如何关机的？

Windows 系统在关机时有一个专门的关机程序，关机程序主要执行以下功能。

（1）完成所有磁盘写操作。

（2）清除磁盘缓存。

（3）执行关闭窗口程序，关闭所有当前运行的程序。

（4）将所有保护模式的驱动程序转换成实模式。

以上4项任务是 Windows 系统关闭时必须执行的任务，这些任务不能随便省略，在每次关机时都必须完成上述工作。如果直接关机将导致一些系统文件损坏，从而出现关机故障。

问答2：什么原因造成 Windows 系统关机故障？

Windows 系统通常不会出现关机故障，只有在一些与关机相关的程序任务出现错误时才会导致系统不关机。

一般，引起 Windows 系统关机故障的原因主要有如下几方面。

（1）没有在实模式下为视频卡分配一个 IRQ。

（2）某一个程序或 TSR 程序可能没有正确地关闭。

（3）加载一个不兼容的、损坏的或冲突的设备驱动程序。

（4）退出 Windows 时损坏声音文件。

（5）不正确配置硬件或硬件损坏。

（6）BIOS 程序设置有问题。

（7）BIOS 中"高级电源管理"或"高级配置和电源接口"的设置不正确。

（8）注册表中快速关机的键值设置为"enabled"了。

问答3：如何诊断 Windows 系统不关机故障？

当 Windows 系统出现不关机故障时，首先要查找引起 Windows 系统不关机的原因，然后根据具体的故障原因采取相应的解决方法。

Windows 系统不关机故障的解决方法如下。

1. 检查所有正在运行的程序

检查运行的程序主要包括关闭任何在实模式下加载的 TSR 程序、关闭开机时从启动组自动启动的程序、关闭任何非系统引导必需的第三方设备驱动程序。

具体方法是按〈Win + R〉组合键打开"运行"对话框，然后在此对话框中输入"msconfig"，接着单击"确定"按钮打开"系统配置"对话框，在此对话框中单击"启动"选项卡，然后选择不想开机启动的项目，取消勾选前面的复选框即可。

系统配置工具主要用来检查有哪些运行的程序，然后只加载最少的驱动程序，并在启动时不允许启动组中的任何程序进行系统引导，从而对系统进行干净引导。如果干净引导可以解决问题，则可以利用系统配置工具确定引起不能正常关机的程序。

2. 检查硬件配置

检查硬件配置主要包括检查 BIOS 的设置、BIOS 版本，将任何可能引起问题的硬件删除或使之失效。同时，向相关的硬件厂商索取升级的驱动程序。

检查电脑硬件配置的方法如下（以 Windows 8/10 为例）。

（1）进入"控制面板"，双击"系统"图标，接着单击窗口左侧的"设备管理器"，打开"设备管理器"窗口。

（2）在"设备管理器"窗口中单击"显示卡"选项前的"〉"，展开"显示卡"选项，接着双击此选项，打开属性对话框，单击"驱动程序"选项卡，然后单击"禁用设备"按钮，在弹出的对话框中单击"是"按钮，再单击"确定"按钮。

（3）使用上面的方法停用"显卡""软盘驱动器控制器""硬盘驱动器控制器""键盘""鼠标""网卡""端口""SCSI 控制器""声音、视频和游戏控制器"等设备。

（4）重新启动电脑，再测试故障是否消失。如果故障消失，接下来再逐个启动上面的设备，启动方法是在"设备管理器"窗口中双击相应的设备选项，然后在打开的对话框"驱动程序"选项卡中单击"启动设备"按钮，再单击"确定"按钮。

（5）如果启用一个设备后故障消失，接着启用第二个设备。启用设备时，按照下列顺序逐个启用设备："COM 端口""硬盘控制器""软盘控制器""其他设备"。

（6）在启用设备的同时，要检查设备有没有冲突。检查设备冲突的方法为在设备属性对话框中，单击"资源"选项卡，然后在"冲突设置列表"列表中检查有无冲突的设备。如果没有冲突的设备，那么重新启动电脑。

（7）查看问题有没有解决，如果问题仍然没有解决，可以选择"开始→程序→附件→系统工具→系统信息"菜单命令，然后单击"工具"菜单，单击"自动跳过驱动程序代理"工具以启用所有被禁用设备的驱动程序。

如果通过上述步骤，确定是某个硬件引起非正常关机问题，那么应与该设备的代理商联系，以更新驱动程序或固件。

15.2　实战：Windows 系统启动与关机故障维修

15.2.1　系统启动时在"Windows 正在启动"界面停留时间长

1. 故障现象

一台电脑启动时在"Windows 正在启动"界面停留时间长，启动很慢。

2. 故障诊断

一般，影响系统启动速度的因素是启动时的加载启动项，如果电脑启动时系统中加载了很多没必要的启动项，那么取消这些加载项的启动可以加快启动速度。在"Windows 正在启动"界面停留时间长通常是由于"Windows Event Log"服务有问题，因此要重点检查此项服务。

3. 故障处理

系统启动时在"Windows 正在启动"界面停留长的故障处理方法如图 15-1 所示。

图 15-1 排除 Windows 系统不启动的故障

15.2.2 Windows 系统关机后自动重启

1. 故障现象

用户每次执行"关机"命令后，电脑没有关闭反而又重新启动了。

2. 故障诊断

一般关机后重新启动的故障是由于系统设置的问题、高级电源管理不支持、电脑接有 USB 设备等引起的。

3. 故障处理

Windows 系统关机后自动重启故障的处理方法如图 15-2 所示。

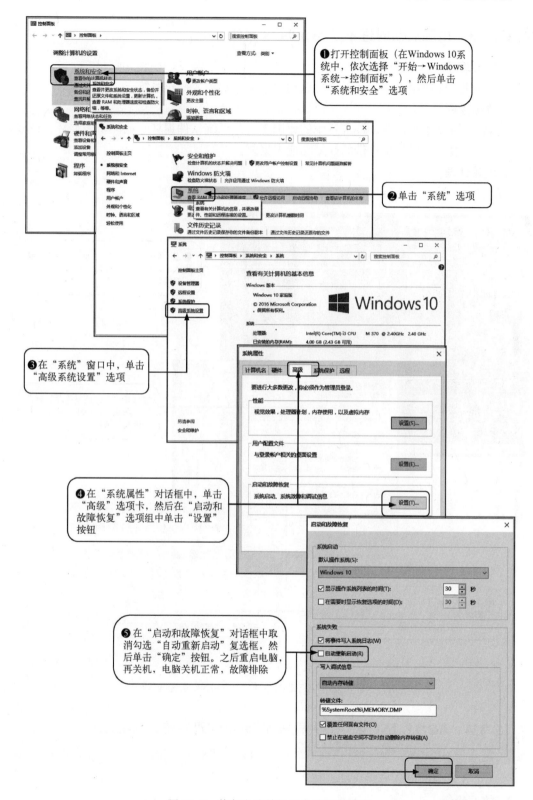

图 15-2　修复电脑关机后自动重启故障

15.2.3 电脑启动时进不了 Windows 系统

1. 故障现象

一台电脑之前使用正常，某天开机启动后不能正常进入操作系统。

2. 故障诊断

电脑启动时无法进入 Windows 系统的原因主要是系统软件损坏，或注册表损坏，或硬盘有坏道等，一般可以用系统自带的修复功能来修复。

3. 故障处理

电脑启动时进不了 Windows 系统的故障处理方法如图 15-3 所示。

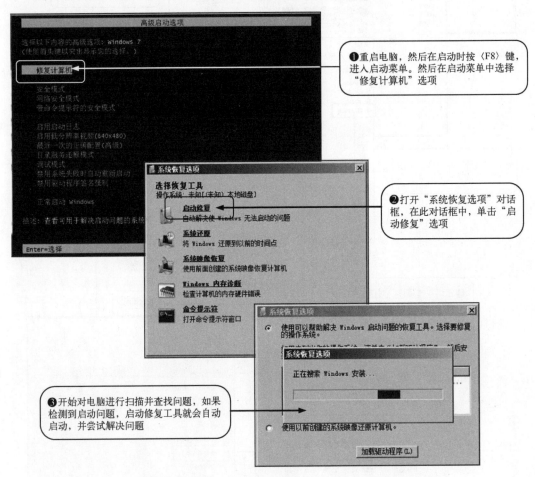

图 15-3　修复电脑启动时进不了 Windows 系统的故障

15.2.4 BOOT. INI 文件丢失导致 Windows 双系统无法启动

1. 故障现象

安装了双系统的电脑无法启动。

2. 故障诊断

双系统一般由 boot. ini 启动文件引导启动，因此，根据故障现象分析，估计是启动文件损坏引起的。

3. 故障处理

（1）用 U 盘 Windows PE 启动盘启动电脑，然后检查 C 盘下面的 boot.ini 文件，发现该文件已丢失。

（2）在 C 盘新建一个记事本文件，并在记事本里输入如图 15-4 所示的内容。

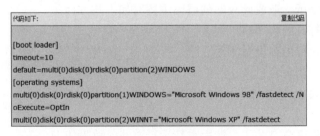

图 15-4　boot.ini 文件内容

（3）将它保存为名字是 boot.ini 的文件，然后重启电脑，系统启动正常，故障排除。

15.2.5　系统提示 "Explorer.exe" 错误

1. 故障现象

一台电脑，在装完常用的应用软件并正常运行了几个小时后，无论运行哪个程序都会提示，所运行的程序需要关闭，并不断提示 "Explorer.exe" 错误。

2. 故障诊断

由于是在安装完应用软件后出现故障的，所以，根据故障现象分析，故障应该是所安装的应用软件与操作系统有冲突造成的。

3. 故障处理

将应用软件逐个卸载，卸载一个即重新启动一遍电脑进行测试，当卸载完某软件后发现故障消失，可判断是该软件与系统有冲突。

15.2.6　启动时提示 "kvsrvxp.exe 应用程序错误"

1. 故障现象

一台电脑，启动时自动弹出一个窗口，提示 "kvsrvxp.exe 应用程序错误。0x3f00d8d3 指令引用的 0x0000001c 内存，该内存不能为 read"。

2. 故障诊断

由于 kvsrvxp.exe 为江民杀毒软件的进程，根据提示分析，可能是在安装江民杀毒软件的时候出了问题。

3. 故障处理

（1）按〈Win + R〉组合键，在打开的 "运行" 对话框中输入 "msconfig"，然后单击 "确定" 按钮，打开 "系统配置实用程序" 对话框。

（2）单击 "启动" 选项卡，并在启动项目中将含有 "kvsrvxp.exe" 的选项取消勾选即可。

15.2.7　玩游戏时出现内存不足

1. 故障现象

一台双核电脑，内存为 2 GB，玩游戏时出现内存不足故障，之后系统会跳回桌面。

2. 故障诊断

根据故障现象分析，造成此故障的原因主要有如下几方面。

（1）电脑同时打开的程序窗口太多。

（2）系统中的虚拟内存设置太小。

（3）系统盘中的剩余容量太小。

（4）内存容量太小。

3. 故障处理

（1）将不用的程序窗口关闭，然后重新运行游戏，故障依旧。

（2）检查系统盘中剩余的磁盘容量，发现系统盘中还有 5 GB 的剩余容量。

（3）在"控制面板"窗口中单击"系统"选项，单击"系统"对话框中的"高级"选项卡，接着单击"性能"选项组中的"设置"按钮。

（4）在打开的"系统选项"对话框中单击"高级"选项卡，然后查看"虚拟内存"文本框中的虚拟内存值，发现虚拟内存值太小。

（5）单击"虚拟内存"选项组中的"更改"按钮，打开"虚拟内存"对话框，然后在"虚拟内存"对话框中增大虚拟内存，进行测试，故障排除。

15.2.8　无法卸载游戏程序

1. 故障现象

一台联想品牌电脑，从"添加/删除程序"选项中卸载一个游戏程序。但执行卸载程序后，发现游戏的选项依然在"开始"菜单中，无法删除。

2. 故障诊断

根据故障现象分析，造成此故障的原因主要有如下几方面。

（1）注册表问题。

（2）系统问题。

（3）游戏软件问题。

3. 故障处理

此故障应该是恶意网站更改了系统注册表引起的，所以可以通过修改注册表来修复。在"运行"对话框中输入"regedit"并按〈Enter〉键，打开"注册表编辑器"窗口。依次展开"HKEY_LOCAL_MACHINE\Software\Microsoft\Windows\CurrentVersion\Uninstall"子键，然后将子键下游戏的注册文件删除。之后重启电脑，故障排除。

15.2.9　双核电脑无法正常启动系统，不断自动重启

1. 故障现象

一台主板为升技主板的电脑，安装的是 Windows XP 操作系统。在电脑启动时出现启动画面后不久，电脑就自动重启，并不断循环往复。

2. 故障诊断

经过了解，电脑以前一直正常使用，但在故障出现前关闭电脑时，在系统还没有关闭的情况下突然断电，第二天启动电脑时就出现不断重启的故障。

由于电脑以前一直正常使用，基本可以判断，故障不是由于硬件兼容性问题引起的。根据故障现象分析，造成此故障的原因可能有以下几个方面。

（1）系统文件损坏。

（2）感染病毒。

（3）硬盘损坏。

3. 故障处理

由于电脑是在非正常关机后出现故障的，因此在检查时应首先排除系统文件损坏因素。具体检修步骤如下。

（1）尝试恢复系统。用操作系统安装光盘启动电脑，当出现"欢迎使用安装程序"界面后按〈R〉键进入"故障恢复控制台"。

（2）根据电脑提示进行操作，在故障恢复控制台菜单中选择登录的操作系统。

（3）选择后系统会提示输入管理员密码，输入管理员密码后就会进入故障恢复控制台提示界面。

（4）在提示界面中输入"chkdsk /r"，然后按〈Enter〉键开始修复系统，修复完成后输入"Exit"命令退出。

（5）退出后，重新启动电脑，进行测试，发现启动正常，故障排除。

15.2.10 提示"DISK BOOT FAILURE，INSERT SYSTEM DISK"，无法启动电脑

1. 故障现象

一台Intel酷睿i5电脑，开机启动电脑时，出现"DISK BOOT FAILURE，INSERT SYSTEM DISK"错误提示，并且无法正常启动电脑。

2. 故障诊断

经过了解，电脑以前使用正常，在故障出现前，用户在主机中连接了第二块硬盘，而且主机中的原装硬盘为SATA接口，而第二块硬盘为IDE接口。由于电脑是在接入第二块硬盘后出现故障的，故怀疑此故障与硬盘有关。造成此故障的原因主要有以下几方面。

（1）硬盘冲突。

（2）硬盘数据线有问题。

（3）硬盘损坏。

（4）系统文件损坏。

（5）硬盘主引导记录损坏。

（6）感染病毒。

3. 故障处理

由于电脑以前工作正常，在安装第二块硬盘后才出现故障，因此应首先检测硬盘方面的原因。此故障的检修步骤如下。

（1）关闭电脑的电源，然后打开机箱检查电脑中的硬盘连接情况，发现硬盘连接正常。

（2）将第二块硬盘取下，在只接原装硬盘的情况下开机测试，发现电脑启动正常。看来，系统文件没有问题。

（3）将第二块硬盘接入电脑，连接时将硬盘单独接在一个 IDE 接口中，然后开机测试。发现故障又重现。

（4）重启电脑，然后进入 BIOS 程序查看硬盘的参数。发现 BIOS 中可以检测到两个硬盘，而且参数正常。看来，第二块硬盘应该没有问题。

（5）根据故障提示，怀疑电脑启动时从第二块硬盘引导系统，导致无法启动。在 BIOS 中将电脑的启动顺序设为从 SATA 硬盘启动。接着重启电脑进行测试，发现启动正常，而且两个硬盘均能正常访问，故障排除。

15.3　高手经验总结

经验一：Windows 系统无法启动时，一般以系统文件损坏引起的故障占多数，因此遇到此类故障最好先用安全模式来修复，如果修复不好，再考虑其他方法。

经验二：电源故障通常是造成电脑不断重启的原因之一，如果遇到电脑不断重启，在排除软件方面的故障后，可以重点检查一下 ATX 电源的输出电压。

经验三：电脑启动后出现错误提示，通常是由于电脑系统方面有问题，或电脑的内存等设备有兼容性问题。

第16章

电脑死机和蓝屏故障维修实战

- 1. 掌握电脑死机故障的诊断方法
- 2. 掌握电脑蓝屏故障的诊断方法
- 3. 电脑死机和蓝屏故障维修实战

学习效果

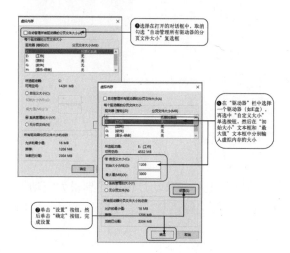

很多电脑用户都遇到过这种情况，在上网浏览网页或者聊 QQ 时电脑莫名其妙地突然卡住不动了，之后不管点什么按什么都没有反应，要不就蓝屏。如果这时用户正在做非常重要的事情，一定非常着急。如果电脑经常出现这样的情况，用户一定忍受不了。本章将重点讲解遇到这样的情况时该如何来处理。

16.1 知识储备

16.1.1 诊断电脑死机故障

问答 1：电脑死机有哪些表现？

死机是让人颇为烦恼的事情，因为死机常常使半天的劳动成果付诸东流。死机时的故障表现有蓝屏、无法启动系统、画面"定格"无反应、键盘无法输入、软件运行非正常中断、鼠标停止不动等。

问答 2：如何诊断开机过程中发生的死机故障？

在启动电脑时，若电脑死机，那么可能会只听到硬盘自检声而看不到屏幕显示或开机自检时发出报警声，且电脑不工作或在开机自检时出现错误提示等。

开机过程中发生死机的原因主要有以下几方面。

（1）BIOS 设置不当。

（2）电脑移动时设备遭受震动。

（3）灰尘腐蚀电路及接口。

（4）内存条故障。

（5）CPU 超频。

（6）硬件兼容问题。

（7）硬件设备质量问题。

（8）BIOS 升级失败。

开机过程中发生死机故障的解决方法如下。

（1）如果电脑是在移动之后发生死机的，那么可能是电脑在移动过程中受到很大震动导致电脑死机，因为移动会造成电脑内部元器件松动，导致接触不良。这时打开机箱，把内存、显卡等设备加固即可。

（2）如果电脑是在设置 BIOS 之后发生死机的，将 BIOS 设置改回来。若忘记了先前的设置项，可以选择 BIOS 中的"载入标准预设值"恢复即可。

（3）如果电脑是在 CPU 超频之后死机的，那么可能是超频引起电脑死机，因为超频加剧了在内存或虚拟内存中找不到所需数据的矛盾，造成死机。此时将 CPU 频率恢复即可。

（4）如要屏幕提示"无效的启动盘"，那么可能是系统文件丢失、损坏或硬盘分区表损坏引起电脑死机，此时修复系统文件或恢复分区表即可。

（5）如果不是上述问题，用户需要检查机箱内是否干净，因为灰尘会腐蚀电路及接口，造成设备间接触不良，从而引起死机。此时清理灰尘及设备接口，故障即可排除。

（6）如果故障依旧，那么可用替换法排查硬件兼容性问题和设备质量问题。

问答 3：如何诊断启动操作系统时发生死机的故障？

电脑通过自检，在装入操作系统或刚刚启动到桌面时，电脑出现死机。

此时电脑死机的原因主要有以下几方面。

（1）系统文件丢失或损坏。

（2）感染病毒。

（3）初始化文件遭破坏。

（4）非正常关闭电脑。

（5）硬盘有坏道。

启动操作系统时发生死机故障的解决方法如下。

（1）如启动时提示系统文件找不到，则可能是系统文件丢失或损坏，此时从装有相同操作系统的电脑中复制丢失的文件到故障电脑中即可。

（2）如启动时出现蓝屏，并提示系统无法找到指定文件，则可能是硬盘坏道导致系统文件无法读取所致。此时用启动盘启动电脑，运行 Scandisk 磁盘扫描程序，检测并修复硬盘坏道即可。

（3）如没有上述故障，则首先用杀毒软件查杀病毒，再重新启动电脑，看电脑是否正常。

（4）如依旧死机，则用"安全模式"启动，再重新启动，看是否死机。

（5）如依旧死机，则恢复 Windows 注册表（如系统不能启动，则用启动盘启动进行恢复）。

（6）如依旧死机，打开"运行"对话框，输入"sfc"并按〈Enter〉键，启动"系统文件检查器"，进行检查。如查出错误，屏幕会提示损坏文件的具体名称和路径，接着插入系统光盘，选择"还原文件"，被损坏或丢失的文件就会还原。

（7）如依旧死机，重新安装操作系统。

问答 4：如何诊断使用应用程序过程中发生死机的故障？

电脑一直都运行良好，只在执行某些应用程序时出现死机故障。

此时死机的原因主要有以下几方面。

（1）病毒感染。

（2）动态链接库文件（.DLL）丢失。

（3）硬盘剩余空间太少或碎片太多。

（4）软件升级不当。

（5）非法卸载软件或误操作。

（6）启动程序太多。

（7）硬件资源冲突。

（8）CPU 等设备散热不良。

（9）电压不稳。

使用应用程序过程中发生死机故障的解决方法如下。

（1）用杀毒软件查杀病毒，再重新启动电脑。

（2）看是否打开的程序太多，如是，则关闭暂时不用的程序。

（3）看是否升级了软件，如是，则将软件卸载再重新安装即可。

（4）看是否非法卸载软件或误操作，如是，则恢复 Windows 注册表尝试恢复损坏的共享文件。

（5）查看硬盘空间是否太少，如是，则删掉不用的文件并进行磁盘碎片整理。

（6）查看死机有无规律，如电脑总是在运行一段时间后死机或运行大的游戏软件时死机，则可能是 CPU 等设备散热不良引起。打开机箱，查看 CPU 的风扇是否转动、风力如何，如风力不足，则及时更换风扇，改善散热环境。

（7）用硬件测试工具软件测试电脑，检查是否由于硬件的品质不好造成死机，如是，则更换硬件设备。

（8）打开"控制面板→系统→硬件→设备管理器"，查看硬件设备有无冲突（冲突设备一般用黄色的"！"号标出），如有，则将其删除，然后重新启动电脑即可。

（9）查看所用市电是否稳定，如不稳定，则配置稳压器即可。

■ 问答 5：如何诊断关机时出现死机的故障？

在关闭操作系统时，电脑死机，或者执行关机命令后电脑没有反应，无法完成关机。

Windows 的关机过程为：先完成所有磁盘写操作，清除磁盘缓存；接着关闭所有当前运行的程序，将所有保护模式的驱动程序转换成实模式；最后退出系统，关闭电源。

此时死机的原因主要有以下几方面。

（1）选择退出 Windows 的声音文件损坏。

（2）BIOS 的设置不兼容。

（3）BIOS 中"高级电源管理"的设置不适当。

（4）没有在实模式下为视频卡分配一个 IRQ。

（5）某一个程序或 TSR 程序可能没有正确关闭。

（6）加载了一个不兼容的、损坏的或冲突的设备驱动程序。

关机时出现死机的解决方法如下。

（1）确定退出 Windows 的声音文件是否已毁坏，在"控制面板"窗口中双击"声音和音频设备"选项。在"声音"选项卡的"程序事件"列表框中，单击"退出 Windows"选项。在"声音"下拉列表框中选择"（无）"，然后单击"确定"按钮，接着关闭电脑。如果此时 Windows 正常关闭，则问题是由退出声音文件所引起的。

（2）在 BIOS 设置程序中，重点检查 CPU 外频、电源管理、病毒检测、IRQ 中断开闭、磁盘启动顺序等选项的设置是否正确。具体设置方法可参看主板说明书，其上面有很详细的设置说明。如果对主板设置实在是看不太懂，建议将 CMOS 恢复到出厂默认设置即可。

（3）若还不行，接着检查硬件不兼容问题或驱动不兼容问题。

▓▓ 16.1.2　诊断电脑蓝屏故障

■ 问答 1：什么是电脑蓝屏？

蓝屏是指由于某些原因，例如硬件冲突、硬件产生问题、注册表错误、虚拟内存不足、动态链接库文件丢失、资源耗尽等问题导致驱动程序或应用程序出现严重错误，波及系统内核层。在这种情况下，Windows 会中止系统运行，并启动名为"KeBugCheck"的功能，通过检查所有中断的处理进程，并与预设的停止代码和参数比较，若满足条件，屏幕将变为蓝色，并显示相应的错误信息和故障提示，这样的现象就叫作蓝屏。

出现蓝屏时，出错的程序只能非正常退出，有时即使退出该程序也会导致系统越来越不稳定，有时则在蓝屏后死机，所以蓝屏人见人怕，而且产生蓝屏的原因是多方面的，软、硬件的问题都有可能，排查起来非常麻烦。如图 16-1 所示为系统蓝屏画面。

图 16-1   电脑蓝屏界面

■ 问答 2：如何修复蓝屏故障？

当出现蓝屏故障时，如不知道故障原因，首先重启电脑，接着按下面的步骤进行维修。

（1）用杀毒软件查杀病毒，排除病毒造成的蓝屏故障。

（2）在 Windows 系统中，打开"开始→Windows 管理工具→事件查看器"，接着单击"Windows 日志"前面的小三角，展开此选项。然后根据日期和时间重点检查"系统"和"应用程序"中级别为"错误"的事件，双击事件类型，打开错误事件的"事件属性"对话框，查找错误原因后再进行针对性的修复，如图 16-2 所示。

❶根据日期和时间重点检查"系统"和"应用程序"中的类型标志为"错误"的事件

❷双击事件类型，打开错误事件的"事件属性"对话框，查找错误原因，再进行针对性的修复

图 16-2   事件属性

（3）用"安全模式"启动，或恢复 Windows 注册表（恢复至最后一次正确的配置），来修复蓝屏故障。

（4）查询出错代码，错误代码中"＊＊＊Stop："至"＊＊＊＊＊＊wdmaud. sys"之间的这段内容是所谓的错误信息，如"0x0000001E"，由出错代码、自定义参数和错误符号三部分组成。

问答 3：如何诊断虚拟内存不足造成的蓝屏故障？

如果蓝屏故障是由虚拟内存不足造成的，可以按照如下的方法进行解决。

（1）删除一些系统产生的临时文件、交换文件，释放硬盘空间。

（2）手动配置虚拟内存，把虚拟内存的默认地址，转到其他的逻辑盘下。

具体方法如图 16-3 所示。

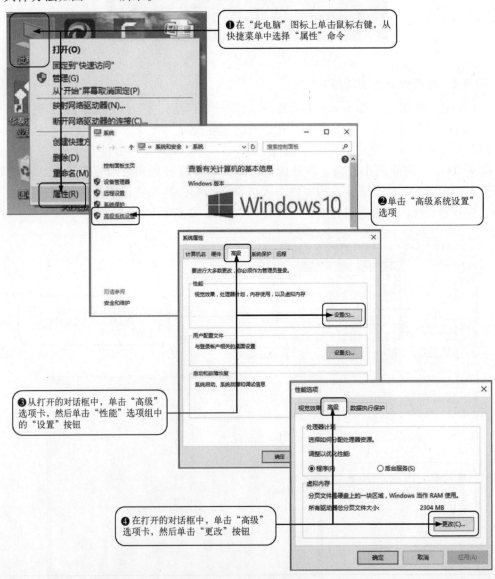

图 16-3　设置虚拟内存

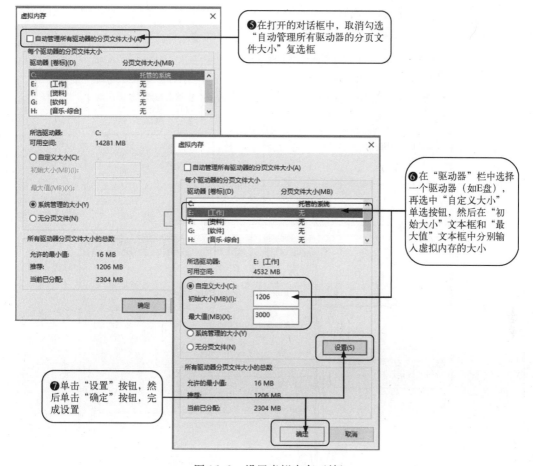

图 16-3　设置虚拟内存（续）

问答4：如何诊断超频导致蓝屏的故障？

如果电脑是在 CPU 超频或显卡超频后出现蓝屏故障的，则可能是超频引起的蓝屏故障，这时可以采取以下方法修复蓝屏故障。

（1）恢复 CPU 或显卡的工作频率。一般将 BIOS 中的 CPU 或显卡的工作频率恢复到初始状态即可。

（2）如果还想继续超频工作，那么可以为 CPU 或显卡安装一个大的散热风扇，再多加一些硅胶之类的散热材料，降低 CPU 工作温度。同时稍微调高 CPU 工作电压，一般调高 0.05V 即可。

问答5：如何诊断系统硬件冲突导致蓝屏的故障？

系统硬件冲突通常会导致冲突设备无法使用或引起电脑死机蓝屏故障。这是由系统在调用硬件设备时发生错误引起的蓝屏故障。这种蓝屏故障的解决方法如下。

（1）排除电脑硬件冲突问题，依次单击"控制面板→系统→设备管理"，打开"设备管理器"窗口，接着检查是否存在带有黄色问号或感叹号的设备。

（2）如有带黄色问号或感叹号的设备，那么先将其删除，并重新启动电脑，然后由 Windows 自动调整，一般即可解决问题。

（3）如果 Windows 自动调整后故障依然存在，那么可手工进行调整或升级相应的驱动程序。调整冲突设备的方法如图 16-4 所示。

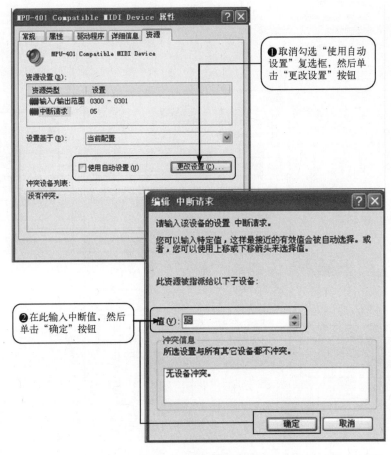

图 16-4　调整冲突设备

问答 6：如何诊断注册表问题导致蓝屏的故障？

注册表保存着 Windows 的硬件配置、应用程序设置和用户资料等重要数据，如果注册表出现错误或被损坏，通常会导致蓝屏故障发生。这种蓝屏故障的解决方法如下。

（1）用安全模式启动电脑，之后再重新启动到正常模式，一般故障即可解决。

（2）如果故障依旧，那么用备份的正确的注册表文件恢复系统的注册表即可解决蓝屏故障。

（3）如果故障还存在，那么重新安装操作系统。

16.2　实战：电脑死机和蓝屏典型故障维修

16.2.1　硬件升级后的电脑，安装操作系统时死机

1. 故障现象

一台经过硬件升级的电脑，在安装 Windows 10 操作系统的过程中，出现死机故障，无法继续

安装。

2. 故障分析

根据故障现象分析，此故障应该是硬件方面的原因引起的。造成此故障的原因主要有以下几方面。

（1）内存与主板不兼容。

（2）显卡与主板不兼容。

（3）硬盘与主板不兼容。

（4）主板有问题。

（5）ATX 电源供电电压太低。

3. 故障处理

由于在安装操作系统时死机，因此是硬件引起的故障。经过了解，故障电脑刚刚升级了显卡，所以先检查显卡问题，具体检修步骤如下。

打开机箱，拆下升级的显卡，更换为原来的显卡，然后重新安装系统。发现顺利完成安装，看来是显卡与主板不兼容引起的故障。更换显卡后，故障排除。

16.2.2　电脑总是无规律地死机，使用不正常

1. 故障现象

一台安装了 Windows 10 操作系统的双核电脑，最近总是没有规律地死机，一天多次死机故障。

2. 故障分析

造成死机故障的原因非常多，有软件方面的，有硬件方面的。造成此故障的原因主要有以下几方面。

（1）感染病毒。

（2）内存、显卡、主板等硬件不兼容。

（3）电源工作不稳定。

（4）BIOS 设置有问题。

（5）系统文件损坏。

（6）注册表有问题。

（7）程序与系统不兼容。

（8）程序有问题。

（9）硬件冲突。

3. 故障处理

对于没有规律的死机故障，应首先排查软件方面的原因，然后排查硬件方面的原因。具体检修方法如下。

（1）卸载怀疑的软件，然后进行测试，发现故障依旧。

（2）重新安装操作系统，安装过程正常，但安装后测试，故障依旧。

（3）怀疑硬件设备有问题，因为安装操作系统时没有出现兼容性问题，因此首先检查电脑的供电电压。启动电脑进入 BIOS 程序，检查 BIOS 中的电源的电压输出情况，发现电源的输出电压不稳定，5 V 电压偏低，更换电源后测试，故障排除。

16.2.3　新装双核电脑拷机时硬盘发出异响并出现死机蓝屏故障

1. 故障现象

组装好一台新电脑装上 Windows 8 操作系统后，开始进行拷机测试。测试一段时间后，发现硬盘发出了停转又起转的声音，然后电脑出现死机蓝屏故障。

2. 故障分析

根据故障现象分析，应该是硬件原因引起的故障。造成此故障的原因主要包括以下几方面。

（1）硬盘不兼容。

（2）内存有问题。

（3）显卡有问题。

（4）主板有问题。

（5）CPU 有问题。

（6）ATX 电源有问题。

3. 故障处理

由于电脑出现故障时，硬盘发出异常的声音，因此应首先检查硬盘。此故障的检修方法如下。

（1）用一块好的硬盘接到故障电脑中，重新安装系统进行测试。

（2）经过测试发现故障消失，看来可能是原来的硬盘有问题。

（3）将故障电脑的硬盘安装到另一台电脑中测试，未出现上面的故障现象，因此，可以判断是故障机的硬盘与主板的不兼容造成的故障，更换硬盘后，故障排除。

16.2.4　电脑看电影、处理照片正常，但玩游戏时死机

1. 故障现象

一台酷睿双核电脑，平时使用时基本正常，看电影、处理照片，都没出现过死机，但只要一玩 3D 游戏就容易死机。

2. 故障分析

造成死机故障的原因可能是软件方面的，也可能是硬件方面的。由于电脑只有在玩 3D 游戏时才出现死机故障，因此应重点检查与游戏关系密切的显卡。造成此故障的原因主要包括以下几方面。

（1）显卡驱动程序有问题。

（2）BIOS 程序有问题。

（3）显卡有质量缺陷。

（4）游戏软件有问题。

（5）操作系统有问题。

3. 故障处理

此故障可能与显卡有关系，在检测时应先排查软件方面的原因，再排查硬件方面的原因。此故障的检修方法如下。

（1）更新显卡的驱动程序，从网上下载最新版的驱动程序，并安装。

（2）用游戏进行测试，发现没有出现死机故障。看来是显卡驱动程序与系统不兼容引起的死机。安装新的驱动程序后，故障排除。

16.2.5 电脑上网时死机，不上网时运行正常

1. 故障现象

一台联想电脑，不上网时使用正常，但一上网打开网页，电脑就会死机。且打开 Windows 任务管理器发现 CPU 的使用率为 100%，如果将 IE 浏览器结束任务，电脑又可恢复正常。

2. 故障分析

根据故障现象分析，此死机故障应该是软件方面的原因引起的。造成此故障的原因主要有以下几方面。

（1）IE 浏览器损坏。

（2）系统有问题。

（3）网卡与主板接触不良。

（4）Modem 有问题。

（5）网线有问题。

（6）感染木马病毒。

3. 故障处理

对于此类故障应重点检查与网络有关的软件和硬件。此故障的检修方法如下。

（1）用最新版的杀毒软件查杀病毒，未发现病毒。

（2）将电脑连接互联网，然后运行 QQ 软件，运行正常，未发现死机。看来，网卡、Modem、网线等都正常。

（3）怀疑 IE 浏览器有问题，接着安装 Netcaptor 浏览器并运行，发现故障消失。看来，故障与 IE 浏览器有关。接着将 IE 浏览器删除，然后重新安装最新版 IE 浏览器，进行测试，故障消失。

16.2.6 电脑最近总是出现随机性的死机

1. 故障现象

一台安装了 Windows10 系统的双核电脑，以前一直很正常，最近总是出现随机性的死机。

2. 故障分析

经了解，在电脑出现故障前，用户没有打开过机箱，没有设置过硬件。由于电脑以前使用一直正常，而且没有更换或拆卸过硬件设备，因此硬件兼容性原因的可能性较小。造成此故障的原因主要包括以下几方面。

（1）CPU 散热不良。

（2）灰尘问题。

（3）系统损坏。

（4）感染病毒。

（5）电源问题。

3. 故障处理

对于此类故障应首先排查软件方面的原因，再排查硬件的原因。此故障的检修方法如下。

（1）用最新版杀毒软件查杀病毒，未检测到病毒。

（2）打开机箱，检查 CPU 风扇，发现 CPU 风扇的转速非常低，开机几分钟后，CPU 散热片上的温度就有些烫手，看来是散热不良引起的死机故障。

（3）更换 CPU 风扇后开机测试，故障排除。

16.2.7　电脑在开机启动过程中出现蓝屏故障

1. 故障现象

一台品牌电脑，开机启动过程中会出现蓝屏故障，并提示如下。

"IRQL_NOT_LESS_OR_EQUAL

***STOP:0x0000000A（0x0000024B，OX00000002，OX00000000，OX804DCC95）"

2. 故障分析

根据蓝屏错误代码分析，"0x0000000A" 是由存储器引起的故障，而 0x00000024 则是由于 NTFS. SYS 文件出现错误（这个驱动文件的作用是允许系统读写使用 NTFS 文件系统的磁盘），所以此蓝屏故障可能是硬盘本身存在物理损坏而引起的。

3. 故障处理

对于此故障需要先修复硬盘的坏道，再修复系统故障。此故障的检修方法如下。

（1）用系统光盘启动电脑，在进入安装画面后，按〈R〉键，接着选择 "1"，然后输入密码，进入 "C:\Windows" 的提示符下。

（2）直接输入 "chkdsk C：\r" 命令，并按〈Enter〉键对磁盘进行检测，找到坏扇区后选择恢复可读取的信息，完成后，输入 "exit" 并按〈Enter〉键退出。

（3）重启电脑，然后开机测试，故障消失。

16.2.8　玩游戏时，突然提示 "虚拟内存不足" 并死机

1. 故障现象

一台双核电脑，在玩魔兽游戏时，突然出现 "虚拟内存不足" 的错误提示后死机，无法继续玩游戏。

2. 故障分析

虚拟内存不足故障一般是由软件方面的原因（如虚拟内存设置不当）或硬件方面的原因（如内存容量太少）引起的。造成此故障的原因主要有以下几方面。

（1）C 盘中的可用空间太小。

（2）同时打开的程序太多。

（3）系统中的虚拟内存设得太少。

（4）内存的容量太小。

（5）感染病毒。

3. 故障处理

对于此故障应先排查软件方面的原因，然后排查硬件方面的原因。此故障的检修方法如下。

（1）关闭不用的应用程序、游戏等窗口，然后进行检测，发现故障依旧。

（2）检查 C 盘的可用空间，看其是否足够大（运行 Windows 10 系统建议不要少于 1 GB 的可用空间）发现 C 盘的可用空间为 15 GB 够用。

（3）重启电脑，再运行魔兽游戏，并进行检测。发现过一会还出现同样的故障。

（4）怀疑系统虚拟内存设置太少，在"控制面板"窗口中双击"系统"，再在"系统"窗口中单击"高级系统设置"选项，然后在"系统属性"对话框的"高级"选项卡中，单击"性能"选项组中的"设置"按钮，打开"性能选项"对话框，在"高级"选项卡中单击"虚拟内存"选项组中的"更改"按钮，将虚拟内存大小设为 5 GB。

（5）重新启动电脑，然后进行测试，发现故障消失，看来是电脑的虚拟内存太小引起的故障，将虚拟内存设置大一些后，故障排除。

16.3　高手经验总结

经验一：电脑死机可能由系统文件损坏引起，也可能由硬件不兼容引起。排除故障时，一般先排查软件方面的原因，再排查硬件方面的原因。

经验二：当电脑出现蓝屏故障时，可以先重启电脑，用安全模式进行修复，如果故障未排除，应先怀疑是系统问题引起的故障，排除系统方面的原因后，再考虑硬件方面的原因。

经验三：死机和蓝屏故障有时候是同时出现的，造成两种故障的原因可能也是同一个，也可能不是同一个。在排除故障时，可以先按照死机故障来排除，也可以先按照蓝屏故障来排除。

第**17**章

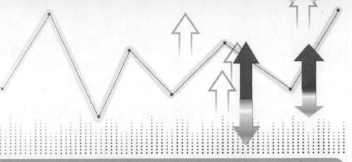

Windows系统错误故障维修实战

学习目标

1. 了解 Windows 系统恢复
2. 掌握 Windows 系统文件的恢复方法
3. Windows 系统错误故障维修实战

学习效果

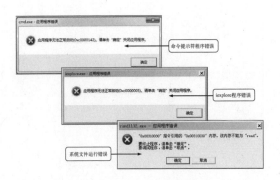

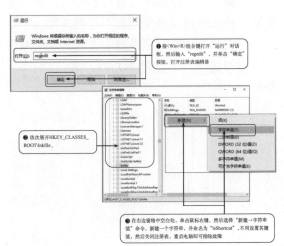

　　你有没有碰到过这样的情形：当你正在开心愉快地使用电脑时，突然出现一个莫名其妙的错误提示，不但破坏了程序，而且毁了你的好心情？这一章就来详细讲解 Windows 系统错误故障的修复。

17.1　知识储备

　　Windows 7/8/10 和以 Vista 为核心的 Windows Vista 都具有较强的自我修复能力，并且 Windows 安装光盘中自带的修复工具功能非常强大，所以当出现系统错误后，系统会自动进行修复。

17.1.1　Windows 系统恢复综述

　　在 Windows 的使用过程中，发生错误和意外终止的情况经常发生。在发生不可挽回的错误时，除了重装 Windows 系统外，还有没有其他方法来恢复系统呢？

　　系统恢复、系统备份可以让用户在发生错误的时候坦然地面对这一切。这里首先要区别系统恢复、系统备份和 Ghost 备份等几个容易混淆的概念。

问答 1：什么是 Windows 系统错误？

　　在使用 Windows 的过程中，由人为操作失误或恶意程序破坏等造成 Windows 相关文件受损或注册信息错误，导致 Windows 系统错误，这时系统会出现错误提示对话框，如图 17-1 所示。

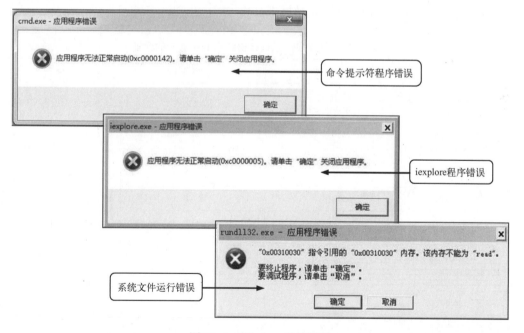

图 17-1　Windows 系统错误

　　系统错误会造成程序意外终止、数据丢失等不良影响，严重的还会造成系统崩溃。
　　所以，在使用 Windows 系统时，不仅要保持良好的使用习惯、做好防范措施，而且要掌握在发生系统错误时恢复电脑状态的方法。

■ 问答2：什么是系统恢复？

当 Windows 遇到问题时，可以将电脑的设置还原到以前某个时间点时的正常状态，即系统恢复。系统恢复功能自动监控系统文件的更改和某些程序文件的更改，记录并保存更改之前的状态信息。系统恢复功能会自动创建易于标记的还原点，使得用户可以将系统还原到以前的状态。

还原点可以在系统发生重大改变（安装程序或更改驱动等）时创建，也可以定期（比如每天）创建。此外，用户还可以随时创建和命名自己的还原点，方便用户进行恢复。

■ 问答3：什么是系统备份？

系统备份是将现有的 Windows 系统保存在备份文件中，这样在发生错误时，可将备份的 Windows 系统还原到系统盘中，覆盖掉发生故障的 Windows 系统，从而可以继续正常使用系统。

■ 问答4：什么是 Ghost 备份？

Ghost 备份不仅是系统的备份，也是整个系统分区的备份，比如 C 盘。Ghost 备份是完整地将整个系统盘中的所有文件都备份到 *.GHO 文件中。在发生错误时，再将 *.GHO 备份文件还原到 C 盘，从而可以继续正常使用系统。

■ 问答5：系统恢复、系统备份和 Ghost 备份有何区别？

系统恢复、系统备份和 Ghost 备份的区别如表 17-1 所示。

表 17-1　系统恢复、系统备份和 Ghost 备份的区别

	系 统 恢 复	系 统 备 份	Ghost 备份
恢复对象	核心系统文件和某些特定文件	系统文件	分区内所有文件
是否能够恢复数据（比如照片、Word 文档）	否	否	是
是否能够恢复密码	否	是	是
需要的硬盘空间	400 MB	2 GB	10 GB（视系统分区大小）
是否能自定义大小	可以（最小 200 MB）	不能	可以通过压缩减少占用的硬盘空间
还原点的选择	几天内任意时间（可自定义还原时间）	备份时	备份时
是否需要管理员权限	是	是	否
是否会影响电脑性能	否	否	否
是否需要手动备份	否	是	是

17.1.2　一些特殊系统文件的恢复

问答 1：如何恢复丢失的 rundll32. exe 文件？

rundll32. exe 程序是执行 32 位的 DLL（动态链接库）文件，它是重要的系统文件，缺少了它，一些项目和程序将无法执行。不过由于它的特殊性，致使它很容易被破坏。如果用户在打开控制面板里的某些项目时出现"Windows 找不到文件'rundll32. exe'……"的错误提示，则可以通过修复丢失的 rundll32. exe 文件来恢复 Windows 的正常使用。如图 17-2 所示为 rundll32. exe 程序错误提示对话框。

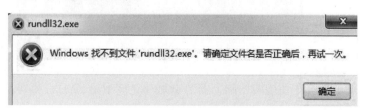

图 17-2　rundll32. exe 程序错误

恢复 rundll32. exe 的方法如下。

（1）将 Windows 安装光盘插入光驱，然后依次选择"开始→运行"菜单命令，打开"运行"对话框。

（2）在"运行"对话框中输入"expand G：\i386\rundll32. ex_ C：\windows\system32\rundll32. exe"命令并按〈Enter〉键（其中"G："为光驱，"C："为系统所在盘）。

（3）修复完毕后，重新启动系统即可。

问答 2：如何恢复丢失的 CLSID 注册码文件？

CLSID 注册码文件丢失时，不是告诉用户所损坏或丢失的文件名称，而是给出一组 CLSID 注册码（Class ID），因此经常会让人感到不知所措。

例如，笔者在"运行"对话框中执行"gpedit. msc"命令来打开组策略时，出现了"管理单元初始化失败"的提示对话框，单击"确定"按钮也不能正常地打开相应的组策略。经过检查，发现是 gpedit. dll 文件丢失所造成的。

要修复这些另类文件丢失，需要根据 CLSID 类提示的标识。这个标识是由注册表给每个对象分配的，这样就可通过在注册表中查找来获得相关的文件信息。

恢复丢失的 CLSID 注册码文件的操作方法如下。

（1）在"运行"对话框中执行"regedit"命令，打开注册表编辑器。

（2）在注册表编辑器窗口中选择"编辑→查找"菜单命令，然后在文本框中输入 CLSID 标识。

（3）在搜索的类标识中选中"InProcServer32"项，接着在右侧窗格中双击"默认"项，这时在"数值数据"中会看到"% SystemRoot% \ System32 \ GPEdit. dll"，其中的 GPEdit. dll 就是所丢失或损坏的文件。

（4）将安装光盘中的相关文件解压或直接复制到相应的目录中，即可完全修复。

■ 问答3：如何恢复丢失的 NTLDR 文件？

电脑开机时，出现"NTLDR is Missing　Press any key to restart"提示，如图 17-3 所示，然后按任意键还是出现这条提示，这说明 Windows 中的 NTLDR 文件丢失了。

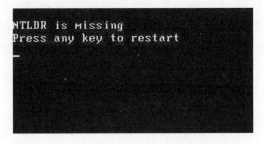

图 17-3　NTLDR 文件丢失，按任意键重试

在突然停电或在高版本系统的基础上安装低版本的操作系统时，很容易造成 NTLDR 文件的丢失。

要恢复 NTLDR 文件，可以在"故障恢复控制台"中进行。方法如下。

（1）插入 Windows 安装光盘。

（2）在 BIOS 中将电脑设置为光盘启动。

（3）重启电脑，进入光盘引导页面。按〈R〉键进入故障恢复控制台。

（4）在故障恢复控制台的命令状态下输入"copy G：\i386\ntldr c：\"命令并按〈Enter〉键即可（"G"为光驱所在的盘符）将 NTLDR 文件复制到 C 盘根目录下。

如果提示是否覆盖文件，则输入"y"并按〈Enter〉键确认。

（5）执行完后，执行"EXIT"命令退出故障恢复控制台。重启电脑就会修复 NTLDR 文件丢失的错误。

■ 问答4：如何恢复受损的 boot.ini 文件？

当 NTLDR 文件丢失时，boot.ini 文件多半也会出现错误。boot.ini 文件受损同样可以在故障恢复控制台中进行修复。

修复 boot.ini 文件的方法如下。

（1）打开故障恢复控制台。

（2）执行"bootcfg /redirect"命令，重建 boot.ini 文件。

（3）执行"fixboot c："命令，重新将启动文件写入 C 盘。

（4）执行"EXIT"命令，退出故障恢复控制台，重启电脑，就可以修复 boot.ini 文件了。

17.2　实战：利用系统错误修复精灵修复系统错误

除了上面讲的手动修复系统错误外，还可以利用系统错误修复软件自动进行系统错误修复，本节介绍一个实用的修复软件"系统错误修复精灵"。该软件可以在网上免费下载。

利用系统错误修复精灵，使得用户可以轻松处理系统错误，也让 Windows 不再"野性难驯"。利用系统错误修复精灵修复系统错误的方法如图 17-4 所示。

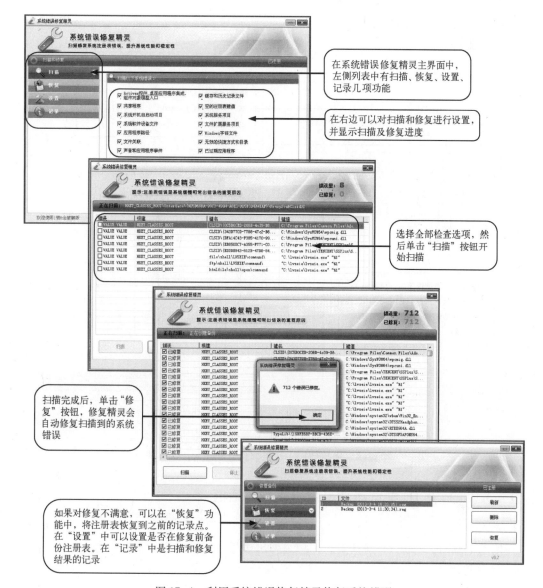

图 17-4　利用系统错误修复精灵修复系统错误

17.3　实战：Windows 系统错误故障维修

17.3.1　未正确卸载程序导致错误

1. 故障现象

一台电脑，在启动时会出现 "Error occurred while trying to remove name. Uninstallation has been canceled" 错误提示信息。

2. 故障诊断

根据故障现象分析，该错误的信息是未正确卸载程序造成的。发生这种现象的一个最常见的原因是用户直接删除了源程序的文件夹，而该程序在注册表中的信息并未删除。通过在注册表中手动删除可以解决问题。

3. 故障处理

该故障的处理方法如图 17-5 所示。

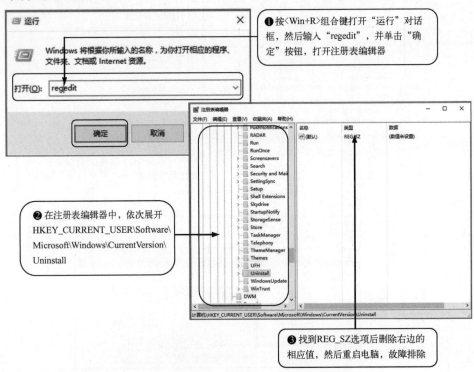

图 17-5　通过注册表编辑器修复卸载程序错误

17.3.2　打开 IE 浏览器总是弹出拨号对话框

1. 故障现象

在使用电脑时，打开 IE 浏览器后，总是弹出拨号对话框并开始自动拨号。

2. 故障诊断

根据故障现象分析，此故障应该是设置了默认自动连接的功能。一般在 IE 中进行设置即可解决问题。

3. 故障处理

首先打开 IE 浏览器，然后选择"工具→Internet 选项"菜单命令，在打开的"Internet 选项"对话框中，单击"连接"选项卡，选中"从不进行拨号连接"单选按钮，最后单击"确定"按钮即可。

17.3.3　自动关闭停止响应的程序

1. 故障现象

在 Windows 操作系统中，有时候会出现"应用程序已经停止响应，是否等待响应或关闭"提示对话框。如果不操作，则等待许久，而手动选择又比较麻烦。

2. 故障诊断

当 Windows 侦测到某个应用程序已经停止响应时，会出现这个提示，其实可以让系统自动关闭它，不让系统出现该提示对话框。

3. 故障处理

该故障的处理方法如图 17-6 所示。

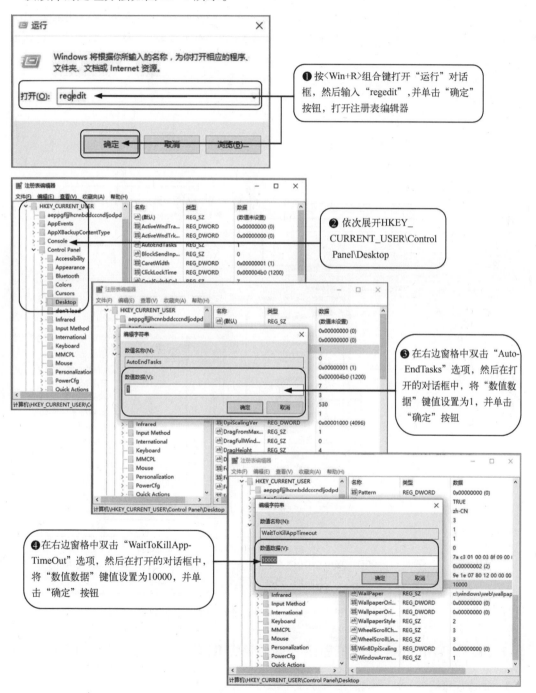

图 17-6　自动关闭停止响应的程序

最后关闭注册表编辑器，重启电脑进行检测，故障排除。

17.3.4 在 Windows 资源管理器中无法展开收藏夹

1. 故障现象

用户在使用 Windows 资源管理器时，无法展开"收藏夹"，但是"库"和"电脑"等都可以正常展开。如果单击"收藏夹"的话，能进入它的文件夹，里面的内容并未丢失。在"收藏夹"上单击鼠标右键，在弹出的快捷菜单中选择"还原收藏夹链接"命令，问题依旧。

2. 故障诊断

出现这个问题是因为注册表受损了，此时可以通过注册表来解决。

3. 故障处理

该故障的处理方法如图 17-7 所示。

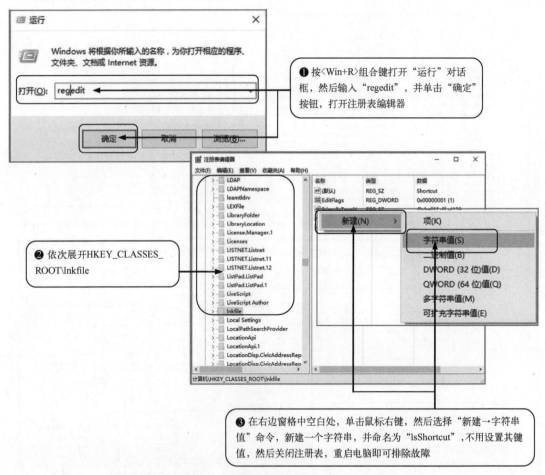

图 17-7　修复在 Windows 资源管理器中无法展开收藏夹

17.3.5 Windows 桌面不显示"回收站"图标

1. 故障现象

Windows 10 系统的桌面上没有"回收站"图标。

2. 故障诊断

引起这个现象的原因是由于电脑感染病毒或其他原因删除了"回收站"图标，此时可以通过 Windows 的桌面图标设置功能将"回收站"图标重新显示在桌面上。

3. 故障处理

该故障的处理方法如图 17-8 所示。

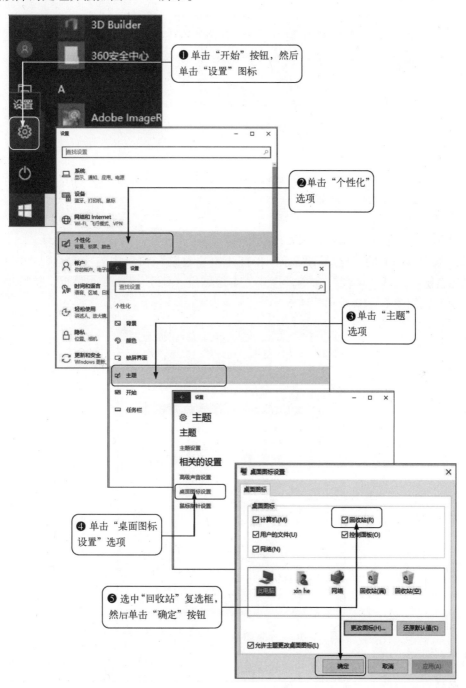

图 17-8　桌面设置

17.3.6 打开程序或文件夹时出现错误提示

1. 故障现象

用户安装 Windows 系统的电脑在打开程序或文件夹时，电脑总提示 "Windows 无法访问指定设备、路径或文件"，如图 17-9 所示。

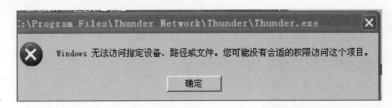

图 17-9 打开程序或文件夹时的错误提示

2. 故障诊断

根据故障现象分析，此故障可能是因为系统采用 NTFS 分区格式，并且没有设置管理员权限，或者是因为感染病毒所致。

3. 故障处理

（1）用杀毒软件查杀病毒，未发现病毒。

（2）双击桌面上的 "电脑" 图标，在打开的 "电脑" 窗口中的 "本地磁盘（C:）" 上单击鼠标右键，选择 "属性" 命令，打开 "本地磁盘（C:）属性" 对话框，接着单击 "安全" 选项卡，如图 17-10 所示。

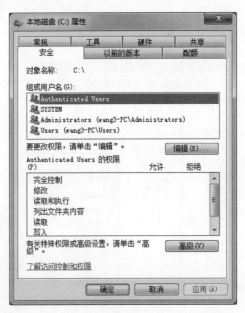

图 17-10 "本地磁盘（C:）属性" 对话框

（3）单击 "高级" 按钮，打开高级安全设置对话框，然后单击 "添加" 按钮选择一个管理员账号，接着单击 "确定" 按钮。

（4）用这个管理员账号登录即可（注销或重启电脑）。

⬚⬚ 17.3.7　电脑开机后出现 DLL 加载出错提示

1. 故障现象

Windows 系统启动后弹出 "soudmax. dll 出错，找不到指定模块" 错误提示。

2. 故障诊断

此类故障一般是由病毒伪装成声卡驱动文件造成的。由于某些杀毒软件无法识别并有效解决 "病毒伪装" 的问题，导致系统找不到原始文件，造成启动缓慢，提示出错。此类故障可以利用注册表编辑器来修复。

3. 故障处理

（1）按〈Win + R〉组合键打开 "运行" 对话框，然后输入 "regedit" 并单击 "确定" 按钮，如图 17-11 所示，打开注册表编辑器。

图 17-11　"运行" 对话框

（2）接着依次展开 HKEY_LOCAL_MACHINE \ SOFTWARE \ Microsoft \ Windows \ CurrentVersion \ Policies \ Explorer \ Run，然后找到与 Soundmax. dll 相关的启动项，并删除。

（3）打开 "运行" 对话框，然后输入 "msconfig" 并单击 "确定" 按钮，打开 "系统配置" 对话框，接着单击 "启动" 选项卡，寻找与 Soundmax. dll 相关的项目。如果有，则取消勾选（如图 17-12 所示）。修改完毕后，重启电脑，系统提示的错误信息已经不再出现。

图 17-12　"系统配置" 对话框

17.4 高手经验总结

经验一：如果在使用电脑时出现错误提示对话框，提示某个应用程序错误，那么可以重启电脑后，重新运行应用程序。如果还是出错，则可以将应用程序卸载，再重新安装。对于应用程序本身问题引起的故障，这种方法可以轻松解决，否则就是系统问题引起的故障了。

经验二：多数系统错误故障都是由系统文件损坏或注册表问题引起的，此时需要用安全模式来修复。

第18章

网络故障维修实战

学习目标

1. 掌握上网故障的诊断方法
2. 掌握家用路由器故障的诊断方法
3. 掌握局域网故障的诊断方法
4. 网络故障维修实战

学习效果

❶ 选择"Inrernet协议版本4
(TCP/IPv4)",然后单击
"属性"按钮

❷ 选中"自动获取IP地址"单选
按钮,然后单击"确定"按钮

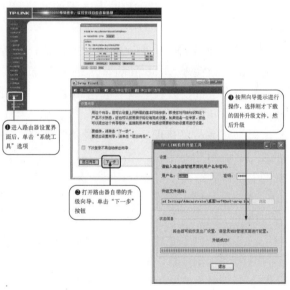

❶ 进入路由器设置界
面后,单击"系统工
具"选项

❷ 打开路由器自带的升
级向导,单击"下一步"
按钮

❸ 按照向导提示进行
操作,选择刚才下载
的固件升级文件,然
后升级

上网已经成为人们生活中不可缺少的活动，网络硬件连接操作又复杂多样，设置更是五花八门，任何环节出现错误都可能导致无法上网，本章就教您如何解决网络方面的故障问题。

18.1 知识储备

网络方面的故障较复杂，ADSL 宽带上网故障、掉线故障、浏览器故障、路由器故障、局域网故障等，每种故障的表现和诊断方法都不同，下面详细分析。

18.1.1 诊断上网故障

问答 1：如何诊断 ADSL 宽带故障？

ADSL 宽带故障的诊断方法如下。

（1）检查电话线有无问题（可以拨打一个电话测试）。如果电话正常，接着检查信号分离器是否连接正常（其中，电话线接 Line 口，电话机接 Phone 口，ADSL Modem 接 Modem 口）。

（2）如果信号分离器的连线正常，接着检查 ADSL Modem 的 Power（电源）指示灯是否亮。如果不亮，检查 ADSL Modem 电源开关是否打开，外置电源是否插接良好等。

（3）如果 Power 指示灯亮，接着检查 Link（同步）指示灯状态是否正常（常亮、闪烁）。如果不正常，检查 ADSL Modem 的各个连接线是否正常（从信号分离器连接到 ADSL Modem 的连线接 Line 口，和网卡连接的网线接 LAN 口，且插好）。如果连接线不正常，重新接好连接线。

（4）如果 ADSL Modem 的连接线正常，接着检查 LAN（或 PC）指示灯状态是否正常。如果不正常，检查 ADSL Modem 上的 LAN 插口是否接好。如果接好，接着测试网线是否正常。如果不正常，更换网线。如果正常，将电脑和 ADSL Modem 关闭 30 s 后，重新启动 ADSL Modem 和电脑。

（5）如果故障依旧，打开"设备管理器"窗口（依次打开"控制面板→系统→设备管理器"），在其中双击"网络适配器"下的网卡型号，打开网络适配器属性对话框，然后检查网卡是否有冲突，是否启用。如果网卡有冲突，调整网卡的中断值。

（6）如果网卡没有冲突，接着检查网卡是否接触不良、老化、损坏等，可以用替换法进行检测。如果网卡不正常，维修或更换网卡。

（7）如果网卡正常，接着依次打开"控制面板→网络和共享中心→更改适配器配置"，在打开的"网络连接"窗口中的"以太网"图标上单击鼠标右键，在快捷菜单中选择"属性"命令，然后打开"以太网属性"对话框。接着选择"Internet 协议版本 4（TCP/IPv4）"选项，再单击"属性"按钮，打开"Internet 协议版本 4（TCP/IPv4）属性"对话框。在该对话框中查看 IP 地址、子网掩码、DNS 的设置，一般都设为"自动获得"。如图 18-1 所示是"Internet 协议版本 4（TCP/IPv4）属性"对话框。

（8）如果网络协议设置正常，则为其他方面的故障。接着检查网络连接设置、浏览器、PPPoE 协议等方面存在的故障，并排除故障。

图 18-1　"Internet 协议版本 4（TCP/IPv4）属性"对话框

问答 2：如何诊断上网经常掉线故障？

上网经常掉线故障是很多网络用户经常遇到的。此故障产生的原因比较复杂，总结起来主要有以下几点。

（1）Modem 或信号分离器的质量有问题。

（2）线路有问题，主要包括住宅距离局方机房较远（通常应小于 3000 m），或线路附近有严重的干扰源（如变压器）。

（3）室内有较强的电磁干扰，如无绳电话、空调、冰箱等，有时会引起上网掉线。

（4）网卡的质量有缺陷，或者驱动程序与操作系统不兼容。

（5）PPPoE 协议安装不合理或软件兼容性不好。

（6）感染了病毒。

上网经常掉线故障的诊断方法如下。

（1）用杀毒软件查杀病毒，看是否有病毒。如果没有，接着安装系统安全补丁，然后重新建立拨号连接，建好后进行测试。如果故障排除，则是操作系统及 PPPoE 协议引起的故障。

（2）如果故障依旧，接着检查 ADSL Modem 是否过热。如果过热，将 ADSL Modem 电源关闭，放置在通风的地方散热后再用。

（3）如果 ADSL Modem 温度正常，接着检查 ADSL Modem 及分离器的各种连线是否连接正确。如果连接正确，接着检查网卡。在"系统属性"对话框的"硬件"选项卡中单击

"设备管理器"按钮，检查"网络适配器"选项是否有"!"。如果有，将其删除，然后重新安装网卡驱动程序。

（4）如果没有"!"，接着升级网卡的驱动程序，然后查看故障是否消失。如果故障消失，则是网卡驱动程序的问题；如果故障依旧，接着检查周围有没有大型变压器或高压线。如果有，则可能是电磁干扰引起的经常掉线，对电话线及上网连接线做屏蔽处理。

（5）如果周围没有大型变压器或高压线，则将电话线经过的地方和 ADSL Modem 远离无线电话、空调、洗衣机、冰箱等设备，防止这些设备干扰 ADSL Modem 工作，最好不要同上述设备共用一条电源线，接着检测故障是否排除。

（6）如果故障依旧，则可能是 ADSL 线路故障，让电信局检查住宅距离局方机房是否超过 3000 m。

问答 3：如何诊断浏览器出现错误提示的故障？

1. 出现"Microsoft Internet Explorer 遇到问题需要关闭……"错误提示

此故障是指在使用 IE 浏览网页的过程中，出现"Microsoft Internet Explorer 遇到问题需要关闭……"的信息提示。此时，如果单击"发送错误报告"按钮，则会创建错误报告；如果单击"关闭"按钮，则会关闭当前 IE 窗口；如果单击"不发送"按钮，则会关闭所有 IE 窗口。

此故障的解决方法如下（在 Windows 10 系统下）。

（1）按〈Win + R〉组合键打开"运行"对话框，然后输入"gpedit. msc"并按〈Enter〉键，打开"本地组策略编辑器"窗口。

（2）在"本地组策略编辑器"窗口的左侧窗格中，依次展开"用户配置→管理模板→Windows 组件"选项。

（3）在右侧窗格中单击"Windows 错误报告"，然后双击右侧的"禁用 Windows 错误报告"。

（4）在弹出的"禁用 Windows 错误报告"对话框中，选择"已启用"单选按钮，最后单击底部的"应用"按钮保存设置即可。

2. 出现"该程序执行了非法操作，即将关闭……"错误提示

此故障是指在使用 IE 浏览一些网页时出现"该程序执行了非法操作，即将关闭……"错误提示。如果单击"确定"按钮，则又弹出一个对话框，提示"发生内部错误……"。单击"确定"按钮后，所有打开的 IE 窗口都被关闭。

产生该错误的原因较多，主要有内存资源占用过多、IE 安全级别设置与浏览的网站不匹配、与其他软件发生冲突、浏览的网站本身含有错误代码等。

此故障的解决方法如下。

（1）关闭不用的 IE 浏览器窗口。如果在运行需占用大量内存的程序，则建议打开的 IE 浏览器窗口数不要超过 5 个。

（2）降低 IE 安全级别。在 IE 浏览器中打开"Internet 选项"对话框，单击"安全"选项卡，单击"默认级别"按钮，拖动滑块降低默认的安全级别。

（3）将 IE 升级到最新版本。

3. 显示"出现运行错误，是否纠正错误"错误提示

此故障是指用 IE 浏览网页时，显示"出现运行错误，是否纠正错误"错误提示。如果单击"否"按钮，则可以继续浏览。

此故障可能是所浏览网站本身的问题，也可能是由于 IE 浏览器对某些脚本不支持引起的。此故障的解决方法如下。

首先启动 IE，打开"Internet 选项"对话框，然后单击"高级"选项卡，接着选中"禁用脚本调试"复选框，最后单击"确定"按钮。

4. 上网时出现"非法操作"错误提示

此故障是指在上网时经常出现"非法操作"错误提示。此故障可能是数据在传输过程中发生错误，当传过来的信息在内存中错误积累太多时便会影响正常浏览，此时只能重新调用或重启电脑才能解决。

此故障的解决方法如下。

（1）清除硬盘缓存。

（2）升级浏览器版本。

（3）硬件兼容性差，需要更换不兼容的部件。

问答 4：如何诊断浏览器无法正常浏览网页故障？

1. IE 浏览器无法打开新窗口

此故障是指在浏览网页的过程中，单击网页中的链接，无法打开网页。此故障一般是由于 IE 新建窗口模块被破坏所致。

此故障的解决方法如下：打开"运行"对话框，在"运行"对话框中分别执行"regsvr32 actxprxy. dll"和"regsvr32 shdocvw. dll"命令，注册这两个 DLL 文件，然后重启系统。如果还不行，则需要用同样的方法注册 mshtml. dll、urlmon. dll、msjava. dll、browseui. dll、oleaut32. dll、shell32. dll。

2. 联网状态下，浏览器无法打开某些网站

此故障是指上网后，在浏览某些网站时遇到不同的连接错误，导致浏览器无法打开该网站。这些错误一般是由于网站发生故障或者用户没有浏览权限所引起的。

针对不同的连接错误，IE 会给出不同的错误提示，常见的提示信息如下。

（1）404 NOT FOUND

此提示信息是最为常见的 IE 错误信息。一般是由于 IE 浏览器找不到所要求的网页文件，该文件可能根本不存在或者已经被转移到了其他地方。

（2）403 FORBIDDEN

此提示信息常见于需要注册的网站。一般情况下，可以通过在网上即时注册来解决该问题，但有一些完全"封闭"的网站还是不能访问的。

（3）500 SERVER ERROR

显示此提示信息是由于所访问的网页程序设计错误或者数据库错误，只能等对方纠正错误后才能浏览。

3. 浏览网页时出现乱码

此故障是指上网时，网页上经常出现乱码。

造成此故障的原因主要如下。

（1）语言选择不当，比如说浏览国外某些网站时，电脑一时不能自动转换内码而出现了乱码。解决这种故障的方法是：在 IE 浏览器上选择"查看"→"编码"命令，然后选择要显示文字的语言，一般乱码即会消失。

（2）电脑缺少内码转换器，此时安装内码转换器即可解决问题。

18.1.2 诊断家用路由器故障

路由器是组建局域网必不可少的设备，无线路由器也越来越多地进入家庭，这使得无线网卡上网、手机 WiFi、平板电脑等无线上网设备的使用越来越方便了。但是路由器的连接故障复杂多样，经常让新手无从下手。其实只要掌握了路由器的一些故障检测技巧，路由器的问题就变得不那么复杂了。

问答 1：如何通过路由器指示灯判断其状态？

判断路由器状态最好的办法就是参照指示灯的状态。注意，每个路由器的面板指示灯不一样，表示的故障也不一样，因此必须参照说明书进行判断。下面以一款 TP - Link 路由器为例，如图 18-2 所示，介绍指示灯亮和灭分别代表的路由器状态，如表 18-1 所示。

图 18-2 TL - WR841N 无线路由器面板指示灯

表 18-1 TL - WR841N 无线路由器指示灯状态

指 示 灯	描 述	功 能
PWR	电源指示灯	常灭：没有上电 常亮：上电
SYS	系统状态指示灯	常灭：系统故障 常亮：系统初始化故障 闪烁：系统正常
WLAN	无线状态指示灯	常灭：没有启用无线功能 闪烁：启用无线功能
1/2/3/4	局域网状态指示灯	常灭：端口没有连接上 常亮：端口已经正常连接 闪烁：端口正在进行数据传输
WAN	广域网状态指示灯	常灭：外网端口没有连接上 常亮：外网端口已经正常连接 闪烁：外网端口正在进行数据传输

（续）

指　示　灯	描　　　述	功　　能
QSS	安全连接指示灯	绿色闪烁：表示正在进行安全连接 绿色常亮：表示安全连接成功 红色闪烁：表示安全连接失败

■ 问答2：怎样知道路由器的默认设定值？

检测和恢复路由器都需要管理员级权限，只有管理员才能检测和恢复路由器。路由器的管理员账号和密码都默认是"admin"，这在路由器的背面都有标注，如图18-3所示。

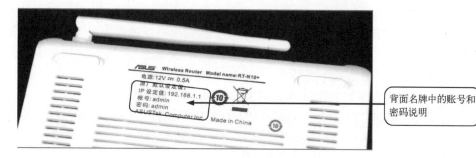

图18-3　路由器背面的参数

在这里还可以看到，路由器的IP地址默认设定值为192.168.1.1。

■ 问答3：如何恢复出厂设置？

当更改了路由器的密码而又把密码忘记时，或者当多次重启损坏了路由器的配置文件时，就需要恢复功能来使路由器恢复到出厂时的默认设置。

如图18-4所示，在路由器上有一个标着"RESET"的小孔，这就是专门用于恢复出厂设置的。用牙签或曲别针按住小孔内的按钮，持续一小段时间即可。

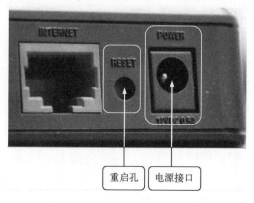

图18-4　路由器上的RESET孔

每个路由器的恢复方法略有不同，有的是按住小孔内的按钮数秒；有的是关闭电源后，按住孔内按钮，持续数秒，再打开电源。这就要参照说明书进行操作了，如果不知道要按多少秒，那就尽量按住30 s以上。30 s可以保证每种路由器都能恢复出厂设置。

■ **问答4：如何排除外界干扰路由器信号？**

有时无线路由器的无线连接会出现时断时续，信号很弱的现象。这可能是因为其他家电产生的干扰，或由于墙壁阻挡了无线信号造成的。

无论商家宣称路由器有多强的穿墙能力，墙壁对无线信号的阻挡都是不可避免的，如果需要在不同房间使用无线路由，最好将路由器放置在门口等没有墙壁阻挡的位置。此外，还要尽量远离电视、冰箱等大型家电，减少家电周围产生的磁场对无线信号的影响。

■ **问答5：如何将路由器中的软件升级到最新版本？**

路由器中也有相关软件在运行，这样才能保证路由器的各种功能正常运行。升级旧版本的软件叫作固件升级，从而弥补路由器出厂时所带软件的不稳定因素。如果是知名品牌的路由器，那么可能不需要任何升级就可以稳定运行。是否需要升级固件取决于路由器实际使用中的稳定性和有无漏洞。

升级路由器中的软件方法如下。

（1）在路由器的官方网站下载最新版本的路由器固件升级文件。

（2）在浏览器的地址栏中输入"http://192.168.1.1"，按〈Enter〉键，打开路由器设置页面。在"系统工具"中单击"软件升级"选项，将打开路由器自带的升级向导，如图18-5所示。

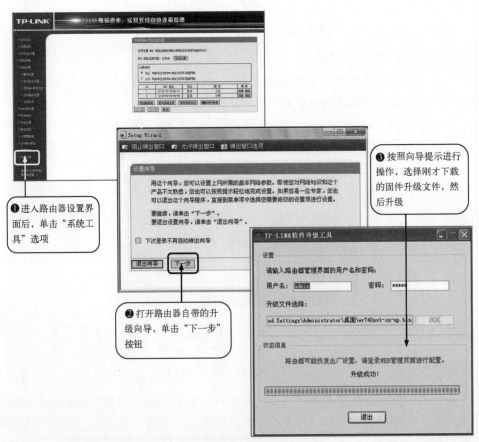

图18-5　固件升级

如果对升级过程有所了解，也可以不使用升级向导，而是进行手动升级。

问答 6：如何设置 MAC 地址过滤?

如果连接都没有问题，但电脑却不能上网，这有可能是 MAC（Medium/Media Access Control）地址过滤中的设置阻碍了电脑上网。

MAC 地址是存在网卡中的一组 48 bit 的十六进制数字，可以简单地理解为一个网卡的标识符。MAC 地址过滤的功能就是可以限制特定的 MAC 地址的网卡，禁止这个 MAC 地址的网卡上网，或将这个网卡绑定一个固定的 IP 地址，如图 18-6 所示。

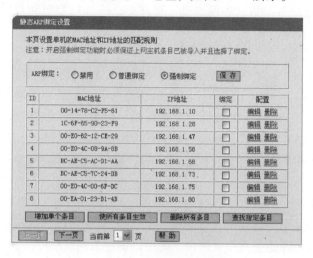

图 18-6　设置 MAC 地址

通过对 MAC 地址过滤进行简单设置，阻止没有认证的电脑通过该路由器进行上网，这对无线路由器来说是个不错的应用。

问答 7：忘记路由器密码和无线密码时怎么办?

若用户长时间未登录路由器，会忘记登录密码。如果从未修改过登录密码，那么密码应该是"admin"。如果修改过密码，并且忘记了修改后的密码是什么，那么就只能通过恢复出厂设置来将路由器恢复成为默认设置，再使用 admin 账户和密码进行修改。

忘记了无线密码就简单了，只要使用有线连接的电脑打开路由器的设置页面，就可以看到无线密码。这个无线密码显示的是明码，并不是"******"，所以可以随时查看。

18.1.3　诊断局域网故障

目前，一般企事业单位和学校都会建立自己的内部局域网，这样既方便实现网络化办公，又可以使局域网中的所有电脑通过局域网连接到 Internet，使每个用户都可以随时上网，还节省费用。局域网虽然方便，但同样会遇到各种网络问题，常见的故障有网络不通等。

局域网不通故障一般涉及网卡、网线、网络协议、网络设置、网络设备等方面，其解决方法如下。

（1）检查网卡侧面的指示灯是否正常

网卡一般有"连接指示灯"和"信号传输指示灯"两个指示灯。正常情况下，"连接指示灯"应一直亮着，而"信号传输指示灯"在信号传输时应不停闪烁。如"连接指示灯"

不亮，应考虑连接故障，即网卡自身是否正常，安装是否正确，网线、集线器是否有故障等。

（2）判断网卡驱动程序是否正常

若在 Windows 下无法正常联网，则在"系统属性"对话框中打开"设备管理器"窗口，查看"网络适配器"的设置。若看到网卡驱动程序项目左边标有黄色的感叹号，则可以断定网卡驱动程序不能正常工作。

（3）检查网卡设置

普通网卡的驱动程序大多会附带测试和设置网卡参数的程序，查看网卡设置的接头类型、IRQ、I/O 端口地址等参数。若网卡设置有冲突，一般只要重新设置（有些必须调整跳线）就能使网络恢复正常。

（4）检查网络协议

在"本地连接 属性"对话框中查看已安装的网络协议，必须配置好 NetBEUI 协议、TCP/IP 协议、Microsoft 网络的文件和打印机共享等选项。如果以上各项都存在，重点检查 TCP/IP 设置是否正确。在 TCP/IP 属性中要确保每一台电脑都有唯一的 IP 地址，将子网掩码统一设置为 "255.255.255.0"，网关要设为代理服务器的 IP 地址（如 192.168.0.1）。另外，必须注意主机名在局域网内也应该是唯一的。最后，用 ping 命令来检测网卡能否正常工作。

（5）检查网线故障

排查网线故障最好采用替换法，即用另一台能正常联网机器的网线替换故障机器的网线。替换后重新启动，若能正常登录网络，则可以确定为网线故障。网线故障的解决方法一般是重新压紧网线接头或更换新的网线接头。

（6）检查 Hub 故障

若发现机房内有部分机器不能联网，则可能是 Hub（集线器）故障。一般先检查 Hub 是否已接通电源或 Hub 的网线接头连接是否正常，然后采用替换法，即用正常的 Hub 替换原来的 Hub。若替换后机器能正常联网，则可以确定是 Hub 发生故障。

（7）检查网卡接触不良故障

若上述解决方法都无效，则应该检查网卡是否接触不良。要解决网卡接触不良的故障，一般采用重新拔插网卡的方法。若还不能解决，则把网卡插入另一个插槽，若处理完后网卡能正常工作，则可确定是网卡接触不良引起的故障。

如果采用以上方法都无法解决网络故障，那么完全可以确定网卡已损坏，只有更换网卡才能正常联网。

18.2 实战：网络故障维修

18.2.1 反复拨号也不能连接上网

1. 故障现象

故障电脑的操作系统是 Windows 10，网卡是主板集成的。使用 ADSL 拨号上网。使用拨号连接时，显示无法连接，反复重拨仍然不能上网。

2. 故障分析

拨号无法连接，可能是 ADSL Modem 故障、线路故障、账号错误等原因造成的。

3. 故障处理

（1）重新输入账号和密码，连接测试，仍无法连接。

（2）查看 ADSL Modem，发现 ADSL Modem 的 PC 灯没亮，这说明 ADSL Modem 与电脑之间的连接是不通的。

（3）重新连接 Modem 和电脑之间的网线，再拨号连接，发现可以登录了。

18.2.2 设备冲突，电脑无法上网

1. 故障现象

故障电脑的系统是 Windows 7，网卡是主板集成的。重装系统后，发现无法上网，宽带是小区统一安装的长城宽带。

2. 故障分析

长城宽带不需要拨号，也没有 ADSL Modem，不能上网可能是线路问题、网卡驱动问题、网卡设置问题、网卡损坏等导致的。

3. 故障处理

（1）从控制面板中打开"设备管理器"窗口，查看网卡驱动，发现网卡上有黄色叹号，这说明网卡驱动有问题。

（2）查看资源冲突，发现网卡与声卡有资源冲突。

（3）卸载网卡和声卡驱动，重新扫描安装驱动程序并重启电脑。

（4）查看资源，发现已经解决了资源冲突的问题。

（5）打开 IE 浏览器，看到无法上网的故障已经恢复了。

18.2.3 "限制性连接"造成无法上网

1. 故障现象

故障电脑的系统是 Windows 10，网卡是主板集成的。使用 ADSL 上网时，右下角的网络连接经常出现"限制性连接"，从而造成无法上网。

2. 故障分析

造成限制性连接的原因主要有网卡驱动损坏、网卡损坏、ADSL Modem 故障、线路故障、电脑中毒等。

3. 故障处理

（1）用杀毒软件对电脑进行杀毒，问题没有解决。

（2）检查线路的连接，没有发现异常。

（3）从控制面板中打开"设备管理器"窗口，查看网卡驱动，发现网卡上有黄色叹号，这说明网卡驱动有问题。

（4）删除网卡设备，重新扫描安装网卡驱动。

（5）再连接上网，经过一段时间的观察，没有再发生掉线的情况。

18.2.4　一打开网页就自动弹出广告

1. 故障现象

故障电脑的系统是 Windows 10，网卡是主板集成的。最近不知道为什么，只要打开网页就会自动弹出好几个广告，上网速度也很慢。

2. 故障分析

自动弹出广告是电脑中了流氓插件或病毒造成的。

3. 故障处理

安装金山毒霸和金山卫士，对电脑进行杀毒和清理插件。完成后，再打开网页，发现不再弹出广告了。

18.2.5　上网断线后，必须重启才能恢复

1. 故障现象

故障电脑的系统是 Windows 10，网卡是主板集成的。使用 ADSL 上网，最近经常掉线，掉线后必须重启电脑，才能再连接上。

2. 故障分析

造成无法上网的原因有很多，如网卡故障、网卡驱动问题、线路问题、ADSL Modem 问题等。

3. 故障处理

（1）查看网卡驱动，没有异常。

（2）查看线路连接，没有异常。

（3）检查 ADSL Modem，发现 Modem 很热，推测可能是由于高温导致的网络连接断开。

（4）将 ADSL Modem 放在通风的地方，放置冷却，再将 Modem 放在容易散热的地方，重新连接电脑。

（5）测试上网，经过一段时间，发现没有再出现掉线的情况。判断是 Modem 散热不理想，高温导致的频繁断网。

18.2.6　公司局域网上网速度很慢

1. 故障现象

公司内部组建局域网，通过 ADSL Modem 和路由器共享上网。最近公司上网速度变得非常慢，有时连网页都打不开。

2. 故障分析

局域网上网速度慢，可能是局域网中的电脑感染病毒、路由器质量差、局域网中有人使用多点下载软件等原因造成的。

3. 故障处理

（1）用杀毒软件查杀电脑病毒，没有发现异常。

（2）用管理员账号登录路由器设置页面，发现传输时丢包现象严重，延迟达到 800 ms。

（3）重启路由器，速度恢复正常，但没过多长时间，又变得非常慢。推测可能是局域网上有人使用 BT 等严重占用资源的软件。

（4）设置路由器，禁止 BT（Bit Torrent，比特流）功能。

（5）重启路由器，观察一段时间后，发现没有再出现网速变慢的情况。

18.2.7　局域网中的两台电脑不能互联

1. 故障现象

两台故障电脑的系统都是 Windows 7，其中一台是笔记本电脑。两台电脑通过局域网使用 ADSL 共享上网，两台电脑都可以上网，但不能相互访问，从网上邻居登录另一台电脑时，提示输入密码，但另一台电脑根本就没有设置密码，传输文件也只能靠 QQ 等软件进行。

2. 故障分析

Windows 系统允许其他人访问，前提是打开来宾账号。

3. 故障处理

（1）在被访问的电脑上，打开控制面板。

（2）单击"用户账户"，单击"Guest"账户，将 Guest 账号设置为开启。

（3）从另一台电脑上尝试登录本机，发现可以通过网上邻居进行访问了。

18.2.8　在局域网中打开网上邻居时，提示无法找到网络路径

1. 故障现象

公司的几台电脑使用交换机组成局域网，通过 ADSL 共享上网。局域网中的电脑打开网上邻居时提示无法找到网络路径。

2. 故障分析

局域网中的电脑无法在网上邻居中查找到其他电脑，用 ping 命令扫描其他电脑的 IP 地址，发现其他电脑的 IP 地址都是通的，这可能是网络中的电脑不在同一个工作组中造成的。

3. 故障处理

（1）在控制面板中打开"系统"窗口。

（2）将电脑的工作组设置为同一个名称。

（3）将几台电脑都设置好后，打开网上邻居，发现几台电脑都可以检测到了。

（4）登录其他电脑，发现有的可以登录，有的不能登录。

（5）检查不能登录电脑的用户账户，将 Guest 来宾账号设置为开启。

（6）重新登录，访问其他几台电脑，发现局域网中的电脑都可以顺利访问了。

18.2.9　代理服务器上网速度慢

1. 故障现象

故障电脑是校园局域网中的一台，通过校园网中的代理服务器上网。以前网速一直正常，今天发现网速很慢，查看其他电脑发现也都一样。

2. 故障分析

一个局域网中的电脑全都网速慢，这一般是网络问题、线路问题、服务器问题等造成的。

3. 故障处理

（1）检查网络连接设置和线路接口，没有发现异常。

（2）查看服务器主机，检测后发现服务器运行很慢。

（3）将服务器重启后，再上网测速，发现网速恢复正常了。

18.2.10 上网时网速时快时慢

1. 故障现象

通过路由器组成的局域网中，使用 ADSL 共享上网，电脑网卡是 10/100 Mbit/s 自适应网卡。电脑在局域网中传输文件或上网下载时，网速时快时慢，重启电脑和路由器后，故障依然存在。

2. 故障分析

网速时快时慢，说明网络能够连通，因此应该着重检查网卡设置、上网软件设置等方面的问题。

3. 故障处理

检查上网软件和下载软件，没有发现异常。检查网卡设置，发现网卡是 10/100 Mbit/s 自适应网卡，网卡的工作速度设置为 Auto。这种自适应网卡会根据传输数据大小自动设置为 10 Mbit/s 或 100 Mbit/s，手动将网卡工作速度设置为 100 Mbit/s 后，再测试网速，发现网速不再时快时慢了。

18.3 高手经验总结

经验一：网络掉线故障通常与路由器、Modem 等设备有关系，可以将这些设备断电重启，此类问题即可解决。

经验二：浏览器方面的故障，通常采用软件故障的排除方法，就是将浏览器卸载，再重新安装。此外，也可以使用其他浏览器来排除系统原因造成的故障。

经验三：通过无线路由器上网时，最好给网络加密，这样可以防止他人使用网络，以保证网络速度。

第 **19** 章

电脑不开机/不启动故障维修实战

学习目标

1. 掌握电脑无法开机故障的诊断方法
2. 掌握电脑黑屏不启动故障的诊断方法
3. 掌握 Windows 系统启动失败故障的诊断方法
4. 电脑不开机/不启动故障维修实战

学习效果

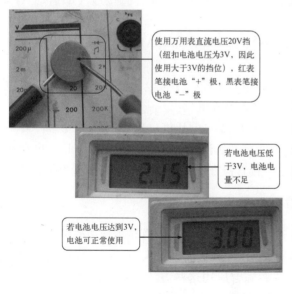

使用万用表直流电压20V挡（纽扣电池电压为3V，因此使用大于3V的挡位），红表笔接电池"+"极，黑表笔接电池"−"极

若电池电压低于3V，电池电量不足

若电池电压达到3V，电池可正常使用

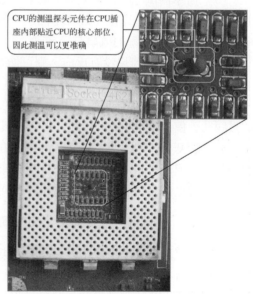

CPU的测温探头元件在CPU插座内部贴近CPU的核心部位，因此测温可以更准确

电脑开机后无法启动，使用电脑的用户可能都遇到过这类问题。本章将对此类故障进行详尽分析，并提供了一些解决方法。

19.1 知识储备

19.1.1 诊断电脑无法开机故障

电脑无法开机故障可能是由电源问题、主板电源开关问题、主板开机电路问题等引起的。因此，需要逐一排除，查找故障原因。

电脑无法开机故障的诊断和排除方法如下。

（1）检查电脑的外接电源（插线板等），确定没问题后，打开主机机箱，检查主板电源接口和机箱开关线连接是否正常。

（2）如果正常，接着查看主机机箱内有无多余的金属物或主板有无与机箱外壳接触，因为这些问题都可能造成主板短路保护不开机。

（3）如果第（2）步中检查的部分正常，接着拔掉主板电源开关线，用镊子将主板电源开关针短接，这样可以测试是否为开关线损坏。

（4）重启电脑，如果短接开关针后电脑开机了，则说明主机机箱中的电源开关存在问题（开关线损坏或开关损坏）；如果短接开关针后电脑依然不开机，则可能是电源问题或主板电路问题。

（5）简单测试电源，将主板上的电源接口拔下，用镊子将 ATX 电源中的主板电源接头的绿线孔和旁边的黑线孔（最好是隔一个线孔）连接，使 PS – ON 针脚接地（即启动 ATX 电源），然后观察电源的风扇是否转动。

如果 ATX 电源风扇没有反应，则可能是 ATX 电源损坏；如果 ATX 电源风扇转动，则可能是主板电路问题。

（6）将 ATX 电源插到主板电源接口中，然后用镊子插在主板电源插座的绿线孔和旁边的黑线孔，使 PS – ON 针脚接地，强行开机，看是否能开机。

如果能开机，则说明主板开机电路存在故障，检查主板开机电路中损坏的元器件（一般是门电路或开机晶体管损坏或 I/O 损坏）；如果依然无法开机，则说明主板 CPU 供电存在问题或复位电路存在问题或时钟电路存在问题，接着检查这些电路的问题，即可排除故障。

19.1.2 诊断电脑黑屏不启动故障

电脑开机黑屏故障是最让人头疼的一类故障，因为显示屏中没有显示任何故障信息，如果主机也没有报警声提示（指示灯亮），这就让维修人员更加难以入手了。解决此类故障时一般采用最小系统法、交换法、拔插法等，或者综合应用这些方法来排除故障。具体操作时，可以从主机供电问题、显示器问题和主机内部问题三个方面进行分析。

问答 1：如何检查主机供电问题？

电脑只有通过有效供电，才能正常使用。这个问题看起来十分简单，但是在主机不能启动的时候，首先要想到的就是主机供电是否正常。

1. 检查主机外部供电是否正常

在确认室内供电正常的情况下，检查连接电脑各种设备的插座和开关是否正常工作。

（1）检查线路是否正常连接在插座上

通常情况下，用户习惯将主机电源线、显示器电源线、Modem 变压器电源线、音响电源线等插在一个插座上，这样就很容易造成插头没有插好的情况。所以首先要检查的就是插座上的各种插头是否正常地插在插座上。

（2）检查插座是否完好

在确认各种线路是正常地连接之后，如果问题还没有解决，就要确认插座本身是否出现了损坏。因为雷电、突然断电、电流过大等原因会造成插座的短路或者损坏，这个时候可以通过测电笔对插座进行一个简单的测试。如果是由于插座损坏引起的问题，那么就要更换新的插座。用于电脑供电使用的插座，一定要选购质量优秀并且功能完善的插座，因为突然断电或者电压不稳会对电脑造成很严重的伤害。

（3）确认电源开关是否打开

有些电源会配置一个电源开关，如图 19-1 所示，如果这个开关没有打开，那么电脑主机就不能得到正常的供电。所以在检查电脑主机供电的时候，要确认主机电源的开关是打开的。

图 19-1　主机电源

2. 检查主机 ATX 电源问题

主机 ATX 电源故障通常会出现两种情况，一种是正常启动电脑之后，电源风扇完全不动，另一种情况是风扇只转动一两下便停了下来。

对于第一种情况，电源风扇完全不动，说明电源没有输出电压。这种情况比较复杂，原因有可能是电源内部线路或者元器件损坏，也有可能是电源内部灰尘过多，造成了短路或者接触不良，还有可能是主板的开机电路存在故障，没有激发电源工作。

对于第二种情况，电源风扇只转动一两下便停了下来，这可能是因为电源内部或者主板等其他设备短路、连接异常，使电源启动自我保护，使风扇无法正常工作。

这两种故障情况，都可以通过一个简单的诊断方法来辨别。首先将主板上的 ATX 电源接口拔下，然后用镊子或导线将 ATX 电源接口中的绿线孔和旁边的黑线孔（最好是隔一个线孔）连接，接着观察 ATX 电源的风扇是否转动。如果 ATX 电源没有反应，则可能是 ATX 电源内部损坏；如果 ATX 电源风扇转动，则说明 ATX 电源启动正常，故障可能是主板中的电路问题引起的。

问答 2：如何检查显示器方面的问题？

显示器问题引起的黑屏相对来说是比较好解决的，因为故障原因的确认比较简单。可能会引起黑屏的显示器问题主要包括以下几点。

1. 显示器电源线或信号线没接好

在显示器的开关是打开的情况下，如果出现黑屏，通常有两种情况。一种是显示器的开关指示灯不亮，这多半是由于显示器电源线没插或者接触不良引起的。当显示器指示灯常亮，有些显示器还会出现一些提示性文字（比如没有信号等）时，这多半是由于显示器连接主机的信号线没有插或者接触不良。

2. 电源线和信号线损坏

一般的显示器通常有两条外接线，一条是显示器的电源线，另一条是和主机相连的信号线。这两条线会因为损耗或者使用不当损坏（比如信号线的针脚折断），排除上面的两种情况后，可以更换电源线和信号线来解决问题。如图 19-2 所示为显示器电源线和信号线。

a)   b)

图 19-2　显示器电源线和信号线

a）电源线　b）信号线

3. 显示器内部故障

通常来说，显示器本身是不易损坏的。在确认并非供电或主机的问题之后，才考虑显示器本身损坏的问题。关于显示器的维修，后面章节将作详细的讲解，这里不赘述。

问答 3：如何检查电脑主机问题？

在排除上述原因之后，考虑主机故障引起黑屏的原因，通常从以下几个方面入手。

1. 短路或接触不良

（1）查看主机机箱内有无多余的金属物或观察主板有无与机箱外壳接触，因为这些问题都可能造成主板短路保护而不开机。

（2）内存与主板存在接触不良问题。这是比较常见的问题，也相对比较容易处理，只需要将内存拔下来，擦拭内存的金手指，然后正确地安装好内存。一定要注意这是在关闭主机和电源开关的情况下进行。

（3）灰尘问题。长久未对主机机箱进行清理，会造成主机机箱内积累大量灰尘。不仅会造成系统运行缓慢，还会对电路和各种设备的运行造成影响，从而产生电脑黑屏现象。处理的方法就是清理主机箱内的灰尘。

（4）显卡、CPU、硬盘等设备接触不良。由于灰尘、晃动或损耗等原因，这些设备与主板的连接都可能会出现接触不良现象。通常的处理方法是，去除灰尘、擦拭金手指、重新正确安装。

（5）电源线连接问题。除了硬件与主板连接的接触不良会造成电脑黑屏外，各种硬件与电源线的连接也会造成黑屏。处理的方法就是，检查各种硬件与电源的连接是否正确、通畅。

总结：解决主机内部故障一般采用最小系统法、交换法、拔插法等，或者综合应用这些方法来排除故障。

首先使用最小系统法，将硬盘、软驱、光驱的数据线拔掉。然后开机测试，如果这时电脑显示器有开机画面显示，说明问题在这几个设备中。再逐一把以上几个设备接入电脑，当接入某一个设备时故障重现，说明故障是由此设备造成的。

如果去掉硬盘、软驱、光驱设备后还没有找到故障原因，则故障可能在内存、显卡、CPU、主板这几个设备中。接着使用拔插法、交换法等分别检查内存、显卡、CPU 等设备。一般先清理设备的灰尘，清洁一下内存和显卡的金手指（使用橡皮擦拭金手指）等，也可以换个插槽，如果不行，再用一个好的设备测试。如果更换某一个设备后，故障消失，则确定是此设备的问题。

如果不是内存、显卡、CPU 的故障，那问题就集中在主板上了。对于主板要先仔细检查有无芯片烧毁、CPU 周围的电容有无损坏、主板有无变形、有无与机箱接触等，再将 BIOS 放电，最后采用隔离法，将主板安置在主机外后连接内存、显卡、CPU 等测试。如果正常了，再将主板安装到机箱内进行测试，直到找到故障原因。

2. 硬件存在兼容性问题

在更换某个硬件之后，出现了电脑黑屏现象，这主要是由于硬件之间的兼容存在问题，比如内存和主板的兼容问题，显卡和主板的兼容问题等。排除此类故障的方法是，使用原来的硬件测试开机是否正常。如果正常，则可以确定是新硬件兼容性问题导致了黑屏。

3. 主板跳线问题

主板跳线和主机的开关相连，当这些线出现问题的时候也可能引起黑屏问题。因此，要检查主板跳线的连接是否正确，然后重新插拔一次，确认接触状况是否良好。

或者拔掉主板上的 Reset 线及其他开关线、指示灯线，再开机测试。因为有些质量不过关的机箱的 Reset 线在使用一段时间后由于高温等原因会造成短路，从而使电脑一直处于热启状态（复位状态）而无法启动（一直黑屏）。如图 19-3 所示为主板跳线。

4. 硬件损坏

硬件本身的损坏，比如主板、显卡、内存等，通常的检查方法是打开主机机箱，查看有没有烧毁或闻到焦煳味道。关于硬件方面的维修，后面章节会有详细的讲述。

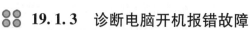

图 19-3　主板跳线

19.1.3　诊断电脑开机报错故障

电脑开机报错故障是指电脑开机自检时或启动操作系统前停止启动、在显示屏出现一些错误提示的故障。

造成此类故障的原因一般是电脑在启动自检时，检测到硬件设备不能正常工作或在自检通过后从硬盘启动时，出现硬盘的分区表损坏，或硬盘主引导记录损坏，或硬盘分区结束标志丢失等故障，导致电脑出现相应的故障提示。

维修此类故障时，一般根据故障提示，先判断发生故障的原因，再根据故障原因使用相应的解决方法进行解决。下面根据各种故障提示总结出故障原因及相应的解决方法。

（1）提示"BIOS ROM Checksum Error – System Halted"（BIOS 校验和失败，系统挂起），一般是由于 BIOS 升级错误导致的 BIOS 程序被更改引起的。采用重新刷新 BIOS 程序的方法即可解决。

（2）提示"CMOS Battery State Low"，该故障是指 CMOS 电池电力不足，更换 CMOS 电池即可解决。

（3）提示"CMOS Checksum Failure"（CMOS 校验和失败），该故障是指 CMOS 校验值与当前读数据产生的实际值不同。进入 BIOS 程序，重新设置 BIOS 程序即可解决。

（4）提示"Keyboard Error"（键盘错误），该故障是指键盘不能正常使用，一般由于键盘没有连接好，或键盘损坏，或键盘接口损坏等引起。一般将键盘重新插好或更换好的键盘即可解决。

（5）提示"HDD Controller Failure"（硬盘控制器失败），该故障是指 BIOS 不能与硬盘驱动器的控制器传输数据，一般是由于硬盘数据线或电源线接触不良造成的。一般检查硬件的连接状况，并将硬盘重新连接好即可解决。

（6）提示"C：Drive Failure Run Setup Utility，Press（F1）To Resume"，该故障是指硬盘类型设置参数与格式化时所用的参数不符。解决此类故障的方法一般是备份硬盘的数据，然后重新设置硬盘参数，如还不行，可格式化硬盘，然后重新安装操作系统即可。

（7）先提示"Device Error"，再提示"Non – System Disk Or Disk Error，Replace and Strike Any Key When Ready"，硬盘不能启动，用 Windows PE 启动盘启用系统后，进入命令提示符窗口，在系统盘符下输入"C："然后按〈Enter〉键，屏幕提示"Invalid Drive Specification"，系统不能检测到硬盘。此故障一般是由 CMOS 中的硬盘设置参数丢失或硬盘类型设置错误等造成的。解决方法是首先重新设置硬盘参数，并检测主板的 CMOS 电池是否有电；然后检查硬盘是否接触不良，数据线、硬盘和主板硬盘接口是否损坏。检查到故障原因后排除故障即可。

（8）提示"Error Loading Operating System"或"Missing Operating System"，该故障是指硬盘引导系统时，读取硬盘 0 面 0 道 1 扇区中的主引导程序失败。此类故障一般是由于硬盘 0 面 0 道磁道格式和扇区 ID 逻辑或物理损坏，找不到指定的扇区或分区表的标识"55AA"被改动，导致系统认为分区表不正确。解决方法是使用 NDD 磁盘工具进行修复。

（9）提示"Invalid Drive Specification"，该故障是指操作系统找不见分区或逻辑驱动器。此故障一般是由于分区或逻辑驱动器在分区表里的相应表项不存在，分区表损坏引起的。解决方法是使用 DiskGenius 磁盘工具恢复分区表。

（10）提示"Disk boot failure，Insert system disk"，该故障是指硬盘的主引导记录损坏，一般是由于硬盘感染病毒导致主引导记录损坏。解决方法是使用 NDD 磁盘工具恢复硬盘分区表。

🔲 19.1.4　诊断 Windows 系统启动失败故障

无法启动 Windows 操作系统故障是指电脑开机有自检画面，但进入 Windows 启动画面时，无法正常启动到 Windows 桌面的故障。

问答 1：什么原因造成无法启动 Windows 系统故障？

Windows 操作系统启动故障可分为下列几种情况。

（1）电脑开机自检时出错无法启动故障。

（2）硬盘出错无法引导操作系统故障。

（3）启动操作系统过程中出错而无法正常启动到 Windows 桌面故障。

造成无法启动 Windows 系统故障的原因较多，主要包括如下几方面。

（1）Windows 操作系统文件损坏。

（2）系统文件丢失。

（3）系统感染病毒。

（4）硬盘有坏扇区。

（5）硬件不兼容。

（6）硬件设备有冲突。

（7）硬件驱动程序与系统不兼容。

（8）硬件接触不良。

（9）硬件有故障。

问答 2：如何诊断修复无法启动 Windows 系统故障？

如果电脑开机后停止启动，出现错误提示，这时首先应认真理解错误提示的含义，根据错误提示检测相应硬件设备，即可解决问题。

如果电脑在自检完成后，开始从硬盘启动时（即出现自检报告画面，但没有出现 Windows 启动画面），出现错误提示或死机，这样的故障一般与硬盘有关，所以应首先进入 BIOS 检查硬盘的参数。如果 BIOS 中没有硬盘参数，则是硬盘接触不良或硬盘损坏。这时应关闭电源，然后检查硬盘的数据线、电源线连接情况，以及是否损坏；主板的硬盘接口是否损坏；硬盘是否损坏等。如果 BIOS 中可以检测到硬盘的参数，则故障可能是由于硬盘的分区表损坏、主引导记录损坏、分区结束标志丢失等引起的，这时需要使用 NDD 等磁盘工具进行修复。

如果电脑已经开始启动 Windows 操作系统，但在启动过程中出现错误提示、死机、蓝屏等故障，这可能是硬件方面的原因引起，也可能是软件方面的原因引起的。对于此类故障应首先检查软件方面的原因，先用安全模式启动电脑修复一般性的系统故障。如果不能解决问题，可以采用恢复注册表、恢复系统的方法修复系统。如果还不行，可以采用重新安装系统的方法排除软件方面的故障。如果重新安装系统后故障依旧，则一般是由于硬件存在接触不良、不兼容、损坏等故障，需要用替换法等方法排除故障。

无法启动 Windows 操作系统故障的维修方法如下。

（1）在电脑启动时，按〈F8〉键，然后选择"安全模式"，用安全模式启动电脑，看能否正常启动。如果用安全模式启动时出现死机、蓝屏等故障，则转至（6）。

（2）如果能启动到安全模式，则造成启动故障的原因可能是硬件驱动程序与系统不兼容，或操作系统有问题，或感染病毒等。接着在安全模式下运行杀毒软件查杀病毒，如果查出病毒，将病毒清除然后重新启动电脑，看是否能正常运行。

（3）如果查杀病毒后系统还不能正常启动，则可能是病毒已经破坏了 Windows 系统重要文件，需要重新安装操作系统才能解决问题。

（4）如果没有查出病毒，则可能是硬件设备驱动程序与系统不兼容引起的。将声卡、显卡、网卡等设备的驱动程序删除，再逐一安装驱动程序，每安装一个设备的驱动程序就重新启动一次电脑，从而来检查是哪个设备的驱动程序引起的故障。查出故障原因后，下载故障设备的新版驱动程序，并重新安装即可。

（5）如果通过检查硬件设备的驱动程序不能排除故障，则故障可能是操作系统损坏引起的。重新安装 Windows 操作系统即可排除故障。

（6）如果电脑不能从安全模式启动，则可能是 Windows 系统严重损坏或电脑硬件设备有兼容性问题。首先用 Windows 安装光盘重新安装操作系统，看是否可以正常安装，并正常启动。如果不能正常安装，则转至（10）。

（7）如果可以正常安装 Windows 操作系统，重新安装操作系统后，检查故障是否消失。如果故障消失，则是系统文件损坏引起的故障。

（8）如果重新安装操作系统后故障依旧，则故障可能是硬盘有坏道或设备驱动程序与系统不兼容等引起的。然后用安全模式启动电脑，如果不能启动，则是硬盘有坏道引起的故障。此时用 NDD 磁盘工具修复硬盘坏道即可解决问题。

（9）如果能启动安全模式，则电脑还存在设备驱动程序问题。按照（4）中的方法将声卡、显卡、网卡等设备的驱动程序删除，检查故障原因。查出问题后，下载故障设备的新版驱动程序，并安装即可解决问题。

（10）如果安装操作系统时出现死机、蓝屏、重启等故障，导致无法安装系统，则应该是硬件有问题或硬件接触不良引起的。首先清洁主机机箱中的灰尘，清洁内存、显卡等设备的金手指，重新安装内存等设备，接着再重新安装系统，如果能够正常安装，则是接触不良引起的故障。

（11）如果还是无法安装系统，则可能是硬件问题引起的故障。用替换法检查硬件故障，找到后更换硬件即可解决问题。

19.2 实战：电脑不开机/不启动故障维修

19.2.1 电脑开机黑屏，无法启动

1. 故障现象

一台电脑开机后无法启动，显示器没有显示，主机没有自检声音。

2. 故障分析

根据故障现象分析，此故障应该是电脑硬件问题引起的，具体原因可能包括以下几点。

（1）显卡故障：由于电脑长时间使用，机箱内灰尘较多，造成显示卡与插槽内接触不良。

（2）内存故障：内存与主板插槽接触不好；安装内存用力过猛或方向错误，造成内存插槽内的簧片变形，致使内存插槽损坏。

（3）CPU 故障：CPU 损坏；CPU 插座缺针或松动。

（4）主板 BIOS 损坏：主板的 BIOS 负责主板的基本输入输出的硬件信息，管理电脑的

引导启动过程。如果 BIOS 损坏，就会导致电脑无法启动。

（5）主板元器件故障：电容、电阻、电感线圈和芯片故障。

3. 故障处理

（1）断开电脑的电源，打开机箱侧盖板，将内存、显卡拔下来，检查其金手指有无氧化层，使用橡皮擦拭金手指去除氧化层。

（2）将内存、显卡重新插好，检查是否插到位。

开机检查时，显示器有显示，自检通过，故障排除。

19.2.2　电脑长时间不用后无法启动

1. 故障现象

一台长时间没有使用的电脑，开机时显示器没有显示，机箱喇叭发出"嘀嘀"的报警声。

2. 故障分析

由于开机无显示，根据故障现象分析，首先怀疑内存或显卡等硬件出现问题。

3. 故障处理

（1）将内存和显示卡重新插接后，开机测试，故障依旧 。

（2）将显卡和内存换到另一台正常使用的电脑上，开机测试，没有问题。这说明显卡和内存正常。

（3）询问得知，用户最近大约 2 个月没有使用过电脑，考虑到电脑闲置时间较长，可能是由于 CMOS 电池电压不够。使用万用表测量主板 CMOS 电池电压，发现低于 3 V，更换电池后再次开机，电脑正常启动。

CMOS 电池及万用表测量电池电压如图 19-4 所示。

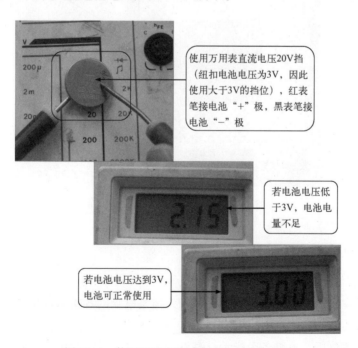

图 19-4　使用万用表检测 CMOS 电池的电压

19. 2. 3 电脑突然蓝屏且无法开机

1. 故障现象

在电脑上玩游戏时，显示器突然蓝屏。重新启动电脑后，显示器依旧不亮。

2. 故障分析

由于电脑蓝屏故障一般与内存、显卡等硬件设备有关，另外，操作系统运行时也可能会出现软件运行错误导致蓝屏，但不会造成无法开机的故障，所以应重点检查硬件方面的故障。

3. 故障处理

（1）用替换法检测电脑主板、显卡、内存等硬件，检查结果均正常。

（2）在检测 CPU 时，发现 CPU 插座附近有一根线悬空没有插好。这根线为温度监控线，负责测量 CPU 温度值。将线插回 CPU 插槽旁的 JTP 针脚上，再开机后电脑启动自检通过，电脑恢复正常。主板测温探头元件如图 19-5 所示。

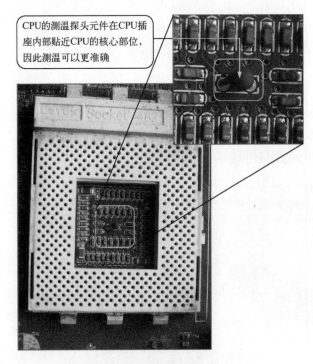

CPU的测温探头元件在CPU插座内部贴近CPU的核心部位，因此测温可以更准确

图 19-5   CPU 插座内的温度探头元件

19. 2. 4   开机时显示器无显示

1. 故障现象

电脑开机后，显示器黑屏，无法启动电脑，但是电脑的各指示灯均亮。

2. 故障分析

根据故障现象分析，电脑各个指示灯亮着，说明电脑已经开机。根据经验，电脑开机无显示，需先检查各硬件设备的数据线及电源线是否均已连接好，尤其是显示器和显卡，其次要检查电脑中的主板、内存、显卡等部件是否工作正常。

3. 故障处理

（1）观察显示器电源指示灯，灯亮说明电脑显示器电源正常。

（2）检查显示器与主机之间的连线。发现 VGA 线与显卡接口连接松动，接触不良。

（3）将 VGA 线重新连接好后，开机测试，故障排除。

19.2.5　清洁电脑后电脑无法开机

1. 故障现象

清洁电脑时，发现显卡散热器上的灰尘无法很好地清理，只好拆下显卡进行清理。清洁完后开机，电脑无法启动。

2. 故障分析

根据故障现象分析，故障原因应该是清洁电脑导致某个硬件设备接触不良，或静电导致某个元器件被击穿。一般使用替换法检查故障。

3. 故障处理

（1）断开电源，打开机箱，用替换法检查内存、显卡、主板等部件。检查后发现主板已损坏。经了解，用户在清洁时很小心，但是在安装显卡时，一开始安装不进去，后来用力才安装进去。

（2）经观察，主板中有两个 PCI－E 接口，将显卡安装到另一个 PCI－E 接口。开机进行测试，电脑可以开机，且运行正常，故障排除。

19.2.6　主板走线断路导致无法开机启动

1. 故障现象

用户在拆卸 CPU 散热器时，不小心用螺丝刀在主板上划了一下。装好电脑后电脑就无法开机了。

2. 故障分析

根据故障现象分析，可能是用户划到主板引起主板中的电路断路，但也可能是其他部件接触不良所致。所以，重点检查主板问题。

3. 故障处理

（1）断开电源，拆下主板检查，发现划痕处铜线被划断。接着找来一根导电细铜丝，焊在主板断路的线路两端，测试没问题后，用专用绝缘胶粘好铜丝。

（2）安装好主板，开机测试，电脑可以开机运行，故障排除。

19.2.7　清扫灰尘后，电脑开机黑屏

1. 故障现象

用户在为主机清扫灰尘后，开机就黑屏。

2. 故障分析

此类故障一般是由于清洁导致某硬件设备接触不良所致，所以要重点检查硬件接触不良的故障。

3. 故障处理

（1）断开电源，打开机箱。

（2）将内存、显卡等硬件拆下，用橡皮擦拭金手指后，重新安装好，并开机测试，启动正常，故障排除。

19.2.8　主板变形，电脑无法加电启动

1. 故障现象

一块昂达主板，装入机箱后发现主板电源指示灯不亮，电脑不能启动。

2. 故障分析

根据故障现象分析，此故障一般是由电脑内存、主板、显卡、CPU等硬件问题引起的，所以可以用替换法检查硬件问题。

3. 故障处理

（1）断开电源，打开机箱，然后用替换法检查各个硬件，发现主板有问题。

（2）仔细检查主板，发现主板有些变形。一般，引起主板变形的原因有CPU散热片安装过紧，或机箱不规整。

（3）仔细检查后，发现CPU散热片固定未影响主板。接着检查机箱，将主板试着安装回机箱，发现主板安装到机箱后发生了轻微变形。主板两端向上翘起，而中间相对下陷，这很可能就是引起故障的原因。将变形的主板矫正后，再将其装入机箱，加电后一切正常，故障排除。

19.2.9　电脑开机黑屏无显示，发出报警声

1. 故障现象

电脑开机后，主机面板指示灯亮，主机风扇正常旋转，发出"嘟嘟嘟…"的报警声，显示器黑屏无显示。

2. 故障分析

根据故障现象分析，由于电脑主机面板指示灯亮，说明主机电源供电基本正常，而报警声说明BIOS故障诊断程序开始运行。所以，判断故障的根源在于显示器、显示卡、内存、主板和电源等硬件。

3. 故障处理

（1）根据主板报警声，检查BIOS。通过开机自检时"嘟嘟嘟…"的报警声来判断故障的大概部位。"嘟嘟嘟…"的连续短声，说明机箱内有轻微短路现象。

（2）断开电源，打开机箱，逐一拆下主机内的接口卡和其他设备电源线、信号线，然后通电试机，发现只保留连接主板的电源线的情况下通电试机，仍听到"嘟嘟嘟…"的连续短声，判断故障原因可能有以下3种：一是主板与机箱短路（可取下主板通电检查）；二是电源过载能力差（可更换电源试试）；三是主板有短路故障。

（3）针对第3种情况进行检查。将电脑主板拆下，然后在绝缘桌子上安装好硬件，开机进行测试，电脑可以正常启动，故障消失。所以怀疑主板与机箱有接触的地方。

（4）在安装主板的时候，在固定点上垫上橡胶垫，然后装好其他硬件，开机测试，运行正常，故障排除。

19.2.10 按开关键无法启动电脑

1. 故障现象

电脑以前冷启动不能开机，必须按一下"复位"键才能开机。现在按"复位"键也不行了，只能见到绿灯和红灯长亮，显示器没有反应。

2. 故障分析

根据故障现象分析，由于开机时需要按复位键，因此判断电脑启动前没有复位信号。由于电脑启动需要 3 个条件：正确的电压、时钟信号、复位信号，三者缺一不可。电脑开机时的复位信号一般由 ATX 电源的第 8 脚提供，因此重点检查主板电源插座及 ATX 电源。

3. 故障处理

（1）断开电源，打开机箱。

（2）拔下主板上的 ATX 电源插头，发现电源插座有过热痕迹（针脚被烧黄）。

（3）处理插座内部的金属脚和电源插头相应的金属插头后，将电源接头插好，开机故障排除。

19.3 高手经验总结

经验一：不开机故障通常与硬件有关，比如有些电脑设置了 U 盘启动，而电脑中插入的 U 盘忘了拔下，启动时系统就会一直在 U 盘中查找系统文件，从而停在那里不启动。所以出现不开机的故障后，重点检查硬件方面的问题。

经验二：CPU 过热问题是导致电脑反复重启的一个主要原因，如果电脑出现反复重启的故障，在排除系统原因之后，就重点排查 CPU 温度问题。另外，劣质电源也是造成重启的一个原因。

经验三：排除法和替换法是排除不开机故障最有用的方法，所以在遇到不开机故障的时候，要逐一排除怀疑的硬件设备，这样很快就可以找出故障原因。

第20章

学习目标

1. 了解 CPU 常见故障
2. 掌握 CPU 常见故障的诊断方法
3. CPU 故障维修实战

学习效果

电源风扇口被灰尘覆盖，散热效果降低

CPU散热风扇被灰尘覆盖，降低散热效果，并且会导致风扇损坏

a)   b)

20.1　知识储备

CPU 是电脑中最重要的部件，是一台电脑的心脏。同时，它也是集成度很高的部件。由于集成度较高，因此可靠性比较高，正常使用时故障率并不高。但安装不当或使用不当可能带来很多意想不到的故障现象。

20.1.1　CPU 分析

问答 1：常见 CPU 故障有哪些？

常见 CPU 故障现象如下。

（1）无法开机。

（2）电脑开机后没有任何反应，即按下电源开关，机箱喇叭无任何鸣叫声。

（3）死机。

（4）不断重启。

（5）蓝屏。

问答 2：哪些原因会造成 CPU 的故障？

CPU 故障的常见原因如下。

（1）CPU 接触不良或针脚有折断。CPU 与插槽之间没有完全接触通常会造成无法开机等故障。CPU 针脚折断将使电脑无法正常工作。

（2）工作参数设置错误。在 BIOS 中错误地设置了 CPU 的工作参数，将引起电脑无法开机。

（3）CPU 温度过高。CPU 风扇散热不好或不工作、散热片与 CPU 接触不良、导热硅胶涂敷得不均匀，将会造成 CPU 发出的热量无法及时散发，CPU 温度过高，进而导致死机甚至被烧坏。

（4）CPU 被烧毁或压坏。CPU 的核心十分"娇嫩"，在安装风扇时，稍不注意便会压坏 CPU，或者由于安装错误造成 CPU 烧毁。

（5）超频、跳线、电压设置不正确。超频可能会造成死机、无法启动系统、黑屏等故障。安装 CPU 前，应认真检查主板跳线是否正常，与 CPU 是否匹配，并将 CPU 的外频、倍频及电压设置选项改为"Auto"。

20.1.2　诊断 CPU 故障

问答 1：怎样检查 CPU 故障？

首先要确定 CPU 是否在工作。判断 CPU 是否在工作的方法有很多，比如通过开机时的报警，或用主板检测卡。不过，最直接有效的方法是用手直接摸一下 CPU 和散热器，如果温度高于常温，CPU 就在工作，否则 CPU 就没有工作。但用手摸时一定要注意的是，有时 CPU 会非常烫手，小心不要被烫伤了。如图 20-1 所示为 CPU 和散热器。

图 20-1　CPU 和散热器

　　通过手摸确定 CPU 是否在工作的方法也有失效的时候，因为现在很多 CPU 都集成了内存控制器，内存不正常也可能会造成 CPU 不工作，此时 CPU 也不发热，所以检测 CPU 时应该替换一下内存。

　　如果 CPU 不能工作，可以从下面两个方面进行进一步检查。第一查看 CPU 自身，将 CPU 拆下（方法在选购章节中讲过），然后观察 CPU 针脚（触点）有没有发黑、发绿、氧化、生锈、折断、弯曲等症状。第二检测供电系统能不能正常供电（在第 21 章主板故障维修实战中会详细讲解）。

　　如果 CPU 能工作，但不稳定或频繁死机、关机、重启，就要检查一下散热是不是正常。具体观察散热器风扇转速是否正常，查看散热器固定架是否松动，查看散热器和 CPU 之间的硅胶是否干固。如图 20-2 所示为加固散热器。

图 20-2　加固散热器

　　如果 CPU 是超频使用，那么应恢复原来的设置，再进行检测。

　　问答 2：如何诊断有规律的频繁死机故障？

　　每次开机一段时间后电脑就死机，或运行大的程序、游戏时电脑就频繁死机，这主要是由散热系统工作不良、CPU 与插座接触不良、BIOS 中有关 CPU 高温报警设置错误等造成的。

　　故障处理：检查 CPU 风扇是否正常运转，散热片与 CPU 接触是否良好，导热硅脂涂敷得是否均匀，取下 CPU 检查插脚与插座的接触是否可靠，进入 BIOS 设置调整温度保护点。

■ 问答 3：怎样诊断工作频率降低故障？

开机后，CPU 工作频率降低，屏幕显示 "Defaults CMOS Setup Loaded" 的提示。

故障处理： 进入 CMOS 设置 CPU 参数。如故障再次出现，则故障与 CMOS 电池或主板的相应电路有关。遇此故障可遵循先易后难的检修原则，首先测量主板电池的电压，如果电压值低于 3 V，应考虑更换 CMOS 电池。假如更换电池没多久，故障又出现，则是主板 CMOS 供电回路的元器件存在漏电，此时应检测主板电路。

■ 问答 4：如何诊断超频后的故障？

过度超频之后，电脑启动时可能出现散热风扇转动正常，而硬盘灯只亮了一下便没了反应的现象，显示器也维持待机状态。由于此时已不能进入 BIOS 设置选项，因此，也就无法给 CPU 降频。

故障处理： 打开机箱并在主板上找到给 CMOS 放电的跳线，给 CMOS 放电并重启电脑即可。

■ 问答 5：如何诊断电脑开机无反应故障？

一般，在遇到这种故障时可采用 "替换法" 来确定故障的具体部位。假如排除了主板、电源引发故障的可能性，则可确定是 CPU 的问题，且多为内部电路损坏。倘若如此，就只能通过更换 CPU 来解决。

■ 问答 6：如何诊断 CPU 安装方面的问题？

在检测 CPU 安装状况的时候，不仅要仔细注意 CPU 与底座之间是否连接通畅，还要仔细观察 CPU 底座是否有损坏或者安装不牢固的地方。

另外，还要检查导热硅脂、散热片和 CPU 的连接等方面问题。如图 20-3 所示。

a)　　　　　　　　　　　　　　　　b)

图 20-3　CPU 底座和 CPU 上面的导热硅脂

a）CPU 底座　b）CPU 上面的导热硅脂

对于 CPU 安装问题的检测，主要考虑散热器是否安装正确、有没有接触不良或者短路的现象。如图 20-4 所示为 CPU 散热器。

首先检测散热器的螺丝有没有松动，电源线有没有接触不良的状况。

其次检测散热器的内部是否清洁。特别是散热器的风扇和导热片内很容易淤积大量的灰尘，要及时地进行清理。

图 20-4　CPU 散热器

CPU 不能正常工作的原因大多是由于 CPU 散热不良，所以在检测 CPU 故障的时候一定要注意 CPU 的散热问题。

还有一种情形也需要引起足够的重视，那就是散热器的重量问题。

CPU 的发热量很大，选择一款好的散热器很重要，特别是一些温度较高的地区或者喜欢超频的用户。但是，做工不好或者过于笨重的散热器也会导致 CPU 散热故障。

通常情况下，CPU 是与主板垂直的，如果 CPU 及散热器的重心没有落在主板上，长时间的重心向下，很可能使 CPU 底座内的簧片变形而引起接触不良等问题。

所以，在检测 CPU 散热问题的时候，也要考虑散热器过重导致的故障。

专家提示

CPU 的导热硅脂在使用时要均匀地涂在 CPU 表面，薄薄一层就可以了。导热硅脂在使用一段时间后可能会干涸，这时可以除净后再重新涂上新的导热硅脂。导热硅脂对 CPU 的散热有很重要的作用，一定要引起足够的重视。

20.2　实战：CPU 故障维修

20.2.1　CPU 超频后开机黑屏

1. 故障现象

CPU 超频后正常使用了几天后，一次开机，显示器黑屏，重启无效。

2. 故障诊断

因为 CPU 是超频使用，且是硬超，所以这有可能是超频不稳定引起的故障。开机后，用手摸了一下 CPU，发现 CPU 非常烫，因此故障可能在此。

3. 故障处理

找到 CPU 的外频与倍频跳线，逐步降频后，启动电脑，系统恢复正常，显示器也有了显示。

专家提示

　　将 CPU 的外频与倍频超频后，应检测看其一段时间内是否很稳定，如果系统运行基本正常，但偶尔会出点小毛病（如非法操作、程序要单击几次才打开），此时如果不想降频，为了系统的稳定，可适当调高 CPU 核心电压。

20.2.2　CPU 散热片导致开机黑屏

1. 故障现象

为了改善散热效果，在散热片与 CPU 之间安装了半导体制冷片，同时为了保证导热良好，在制冷片的两面都涂上硅胶，在使用了近两个月后，某天电脑开机后黑屏。

2. 故障诊断

造成此故障的原因主要有以下几点。

（1）CPU 散热风扇和 CPU 接触不良。

（2）显卡问题。

（3）显示器问题。

（4）CPU 问题。

3. 故障处理

（1）因为是突然死机，怀疑是有硬件松动而引起接触不良。打开机箱，把硬件重新插拔一遍后开机，故障依旧。

（2）检查显卡是否存在问题，因为从显示器的指示灯来看，目前显卡无信号输出。使用替换法进行检查，显卡没问题。

（3）检查显示器是否存在问题，使用替换法同样没发现问题。

（4）检查 CPU 是否存在，发现 CPU 的针脚有点发黑，并有绿斑，这是生锈的迹象。看来故障应该在此。原来，制冷片有结露的现象，一定是制冷片的表面温度过低而结露，导致 CPU 长期工作在潮湿的环境中，日积月累，产生太多锈斑，造成接触不良，从而引发这次故障。

（5）拿出 CPU，用橡皮仔仔细细地把每一个针脚都擦一遍，然后把散热片上的制冷片取下，再安装好，然后开机，故障排除。

20.2.3　CPU 温度过高导致死机

1. 故障现象

一台双核电脑在使用初期非常稳定，但后来似乎感染了病毒，性能大幅度下降，偶尔伴随死机现象。

2. 故障诊断

造成此故障的原因主要有以下几点。

（1）感染病毒。

（2）磁盘碎片。

（3）CPU 温度过高。

3. 故障处理

由于双核处理器的核心配备了热感式监控系统，它会持续检测温度。只要核心温度到达一定水平，该系统就会降低处理器的工作频率，直到核心温度恢复到安全界限以下。所以，电脑性能大幅下降的原因可能在于此。另外，CPU 温度过高也会造成死机。

（1）使用杀毒软件查杀病毒。

（2）如果没有病毒，接着用 Windows 的"磁盘碎片整理"程序进行整理。

（3）如果故障依旧，那么打开机箱，检测 CPU 散热器的风扇，发现通电后电扇根本不转。更换新散热器，故障解决。

20.2.4 电脑总是自动重启

1. 故障现象

一次误将 CPU 散热片的扣具弄掉了，后来又照原样把扣具安装回散热片。重新安装好风扇加电开机后，电脑就自动重启。

2. 故障诊断

造成此故障的原因很多，有软件方面的，有硬件方面的（如 CPU 过热、电压过低等），由于故障是在重装 CPU 散热片后出现的，因此首先检查 CPU 散热方面的问题。

3. 故障处理

（1）在检查 CPU 散热之前，首先初步检查其他部件是否有明显的问题（如接口是否连接好，电源是否插好等）。

（2）检查 CPU 过热问题，反复检查并确认导热硅脂和散热片都没有问题后，重新安装回去，发现还是反复重启，而且散热片温度很低（正常情况下，散热片应该有较高的问题）。

（3）由于散热片温度不高，怀疑 CPU 温度没有传导到散热片。重点检查散热片，经反复对比终于发现，原来是扣具方向装反了，造成散热片与 CPU 核心部分接触有空隙，无法将温度散发出去，导致 CPU 过热，主板侦测 CPU 过热，重启保护。

（4）将散热片重新装好，再开机测试，故障消失。

20.2.5 电脑有规律地死机

1. 故障现象

电脑启动并运行半个小时就会死机，或者启动后运行较大的软件或游戏时也会死机。

2. 故障诊断

这种有规律性的死机现象一般与 CPU 的温度有关。

3. 故障处理

（1）打开机箱侧面板后开机，发现装在 CPU 散热器上的风扇转动时快时慢，叶片上还沾满了灰尘。

（2）关机并取下散热器，用刷子把风扇上的灰尘刷干净，然后把风扇上方和下方的不干胶贴纸揭起一大半，露出轴承，发现轴承处的润滑油早已干涸，且间隙过大，这造成风扇转动时的声音增大了许多。

（3）拿来润滑油在上下轴承处各滴上一滴，然后用手转动几下，擦去多余的机油并重新粘好贴纸，把风扇装回到散热器，再重新装到 CPU 上面。开机测试，发现风扇的转速明显快了许多，而噪声也小了。运行时不再死机。

20.2.6　三核 CPU 只显示为双核

1. 故障现象

故障电脑的主板是映泰 A780L3B2，CPU 是 AMD 三核速龙 II X3 450，内存是 1GB 威刚 DDR3 1333。用软件测试 CPU，发现在设备属性中显示为双核。

2. 故障诊断

确定 CPU 为三核后，推断可能是 BIOS 不支持三核，或 BIOS 设置屏蔽了三核。

3. 故障处理

开机进入 BIOS，查看 ACC（Advanced Clock Calibration）选项，发现主板没有该项。可能是 BIOS 版本不适应该 CPU，升级 BIOS 后问题排除。

20.2.7　电脑噪音非常大，而且经常死机

1. 故障现象

一台戴尔电脑，最近开机后噪音非常大，而且经常死机。

2. 故障诊断

造成电脑噪音大的原因有以下几方面。

（1）CPU 散热风扇转动不良。

（2）机箱风扇转动不良。

（3）硬盘出现坏道，磁头无法读取碟片数据。

（4）电脑中病毒，导致 CPU 长期高负载运行，散热器长时间高转速散热。

（5）系统故障导致散热器风扇长期高速转动。

3. 故障处理

（1）打开电脑机箱，查看机箱内风扇，发现 CPU 散热器风扇松动。

（2）仔细查看 CPU 散热器，发现散热器底座的塑料卡子折了一个。

（3）更换 CPU 散热器底座。

（4）开机再试，故障没有再出现。

20.2.8　使用时，电脑机箱内发出较大噪音

1. 故障现象

一台组装的双核电脑，虽然可以正常使用，但机箱内发出间断的震动噪音，机箱有时也会随着内部的震动发出噪音。

2. 故障诊断

一般电脑的噪音都源自风扇转动时引起的震动，所以首先打开机箱侧盖进行检查，发现 CPU 散热风扇震动较大发出的这个噪音。CPU 散热风扇震动大有以下几种原因。

（1）CPU 的散热风扇使用时间较长，风扇电机轴承的润滑油脂已经完全干涸，因此风扇电机转动轴承工作时处干磨状态，震动大。

（2）由于很久没有对电脑进行清理，风扇表面以及散热器缝隙聚集了很多灰尘，如图 20-5 所示。风扇扇叶表面沾有灰尘后，扇叶转动不平衡造成震动。

电源风扇口被灰尘覆盖，散热效果降低

CPU散热风扇被灰尘覆盖，降低散热效果，并且会导致风扇损坏

图 20-5　脏的 CPU 风扇

3. 故障处理

（1）断开电源，打开机箱盖板。

（2）把风扇和散热器拆下并分离。散热器直接用自来水清洗即可，散热风扇用小毛刷清理灰尘。

（3）打开散热风扇背面的塑料贴纸，向机芯滴入一两滴润滑油即可。注意用量不能过多。

（4）在 CPU 和散热器的表面均匀涂抹一层散热硅脂。

（5）将 CPU 和散热器安装好，散热器风扇电源插头插好后开机，机箱内发出的噪音明显减小。如果 CPU 使用时间较长，也可以更换一个新的散热风扇以保证电脑的安全。

20.2.9　电脑加装风扇后无法启动

1. 故障现象

一台四核游戏电脑，为了改善机箱内部的散热条件，加装了机箱风扇，但加装后，电脑无法启动。

2. 故障诊断

经了解，加装的机箱风扇的电源插头接在了主板上，由于是在机箱内安装风扇引起的故障，因此首先怀疑是风扇碰到其他板卡造成接触不良，电脑硬件一般不会出现问题。

3. 故障处理

（1）断开电源，打开机箱盖板。

（2）把内存、显卡等部件拆下再重新插好，然后开机检测，发现故障依旧。

（3）取下机箱风扇观察，发现机箱风扇的电源接在了主板 CPU 风扇的插座上，CPU 风扇接在系统风扇的插座上。而机箱风扇的供电插头没有接用来测转速的那根脚。所以，BIOS 检测不出 CPU 风扇插座上机箱风扇的转速，便启动了 CPU 保护功能，切断了电源，这样就出现了主机一通电就断电的情况。

（4）将 CPU 风扇接在主板上标有 "CPU FAN" 的插座上，把机箱风扇接在主板上标有

"SYSTEM FAN"的插座上。再开机，电脑正常启动并进入系统，故障排除。

20.2.10　电脑运行大程序就死机

1. 故障现象

一台电脑，使用一年多以后开始出现不定时死机现象，一开始是运行大程序时容易死机，后来发展到开机后只要进行操作就会死机。

2. 故障诊断

经了解，电脑在运行大程序时，或运行一段时间后死机，所以判断这是由于 CPU 的散热不好造成的。CPU 散热不佳，通常会造成死机或自动停机。

3. 故障处理

（1）打开机箱盖板，发现 CPU 风扇灰尘较多，再开机检查，发现 CPU 风扇转动不太正常，时快时慢。

（2）断开电源后，卸下原来的风扇，清洁散热片及风扇上的灰尘，并向风扇轴承上加注机油，然后安装好风扇。

（3）将 CPU 和散热风扇安装好后，开机运行，电脑正常，并且长时间使用电脑没有出现死机现象，故障排除。

20.3　高手经验总结

经验一：做好 CPU 的散热工作很重要，特别是在夏天。CPU 的发热量很大，如果散热系统出现问题，就会导致 CPU 工作不正常，最终出现运行速度变慢、死机、重启等故障。

经验二：超频会导致 CPU 的发热量增加，所以超频时一定要注意 CPU 的散热风扇是否够用。

经验三：最好定期清理 CPU 风扇和散热片上的灰尘，要不然，在使用一两年之后，CPU 风扇会由于灰尘而负荷增加，噪音增大，同时散热效率减低。

第21章

主板故障维修实战

学习目标

1. 了解主板常见故障
2. 掌握主板常见故障的诊断方法
3. 主板故障维修实战

学习效果

电路板被烧坏

滤波电容开裂

烧毁的贴片电容

滤波电容爆裂

CPU散热风扇旁电路上的灰尘

内存插槽上的灰尘

21.1　知识储备

主板（Motherboard）在整个电脑中扮演着非常重要的角色，所有的配件和外设都必须将主板作为运行平台，才能相互进行数据交换等工作。可以说，主板是整个电脑的中枢，一旦它出现问题，就会造成电脑工作不稳定或无法开机。由于主板的结构比较复杂，所以主板故障排除起来也比较复杂，本章将教你如何诊断并排除主板的故障。

21.1.1　学会分辨主板的故障

问答 1：常见的主板故障有哪些？

常见的主板故障主要包括以下几方面。

（1）无法开机。

（2）死机。

（3）开机自动重启。

（4）某一个接口或功能无法使用。

（5）开机后黑屏，但指示灯亮。

（6）启动异常。

问答 2：哪些原因会造成主板故障？

主板是负责连接电脑配件的桥梁，其工作的稳定性决定了电脑能否正常运行。由于它所集成的组件和电路多而复杂，因此产生故障的原因也相对较多。

主板故障的确定方法是：一般先通过逐步拔除或替换主板所连接的板卡（内存、显卡等）排除这些配件可能出现的问题，就可以把目标锁定在主板上。另外，主板故障往往表现为系统启动失败、屏幕无显示等难以直观判断的故障现象。

主板故障原因一般有以下几个方面。

（1）人为原因引起的故障

带电插拔各种板卡，以及在装板卡及插头时用力不当，对接口、芯片等造成损害。

（2）工作环境引起的故障

静电常造成主板上芯片被击穿。当遇到电源损坏或电网电压瞬间产生的尖峰脉冲时，主板供电插头附近的芯片往往会被损坏。主板上的灰尘，也会造成信号短路。

（3）元器件质量问题引起的故障

由于芯片和其他元器件的质量不良，导致供电电路、开机电路、时钟电路、复位电路及接口电路等出现故障。

造成主板故障的具体原因主要有以下几点。

（1）主板驱动程序存在漏洞。

（2）主板元器件接触不良。

（3）主板元器件短路或损坏。

（4）主板电池没电。

（5）主板兼容性较差。

（6）主板芯片组过热。

（7）主板 BIOS 损坏。

21.1.2 诊断主板常见故障

问答 1：如何诊断主板的故障？

在维修主板时，可以采用下面的 4 步骤进行维修。

1. 一问、二听、三看

一问：在维修主板前先问明主板发生故障前后的情况，如是否在扩充内存时损坏，这些情况对判断故障非常重要。

二听：获得故障信息的基本来源是机箱喇叭。如果 CPU 开始能工作，有些主板即使不安装内存，机箱喇叭也会给出提示信息。对这种主板，如果 CPU 未能工作，主要应检查主机和 CPU 的供电电源。

三看：不要放过每一个可疑的细节，如密布细线上的焊锡和氧化物。借助放大镜等工具可帮助找出肉眼无法看清的故障点。

2. 清除灰尘

很多故障是由灰尘引起的，灰尘会腐蚀主板，造成接触不良。清除灰尘时用油漆刷、油画笔、皮吹球（钟表用）、电吹风等工具均可有效地除去主机机箱中的灰尘。

3. 清理接口

用无水酒精、橡皮去除工具板卡及金手指上的氧化物，尽量不使用砂纸，因为它会对漆膜、镀金或其他镀层带来伤害。

4. 用最小系统法检修

在机箱中只安装主板、CPU、内存条、显卡、电源、显示器等使电脑能开机启动的最小系统，从而可以尽快判断黑屏故障是不是主板引起的。

问答 2：如何诊断短路及灰尘导致的主板故障？

由于接触不良、短路等原因造成主板保护性故障。主板是聚集灰尘较多的地方，灰尘很可能会引发插槽与板卡接触不良的现象。CPU 插槽内用于检测 CPU 温度或主板上用于监控机箱内温度的热敏电阻，若附上了灰尘的话，很可能会造成主板对温度的识别错误，从而引发主板保护性故障的问题，因此在清洁时需要注意；主机机箱内，不小心掉入的诸如小螺钉之类的导电物可能会卡在主板的元器件之间从而引发短路现象；主板安装不当或机箱变形而使主板与机箱直接接触，使具有短路保护功能的电源自动切断电源供应。

故障处理：清理主板上的灰尘，对着插槽吹吹气，去除插槽内的灰尘。如果是由于插槽引脚氧化而引起接触不良的，可以将有硬度的白纸折好（表面光滑那面向外），插入槽内来回擦拭。检查主板与机箱底板间是否少装了用于支撑主板的小铜柱，导致主板安装不当或机箱变形而使主板与机箱直接接触。

问答 3：如何诊断主板芯片过热故障？

有些主板将北桥芯片上的散热片省掉了，这可能会造成芯片散热效果不佳导致系统运行一段时间后死机。

故障处理：清洁散热风扇及散热片上的灰尘，如果还不行，可以更换体积更大的散热片，或更换风力更大的风扇。

问答 4：如何通过 BIOS 报警声和诊断卡判断主板故障？

如果主板有 BIOS 报警声，通常说明主板工作正常。此外，如果主板上的诊断码有显示，并可以正常走码，也说明主板在正常工作。反之，如果没有 BIOS 报警声或者诊断卡不显示、不走码，则说明主板可能出现了问题。如图 21-1 所示为自带诊断卡的主板。

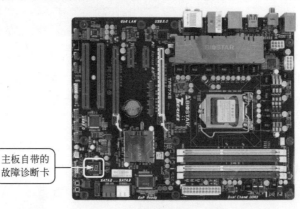

图 21-1　自带诊断卡的主板

问答 5：如何通过电源工作状态判断主板故障？

如果按下电源开关后，电脑无法启动，则可以通过检查 ATX 电源的工作状态来判断故障。可以用手放在机箱后面 ATX 电源附近（一般 ATX 电源都带有一个散热风扇），如果电源散热风扇转动，说明 ATX 电源工作正常，主板的开机电路部分工作正常，则故障很有可能是主板供电电路或时钟电路等有故障引起的无法启动；如果 ATX 电源散热风扇没有转动，则可能是电源问题或主板问题引起的，可以先排除 ATX 电源问题，再检查主板问题。排除电源问题的方法是：打开机箱，拔下主板 ATX 电源接口连线，然后用镊子或导线连接 ATX 电源接口中的绿线和任意一根黑线，如果电源风扇转动，说明电源工作正常。如图 21-2 所示为 ATX 电源接口。

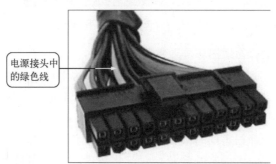

图 21-2　ATX 电源接口

问答 6：如何通过 POST 自检来判断主板故障？

启动电脑之后，系统将执行一个自我检查的例行程序。这是 BIOS 功能的一部分，通常称为 POST（Power On Self Test，上电自检）。完整的 POST 包括对显卡、CPU、主板、内存、键盘等硬件的测试。如图 21-3 所示为 POST 界面。

开机自检信息

图 21-3　POST 界面

系统启动自检过程中，会将相关的硬件状况反映出来。通过自检信息判断电脑硬件故障也是常用的一种方法。有时候，主板的局部硬件损坏，就会在 POST 中显示出来。

问答 7：如何诊断 CMOS 电池方面的故障？

CMOS 设置错误或者 CMOS 电池静电问题，常常导致一些系统故障。通过对 CMOS 电池放电的方法，可以排除这些故障。如图 21-4 所示为主板 CMOS 电池。

图 21-4　主板 CMOS 电池

问答 8：如何诊断主板物理损坏导致的故障？

因为主板构成复杂，电路、电子器件和插口多，很多主板还集成了显卡、声卡和网卡芯片等，一旦出现撞击、雷电或者有异物的情况，很容易导致主板的损坏或者烧毁。如图 21-5 所示为主板中损坏的元器件。

在检查主板有没有物理损害的时候，首先要检查电路板、芯片等是否有烧焦或者划痕，电容等元器件是否有开焊或者爆浆的现象。对于集成度很高、布满各种元器件的主板来说，检查起来确实麻烦，但这却是最有效的方法之一。

问答 9：如何诊断主板接触不良的问题？

检测主板是否有接触不良的问题，首先检查主板上是否存在异物或者布满灰尘，因为异物和灰尘常常导致主板接触不良、短路等问题。

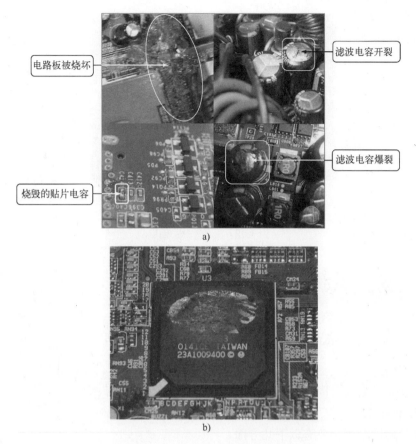

图 21-5　主板中损坏的元器件

a) 电路板和电容损坏　b) 被烧坏的主板芯片

　　接着检查主板和各种硬件的连接。查看主板与其他硬件的接口、连接线是否有损坏的状况。如果没有，可以用万用表在不插电的情况下对主板的电压进行测试，确定主板是否存在问题。如图 21-6 所示为检查主板接触不良的问题。

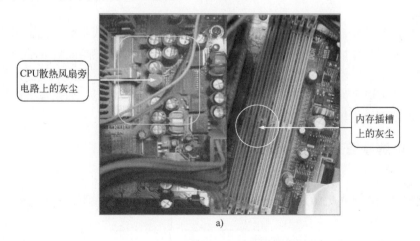

图 21-6　检查主板接触不良问题

a) 主板布满灰尘

b）

图 21-6　检查主板接触不良问题（续）

b）用万用表测主板电压

21.2　实战：主板故障维修

21.2.1　电脑无法正常启动，发出"嘀嘀"警报声

1. 故障现象

电脑无法正常启动，同时发出"嘀嘀"的警报声。

2. 故障诊断

造成此故障的原因主要有以下几方面。

（1）主板内存插槽性能较差，内存条上的金手指与插槽簧片接触不良。

（2）内存条金手指表面的镀金效果不好，在长时间工作中，镀金表面出现了很厚的氧化层，从而导致内存条接触不好。

（3）内存条生产工艺不标准，看上有点儿薄，这样内存条与插槽始终有一些缝隙，稍微有点震动，就可能导致内存接触不好，从而引发报警现象。

3. 故障处理

首先将主机机箱打开，断开电源，取出内存条，将内存条上的灰尘或氧化层用橡皮擦干净，然后重新插入到内存插槽中即可。要是内存太薄的话，可以用热熔胶将插槽两侧的微小缝隙填平，以确保内存条不左右晃动，这样也能有效避免金手指被氧化。如果上面的方法无法解决问题的话，可以更换新的内存条试试；在更换新内存的条件下，如果报警声继续出现的话，就只能重新更换主板试试了。

21.2.2　电脑频繁死机

1. 故障现象

电脑频繁死机，在进行 CMOS 设置时也会出现死机现象。

2. 故障诊断

造成此故障的原因主要有以下两方面。

（1）主板散热不良。

（2）主板缓存有问题。

3. 故障处理

（1）如果因主板散热不够好而导致该故障，可以在死机后触摸 CPU 周围的主板元器件，会发现其非常烫手，在更换大功率风扇之后，死机故障即可解决。

（2）如果是主板缓存有问题导致该故障，可以进入 CMOS 设置，将 Cache（缓存）禁止后即可。当然，Cache（缓存）禁止后，电脑运行速度肯定会受到影响。

（3）如果仍不能解决故障，那就是主板或 CPU 有问题，只有更换主板或 CPU 了。

21.2.3 电脑开机死机，提示 "Keyboard Interface Error"

1. 故障现象

开机自检时，出现提示 "Keyboard Interface Error"（键盘接口错误）后死机，拔下键盘，重新插入后又能正常启动系统，使用一段时间后键盘无反应。

2. 故障诊断

造成此故障的原因可能是多次拔插键盘引起主板键盘接口松动。

3. 故障处理

拆下主板，用电烙铁重新焊接好键盘接口即可。如果是带电拔插键盘，则问题可能引起主板上某个保险电阻（在主板上标记为 Fn 的元件）断了，换上一个 $1\,\Omega/0.5\,W$ 的电阻即可。

21.2.4 电脑总自动重启

1. 故障现象

在装机、格式化硬盘及安装系统时一切正常，但当安装完驱动程序之后出现了电脑关机不正常的故障。

2. 故障诊断

首先对电脑进行测试，先正常关机，发现在关机画面停住，迟迟不关机，等待片刻之后发现电脑关闭系统后又自行启动。由于是在安装完驱动程序后出现的故障，怀疑故障与驱动程序有关。将驱动程序卸载并重装，先安装显卡驱动程序，关机正常；但安装完主板驱动程序后，电脑关机时会自动重启。因此判断故障为主板与显卡的驱动程序不兼容。

3. 故障处理

首先到主板和显卡的官网下载最新的驱动程序，安装后，重新测试，故障消失。

21.2.5 主板供电电路问题导致经常死机

1. 故障现象

故障电脑的主板是昂达品牌的，运行一般程序时正常，但一运行游戏程序就会死机。

2. 故障诊断

用替换法检测，排除了 CPU、内存、显卡、电源的问题，确定是主板故障造成的。分析可知，问题在 CPU 高负载时出现，因此首先检查 CPU 的稳定性，其次检查主板的滤波电容和供电是否正常。造成此故障的原因主要有以下几方面。

（1）CPU 过热。

（2）主板滤波电容损坏。

（3）主板供电不良。

3. 故障处理

先检查 CPU 是否过热，再检查 CPU 周围的元器件是否异常（如电容是否有爆浆等），然后检查主板供电电路。

（1）检查 CPU 是否超频，发现没有超频。

（2）检查 CPU 温度，发现温度正常。

（3）检查主板上 CPU 供电电路上的元器件，没有发现异常。

（4）用手触摸主板上的主要芯片，发现 CPU 供电电路上一个电源管理芯片很烫手。测量这个芯片的输出电压，发现电压不正常。更换这个芯片。

（5）更换芯片后，开机测试，问题得到解决。

21.2.6　按下电源开关后，电脑等几分钟才启动

1. 故障现象

按下故障电脑电源开关后，能听见风扇转动，但电脑没有启动，过几分钟后，电脑才启动，启动后使用正常。

2. 故障诊断

根据故障现象分析，造成此个故障的原因可能有以下几方面。

（1）ATX 电源故障。

（2）电源开关故障。

（3）主板供电电路故障。

3. 故障处理

这个故障大多数时候是由供电电路上的电容故障引起的，但应该先从简单的入手。

（1）检查 ATX 电源，强制开机，发现电源工作正常。

（2）检查电源开关，用镊子直接短接主板上的开机针脚，发现故障依然存在。

（3）检查各条供电电路，发现 CPU 供电电路的对地阻值偏小。

（4）进一步检查 CPU 供电电路，发现两个滤波电容短路。

（5）更换同型号的电容后，再开机测试，故障排除。

21.2.7　开机几秒后自动关机

1. 故障现象

故障电脑开机后几秒后就会自动关机，无法启动，反复开关后还是无法启动。

2. 故障诊断

开机时电源有供电，说明故障出现在主板上的可能性很大。主板上的开机电路和 CPU 供电电路出现短路或元器件损坏都可能会造成开机失败。

3. 故障处理

先用替换法测试电源，发现电源是好的，可以使用。再检查主板故障。

（1）测量开机电路，发现开机电路有短路。

（2）进一步检测开机电路上的元器件和设备，发现 I/O 芯片的工作不稳定。

（3）更换 I/O 芯片。

（4）开机测试，故障解决了，因此判断此故障是 I/O 芯片损坏导致的。

21.2.8 电脑启动并进入桌面后，经常死机

1. 故障现象

故障电脑经常在启动并进入桌面后死机，开始以为是系统损坏，重装了 Windows 后，故障依然存在。

2. 故障诊断

根据故障现象分析，元件损坏或硬件不兼容，都有可能造成死机。检测时可以先从简单的入手，查看有无明显损坏，再用替换法替换 CPU、内存、主板和其他板卡。

3. 故障处理

（1）打开主机机箱，发现机箱内灰尘很多，将灰尘清理干净。

（2）查看主板上的元器件，发现有一个电容上有裂口，因此怀疑是电容损坏造成的故障。

（3）更换有裂口的电容。

（4）开机测试，发现故障没有再出现。

21.2.9 电脑开机后机箱喇叭报警声长鸣

1. 故障现象

一台双核电脑开机后，机箱喇叭发出"嘀"的长鸣报警声，但电脑还可以正常启动和使用。

2. 故障诊断

根据故障现象分析，一般电脑启动时会自检硬件设备，当发现某个硬件设备有问题时，会发出报警声，如果有问题的硬件设备关系到电脑的正常运行，则会停止启动。由于电脑还可以正常启动和使用，则估计是某个设备的 BIOS 设置有问题。

3. 故障处理

（1）进入 BIOS 设置程序，查看硬件设备的参数，发现有一行红字提示发现系统监控出现错误。具体提示内容为 CPU 风扇转速为 0 转。

（2）进入"PC Health Status"（CPU 健康状况）的设置页面查看，发现"CPU Fan Speed"选项的参数为 0，说明 BIOS 没有检测到 CPU 风扇的转速。

（3）由于电脑可以正常使用，说明 CPU 风扇应该是正常转动的，估计故障是由 CPU 风扇的电源线没有插在主板的"CPU FAN"插座引起的（如图 21-7 所示）。

图 21-7　主板上标记"CPU FAN"的插座及 CPU 散热风扇的 4 芯电源插头

（4）关闭电脑电源，打开机箱，检查 CPU 风扇，发现 CPU 风扇电源线插在了"SYS-TEM FAN"插座上。将 CPU 风扇电源线调整后，开机检测，BIOS 中可以检测到风扇的转速，故障排除（参考图 21-8）。

图 21-8   CPU 风扇转速监控选项

21. 2. 10   电脑正常使用中突然关机故障

1. 故障现象

一台组装的双核电脑，在正常使用过程中，有时会突然关机，主机上各指示灯均不亮，重新启动后电脑使用正常。

2. 故障诊断

经了解，发生故障时移动了机箱或碰到了机箱。由于电脑是在正常使用的时候时出现故障的，重新开机后电脑又可以正常工作，因此判断主板和其他插卡损坏的可能性不大。这种问题大多是由主板及元器件有虚焊、碰线、接触不良或主板和机箱之间有异物造成短路等原因引起的。

3. 故障处理

（1）电脑正常使用时用手按压机箱的不同地方，当按到机箱上方时，电脑又出现了故障现象。电源风扇停止工作。判断故障是由主机电源保护动作，电源停止工作引起的。

（2）检查主机机箱，发现为一个杂牌立式机箱，铁皮很薄，用手轻轻一按压，机箱就会出现明显的变形。这样的机箱在长时间的使用后，整个机箱就会出现比较明显的变形。

（3）打开机箱侧盖，将主板拆下后，仔细地观察主板的外观，发现主板上有两根平行布线的印刷线路间隙狭小，有一根线可能由于受到过磕碰而出现一个细小的毛刺与另一根线近似接触的现象，因此怀疑故障由此引起。将毛刺除去。

（4）重新插好各板卡，并拧紧各紧固螺钉，盖上机箱侧板，开机后电脑正常工作，按压机箱各部分故障没有再次出现，说明故障已经排除。

21.3 高手经验总结

　　经验一：主板故障一般都会影响电脑的稳定性，当电脑出现硬件原因导致的故障后，一般通过替换法来找到故障原因。

　　经验二：灰尘会导致主板的内存接口、扩展槽等接触不良，从而导致内存或显卡等工作不稳定，造成电脑无法开机等故障。

　　经验三：当主板老化之后，主板上的一些元器件性能不稳定，会造成主板稳定性变差，时好时坏。

第章

内存故障维修实战

内存故障维修实战

 学习目标

1. 了解内存常见故障
2. 掌握内存常见故障的诊断方法
3. 内存常见故障维修实战

 学习效果

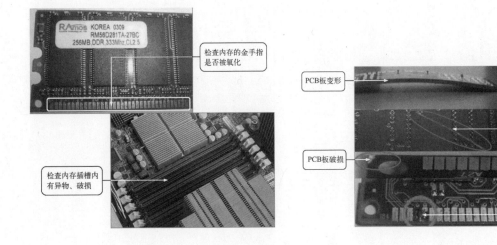

检查内存的金手指
是否被氧化

检查内存插槽内
有异物、破损

PCB板变形

PCB板有划痕

PCB板破损

金手指脱落

内存问题引起的故障，可能表现为黑屏、死机、系统运行缓慢等。判断是否为内存问题引起的系统故障，可以从 BIOS 报警声、POST 自检和诊断卡故障码判断。

22.1　知识储备

22.1.1　内存故障分析

问答 1：内存常见故障有哪些？

当内存出现故障时，常出现如下故障现象。

（1）内存容量减少。

（2）Windows 经常自动进入安全模式。

（3）Windows 系统运行不稳定，经常产生非法错误。

（4）Windows 注册表经常无故损坏，提示要求用户恢复。

（5）启动 Windows 时系统多次自动重新启动。

（6）出现内存不足的提示。

（7）随机性死机。

（8）开机无显示报警。

问答 2：哪些原因造成内存的故障？

造成内存故障的原因较多，常见的故障原因如下。

（1）CMOS 中内存设置不正确。CMOS 中内存参数设置不正确，电脑将不能正常运行，会死机或重启等。

（2）内存条与内存插槽接触不良。内存金手指氧化、条形插座上灰尘过多、插座内掉入异物、安装松动、不牢固、条形插座中弹簧片变形或失效等引起内存接触不良，造成电脑死机、无法开机、开机报警等现象。

（3）内存与主板不兼容。内存与主板不兼容，将造成电脑死机、容量减少、无法启动、开机报警等故障现象。

（4）内存芯片质量不佳。内存芯片质量不佳将导致电脑经常进入安全模式或死机。

（5）内存损坏等引起的故障。

22.1.2　诊断内存故障

问答 1：如何通过 BIOS 报警声诊断内存故障？

根据 BIOS 的报警声判断系统故障，是比较常用的方法。一般来说，对 BIOS 的报警声的含义清楚了，也就能大致判断出系统故障的范围。对于 AWARD、AMI 和 Phoenix 这三种常见的 BIOS 来讲，BIOS 会根据不同故障部位发出不同的报警声。通过这些不同的报警声，可以对一些基本故障进行判断。下面列举各种 BIOS 内存问题的报警声含义。

（1）AWARD BIOS

长声不断响：内存条未插紧。

1 长 1 短：内存或主板错误。

（2）AMI BIOS

1短：内存刷新故障。

2短：内存 ECC 校验错误。

1长3短：内存错误。

（3）Phoenix BIOS

4短3短1短：内存错误。

■ 问答2：如何通过自检信息诊断内存故障？

在自检过程中出现"Memory Test Fail"提示，说明内存可能存在接触不良或损坏的问题。

■ 问答3：如何通过诊断卡故障码诊断内存故障？

利用诊断卡故障码，也可以确定是否内存问题引起的系统故障。一般情况下，以 C 开头或者 D 开头的故障代码都代表内存出现了问题。中文诊断卡可以直接显示故障原因。但需要注意的是，诊断卡只是给出一个处理故障的方向，最终确定具体故障原因还需要其他方法去实现。如图 22-1 所示为诊断卡故障码。

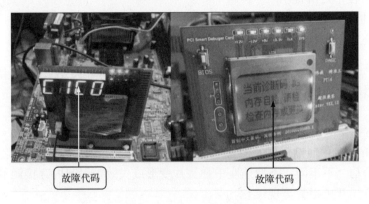

图 22-1　诊断卡故障码

■ 问答4：如何通过内存外观诊断内存故障？

检查内存故障，首先用观察法，检查内存是否存在物理损坏。观察内存上是否有焦黑、发绿等现象，内存表面是否有缺损或者异物，内存的金手指是否有缺损或者氧化现象。如果有这些故障现象，则说明内存有问题，可以用替换法进一步检测确认故障问题。如图 22-2 所示为几种物理损坏。

■ 问答5：如何通过内存金手指和插槽诊断内存故障？

内存的金手指被氧化，或者是内存插槽内有异物、破损，通常会引起内存接触不良的问题。因此，应检查内存的金手指是否被氧化，以及内存插槽内有异物、破损，如图 22-3 所示。

内存与主板接触不良，常常会导致系统的黑屏现象。处理这类问题比较简单，排除内存物理损害的情况下，对内存的金手指和内存插槽进行清洁。

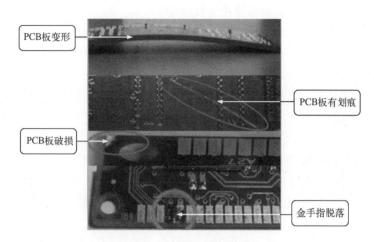

图 22-2　内存的物理损坏

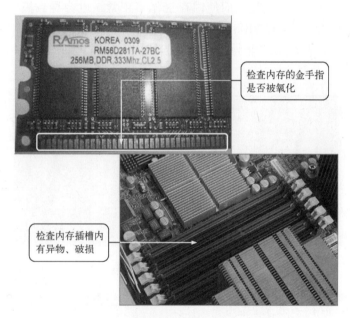

图 22-3　内存插槽可能存在损害或异物

处理内存金手指被氧化的方法有以下几种。

（1）橡皮。用橡皮轻轻擦拭金手指表面，不仅可以去除粉尘，还可以清除金手指上的氧化物。

（2）铅笔。铅笔里面的碳成分具有导电性，用铅笔的铅芯擦过金手指后，金手指具有更好的导电性。

（3）酒精。用小棉球蘸无水酒精擦拭金手指，清理完之后要等内存干燥了再进行安装。

（4）砂纸。砂纸可以去除氧化层，但是擦的时候要注意力度，否则会将金手指擦坏。

对于内存插槽，则主要采用毛刷，或者用风扇等工具进行灰尘的清理。注意不要用热吹风机，因为它有可能对系统的物理元器件造成损害。

问答 6：如何通过替换法诊断内存兼容性问题？

内存出现的兼容问题，主要发生在更换硬件或者添加硬件之后。

所以检测此类问题常常用替换法，换回原来的硬件，或者将新添加的硬件去除。如果系统故障解决，则说明是更换或者添加的新硬件与原系统不兼容。

第一种常见的情况是主板与内存的不兼容。这种情况多发生在将高频率的内存用于某些不支持此频率内存的旧主板上。所以在添加或者更换内存条的时候，一定要事先弄清楚主板所支持的内存参数。

主板与内存不兼容常常会导致系统自动进入安全模式的状况。

第二种常见的情况是内存之间的不兼容。由于采用了几种不同芯片的内存，各内存条速度不同，因而产生了一个时间差，导致系统经常死机的现象发生。对此可以尝试在 BIOS 设置内降低内存速度予以解决。

问答 7：如何通过恢复 BIOS 参数设置诊断内存故障？

由于更改了 BIOS 的参数设置，而使内存工作不正常，也会导致黑屏和死机等系统故障。进入 BIOS 设置之后，查看 BIOS 中的内存参数设置，采用第 4 章介绍的 BIOS 设置的方法设置内存参数，可以帮助解决非硬件问题引起的内存故障。如图 22-4 所示为内存 BIOS 设置界面。

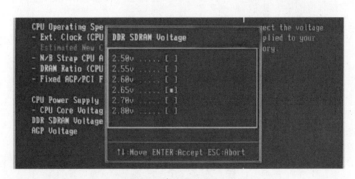

图 22-4　内存 BIOS 设置

22.2　实战：内存故障维修

22.2.1　DDR3 1333 MHz 内存显示只有 1066 MHz

故障现象：故障电脑在进入系统后，用软件查看内存频率，1333 MHz 的内存频率显示只有 1066 MHz。

故障分析：以前的内存频率是主板决定的，而 Intel i7 CPU 与之前的 CPU 不同的是，CPU 内集成了内存控制器，内存频率由 CPU 决定。Intel i7 所支持的内存频率只有 800 MHz 和 1066 MHz。

故障处理：CPU 本身限制了内存的频率，如果不超频，是不能调整为 1333 MHz 的。但超频就会带来不稳定，所以建议就在 1066 MHz 下使用。

22.2.2　4 GB 内存，自检只有 3 GB

故障现象：升级电脑配置时，内存从 2GB 升级为 4 GB，但开机自检时显示内存只有 3 GB。

故障分析：一些老的主板，比如 Intel 的 X38、X48、P35、P45 等，最大只支持 3 GB 内存，另外，Windows 32 位系统也最多支持 3.6 GB 内存。

故障处理：如果内存本身没有问题，更换主板和操作系统就能支持更大的内存容量了。具体处理方法如下。

（1）用替换法，检测发现内存没有问题。

（2）用户暂时不打算换主板，所以只能把 4 GB 内存当作 3 GB 使用。

22.2.3　双核电脑无法安装操作系统，频繁死机

故障现象：新组装的一台电脑，安装系统时频繁死机。

故障分析：由于电脑无法安装操作系统，且频繁死机，因此应该是硬件方面的原因引起的故障。造成此故障的原因主要如下。

（1）内存接触不良或不兼容。

（2）显卡接触不良。

（3）CPU 没装好。

（4）主板故障。

（5）ATX 电源问题。

故障处理：对于此类故障一般首先用替换法进行检查。

（1）用替换法分别检测内存、显卡、主板、CPU 等部件。发现更换内存后，电脑故障消失，看来是内存有问题。

（2）仔细查看原先的内存，发现 PCB 板上有一处断裂，导致 PCB 板上的金属导线断路。

（3）更换内存后，故障排除。

22.2.4　启动时，显示器黑屏，并不断发出长响报警

故障现象：故障电脑以前使用一直很正常，今天开机后突然无法正常启动，显示器黑屏，并不断发出长响报警。

故障分析：由于电脑不断发出长响的报警声，根据报警声推断，电脑故障是由内存问题引起的。

故障处理：对于此类故障应重点检查内存方面的原因。

（1）关闭电源，然后打开机箱。

（2）打开机箱后，发现机箱中灰尘很多。

（3）清理机箱中的灰尘，并将内存金手指上的灰尘清理干净。

（4）开机测试，发现电脑可以启动，故障排除。

（5）判断这是灰尘导致内存接触不良引起的故障。

22.2.5　清洁电脑后，开机出现错误提示，无法正常启动

故障现象：对一台电脑进行清洁后，发现电脑开机无法启动，出现"Error：Unable to Control A20 Line"的错误提示。

故障分析：提示信息是 A20 地址线无法使用。根据故障现象分析，此故障应该是硬件问题引起的，内存不能读取。可能是清洁电脑导致的某个硬件接触不良。造成此故障的原因主要有如下两方面。

（1）内存接触不良。

（2）内存损坏。

故障处理：对于此类故障应首先检查硬件连接方面的原因。

（1）关闭电脑电源，然后打开机箱检查电脑中内存等硬件设备，发现内存没有完全安装进内存插槽。

（2）将内存重新安装好，开机检测，故障排除。

22.2.6　增加一条内存后，电脑无法开机

故障现象：对电脑进行升级，增加了一条威刚 DDR3 2 GB 内存，但安装好增加的内存后，发现电脑无法开机，显示器没有显示，电源指示灯亮。

故障分析：根据故障现象分析，因为在添加内存前电脑工作正常，所以推断故障可能是升级内存引起的。造成此故障的原因主要有以下几方面。

（1）内存与主板不兼容。

（2）两条内存不兼容。

（3）内存接触不良。

（4）内存损坏。

（5）其他部件接触不良。

故障处理：对于此故障应首先检查内存方面的原因。

（1）打开机箱将增加的内存取下，然后开机检查，发现电脑又可以正常开机。

（2）再装上增加的内存，并卸下原先的内存，然后开机测试，发现同样可以开机。看来是两条内存不兼容引起的故障。

（3）仔细检查增加的内存，发现两条内存不是一个品牌的，更换一条与原内存同品牌、同规格的内存后，开机测试，故障排除。

22.2.7　新装电脑运行较大的游戏时死机

故障现象：新组装电脑，启动时没有问题，但时间长了或是运行较大的游戏时会死机。

故障分析：由于电脑是新装的，因此排除软件方面的原因。造成此故障的原因主要有如下几方面。

（1）CPU 过热。

（2）硬件间不兼容。

（3）ATX 电源有问题。

故障处理：对于此类故障应首先检查 CPU 过热方面的原因，然后检查其他方面的原因。

（1）打开机箱，启动电脑运行大游行，当死机时用手触摸 CPU 散热片，发现散热片温度很低。

（2）用替换法检查内存、显卡、CPU、主板等部件，发现电脑中原先的硬件都是正常的，但在测试内存时，发现内存的芯片温度较高。

（3）查看发现，因为四核 CPU 发热大，所以配了一台大功率散热器，但是散热器安装时，没有将出风口方向不是上下的，而是左右的。这就导致散热器吹出的热风都吹在了内存上，使得内存迅速升温，从而导致死机。

（4）将散热器取下后重新安装，将出风口朝上。

（5）开机再试，发现故障已排除。

22.2.8 电脑经过优化后，频繁出现"非法操作"错误提示

故障现象：用户最近对故障电脑 BIOS 进行优化后，发现电脑频繁出现"非法操作"错误提示。

故障分析：此故障应该是优化 BIOS 后，操作系统或硬件运行不正常引起的。由于电脑在 BIOS 优化前使用正常，因此可以认为电脑操作系统等软件方面没有问题。造成此故障的原因主要有如下几方面。

（1）电脑超频。

（2）内存问题。

（3）系统问题。

（4）感染病毒。

（5）主板问题。

故障处理：此类故障应首先检查 BIOS 方面的原因，然后检查其他方面的原因。

（1）检查 BIOS 设置中的内存设置，因为内存设置不当也会引起系统问题。

（2）开机时按〈Del〉键进入 BIOS 程序，然后选择 "Advanced Chipset Features"（芯片组特性设置），并检查内存的设置项，发现 "CAS Latency Control"（内存读写延迟时间）选项被设置为 2。一般电脑设置为 2.5 或 3 比较合适。

（3）更改设置为 2.5，保存退出，然后重启电脑进行测试，发现故障消失，看来是优化 BIOS 设置时，内存设置不当引起的故障。

22.3 高手经验总结

经验一：由于内存金手指被氧化经常会造成内存和主板接触不良，造成内存工作不稳定或无法工作，这时将内存金手指用橡皮擦一擦，即可以改善内存的接触不良问题。

经验二：检查内存故障时，通常用替换法，将怀疑有故障的内存安装到另一台电脑上，或将一条好的内存安装到故障电脑的主板上，以排除故障。

第 **23** 章

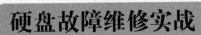
硬盘故障维修实战

学习目标

1. 了解硬盘常见故障
2. 掌握硬盘常见故障的诊断方法
3. 掌握硬盘无法启动故障的诊断方法
4. 硬盘故障维修实战

学习效果

❷ 在打开的对话框中，单击"工具"选项卡，然后单击"检查"按钮

❸ 开始检查磁盘，如果遇到逻辑错误，会自动进行修复

❶ 在要检测的磁盘上单击鼠标右键，然后选择"属性"命令

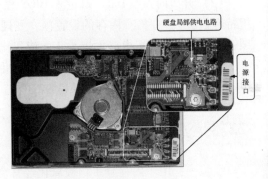

硬盘局部供电电路

电源接口

23.1 知识储备

硬盘问题常常导致系统无法启动或者死机，判断和检测硬盘故障的方法包括查看硬盘的外部连接和系统内测试。

23.1.1 硬盘故障分析

问答 1：硬盘常见故障现象有哪些？

硬盘是电脑的主要存储设备，由于电脑的操作系统一般都安装在硬盘上，因此当硬盘出现故障时，电脑就不能正常工作了。

硬盘常见故障现象如下。

（1）启动电脑时，屏幕提示 "Device error" "Non – system disk or error，Replace and strike any key when ready"，电脑不能正常启动。

（2）启动电脑时，屏幕提示 "No ROM basic system halted"，电脑死机。

（3）启动电脑时，屏幕提示 "Invalid partition table"，电脑不能启动。

（4）启动电脑时，系统提示停留很长时间，最后显示 "HDD controller failure"。

（5）异常死机。

（6）正常使用电脑时频繁出现蓝屏。

（7）电脑无法识别硬盘。

问答 2：哪些原因会造成硬盘故障？

造成硬盘故障的主要原因如下。

（1）硬盘坏道

由于经常非法关机或使用不当，造成硬盘出现坏道，导致系统文件损坏或丢失，电脑无法启动或死机。

（2）硬盘供电问题

如果硬盘的供电电路出现问题，如硬盘不通电、硬盘检测不到、盘片不转、磁头不寻道等，那么将会直接导致硬盘不能工作。供电电路常出问题的部位是插座的接线柱、滤波电容、二极管、晶体管、场效应管、电感、保险电阻等。

（3）分区表丢失

由于病毒破坏造成硬盘分区表损坏或丢失，将导致系统无法启动。

（4）接口电路问题

接口是硬盘与电脑其他部件之间传输数据的通路，若接口电路出现故障，则可能会导致检测不到硬盘、乱码、参数错误等现象。接口电路常出故障的部位是接口芯片或与之匹配的晶振损坏、接口插针断或虚焊或脏污、接口排阻损坏等。

（5）磁头芯片损坏

磁头芯片贴装在磁头组件上，用于放大磁头信号、分配磁头逻辑、处理电磁线圈电机反馈信号等。该芯片损坏可能会出现磁头不能正确寻道、数据不能写入盘片、不能识别硬盘、发出异响等故障现象。

（6）电机驱动芯片

电机驱动芯片用于驱动硬盘主轴电机和电磁线圈电机。现在的硬盘转速比较高，这就增加了芯片发热量，提高了故障率。据不完全统计，70% 左右的硬盘电路故障是由该芯片损坏引起的。

（7）其他部件损坏

其他部件包括主轴电机、磁头、电磁线圈电机、定位卡子等，这些部件损坏将导致硬盘无法正常工作。

23.1.2 诊断硬盘故障

问答1：如何通过检查硬盘外部连接诊断硬盘故障？

硬盘外部连接出现故障，常常导致系统不能正常工作。硬盘外部连接故障主要有主板的硬盘接口松动、损坏，连接硬盘的电源线损坏或电源接口损坏，硬盘接口的金手指损坏或者氧化。如图 23-1 所示为主板硬盘接口。

图 23-1　主板硬盘接口

检测硬盘的外部连接问题，需要对整个硬盘的外部连接线进行排查。打开电脑主机机箱，仔细观察主板与硬盘的连接、电源与硬盘的连接。此外，还要关注主板接口是否有损坏，连接线是否有焦黑或者折断，接口是否有异物或者灰尘。

除了用肉眼仔细观察外，更有效的方法是采用替换法和排除法。比如更换连接线和硬盘，如果系统还是不能正常工作，那么主要问题就可能出现在硬盘或者连接线上。

通过类似的替换法和排除法，可以很清晰地判断是主板接口问题、电源问题、连接线问题还是硬盘自身的问题。

在硬盘的外部连接中，硬盘接口的金手指也同样需要仔细检测。因为这部分器件氧化或者损害也造成系统不能正常工作。如图 23-2 所示为硬盘的金手指。

如果硬盘的外接电源不稳定，系统常常会出现死机、不断重启或者运行缓慢的状况。所以在检测的时候，同样需要关注硬盘外接电源是否正常供电。

图 23-2　硬盘的金手指

问答 2：如何用工具软件检测硬盘？

如果系统出现运行缓慢、经常死机或不断重启的现象，在排除硬盘外部连接问题之后，就需要用一些检测工具对硬盘进行检测。下面进行具体介绍。

（1）使用系统自带的扫描修复工具进行检测。具体方法如图 23-3 所示。

图 23-3　系统硬盘检测工具

通过这个工具可以修复一些硬盘的小故障，也可以判断出硬盘是逻辑坏道还是物理坏道。

（2）用 HD Tune 工具软件检测

HD Tune 是一款硬盘性能检测工具。它能检测硬盘的传输率、突发数据传输率、数据存取时间、CPU 使用率、健康状态、温度等。另外，还可详细检测出硬盘的固件版本、序列号、容量、缓存大小以及当前的传送模式等。如图 23-4 所示为 HD Tune 检测界面。

问答 3：如何诊断硬盘开机检测不到硬盘故障？

开机检测不到硬盘故障是指开机后电脑的 BIOS 没有检测到硬盘，BIOS 中没有硬盘的参数。

无法检测到硬盘的故障一般是由于 IDE 接口与硬盘连接的电缆线未连接好、IDE 电缆接头处接触不良、电缆线断裂、跳线设置不当、硬盘硬件损坏等引起。

当电脑发生开机检测不到硬盘故障时，可以按照下面的方法进行检修。

（1）关闭电脑的电源，打开主机机箱检查硬盘的数据线、电源线是否连接正常（是否接反、插紧等）。如果连接不正常，重新连接好即可。

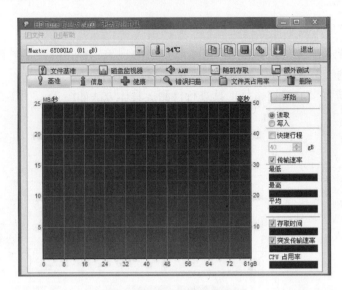

图 23-4　HD Tune 检测界面

（2）如果连接正常，接着检查是否连接了多块硬盘或将光驱和硬盘连在了同一条数据线上。如果是，检查硬盘的跳线设置是否正常。

（3）如果跳线设置不正确，重新设置跳线。如果电脑中只连接了一块硬盘且光驱和硬盘没有接在同一条数据线上（只针对 IDE 接口的硬盘），接着开机检查硬盘是否有电机转动的声音。

（4）如果硬盘没有电机转动的声音，则可能是硬盘的电路板中的电源电路有故障，维修电源电路故障；如果硬盘有电机转动的声音，接着关闭电脑的电源，然后将硬盘的数据线接在另一个硬盘接口上，然后开机测试。如果还是检测不到硬盘，则可能是硬盘的固件有问题，需要用专门的工具软件刷写硬盘固件。

（5）如果 BIOS 中可以检测到硬盘的参数，则是主板中的硬盘接口损坏，将硬盘接到其他硬盘接口即可。

（6）如果故障依旧，接着更换数据线进行测试。如果故障消失，则是硬盘数据线损坏；如果故障依旧，接着将硬盘接到另一台电脑中进行测试。

（7）如果另一台电脑中可以检测到该硬盘，则说明故障电脑的主板有问题，更换主板即可；如果在另一台电脑中依旧无法检测到硬盘，则说明硬盘存在问题，接着检查硬盘接口电路等电路板故障，并排除故障。

问答 4：如何通过工具软件诊断硬盘坏道？

硬盘坏道故障是指硬盘中的坏扇区引起的故障。硬盘老化或使用不当经常会造成磁盘坏道，如果不解决坏道问题，将影响系统运行和数据的安全，严重的将导致电脑无法启动或数据无法被读取。

当硬盘出现坏道故障时，可以按照下面的方法进行检修。

（1）用 Windows 系统中的磁盘扫描工具对硬盘进行完全扫描，对于硬盘的坏簇，该程序将以黑底红字的 B 标出。

（2）避开坏道，对于比较多且比较集中的坏道，分区时可以将坏道划分到一个区内，以后不要在此区内存取文件即可。

（3）用 Partition Magic 分区软件将坏道分区隐藏，运行 Partition Magic 分区软件后，选择"Operations→Check"命令进行坏簇标注，然后选择"Operations→Advanced/Bad Sector Retest"命令把坏簇分成一个或多个分区，再通过"Hide Partition"命令将坏簇分区隐藏。最后选择"Tools→Drive Mapper"命令收集快捷方式和注册表内的相关信息，更新程序中的驱动盘符参数，从而确保程序的正常运行。

■ 问答5：如何排除连接或硬盘硬件问题造成的无法启动故障？

由于 CMOS 设置错误、硬盘数据线连接松动、硬盘控制电路板损坏、主板硬盘接口电路损坏、盘体内部的机械部位出现故障，造成硬盘无法启动，通常在开机后，屏幕中的 WAIT 提示会停留很长时间，最后出现"Reset Failed"（硬盘复位失败）或"Fatal Error Bad Hard Disk"（硬盘致命性错误）或"HDD Not Detected"（没有检测到硬盘）或"HDD Control Error"（硬盘控制错误）等提示。

对于硬盘的硬件或连接故障，可以按照以下方法进行检修。

（1）若开机后，屏幕中的 WAIT 提示停留很长时间，最后出现错误提示故障，那么首先检查 CMOS 中是否有硬盘的数据信息。由于现在的主板 BIOS 都是开机自动检测硬盘，因此如果 CMOS 中没有硬盘数据信息，则是主板 BIOS 没有检测到硬盘（如主板 BIOS 不能自动检测硬盘，请手动检测）。

（2）如果 BIOS 检测不到硬盘，则接着听一下硬盘发出的声音。如果发出"哒…哒…哒……"的声音后恢复了平静，则一般可以判断硬盘大概没有问题，故障原因可能在硬盘的设置或数据线连接或主板的 IDE 接口上。接着检查电脑中是否接了双硬盘、硬盘的跳线是否正确、硬盘数据线是否存在断线或有接触不良现象。如果数据线无故障，接着检查硬盘数据线接口和主板硬盘接口是否有断针现象或接触不良现象。如有断针现象，则接通断针。如没有这些问题，那么将硬盘换一个 IDE 接口或在主板上接一个正常的硬盘来检测主板的 IDE 接口是否正常。

（3）如果硬盘发出"哒…哒…哒……"的声音后又连续几次发出"咔嗒…咔嗒"的声响，则一般是硬盘的电路板出了故障，重点检修硬盘电路板中的磁头控制芯片。

（4）如果硬盘发出"哒、哒、哒"或"吱、吱、吱"之类的周期性噪音，则表明硬盘的机械控制部分或传动臂有问题，或者盘片有严重损伤，这时可以将硬盘拆下来，接在其他的电脑上进一步判断。在其他电脑中通过 BIOS 中检测一下硬盘，如果检测不到，那就可以断定是硬盘问题，需要检修硬盘的盘体（检修盘体一般需要超净间环境）。

（5）如果听不到硬盘发出的声音，用手触摸硬盘的电机位置，看硬盘的电机是否转动，如果不转，则硬盘没有加电。接着检查硬盘的电源线是否连接好及电源线是否有电，如果电源线正常，则是硬盘的供电电路出现故障，进而检测硬盘电路板中的供电电路元器件故障。如图 23-5 所示为硬盘供电电路。

■ 问答6：如何排除引导区故障造成的无法启动故障？

如果引导区损坏了，那么通常在开机自检通过后，没有引导启动操作系统，而是直接出现错误提示，如"Disk Boot Failure""Insert System Disk And Press Enter""Invalid System Disk""Error Loading Operating System""Non – System Disk Or Disk Error""Replace and Strike

Any Key When Ready" "Invalid Drive Specification" "Missing Operating System" 等提示。

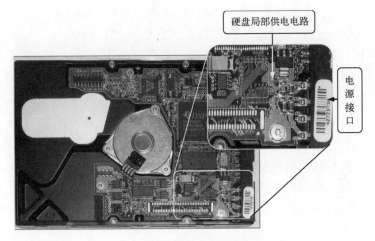

图 23-5 硬盘的供电电路

对于引导区故障造成的硬盘无法启动可以根据故障提示进行检修，具体如表 23-1 所示。

表 23-1 引导区故障

故障提示信息	故障分析	诊断排除方法
提示 "C: Drive Failure Run Setup Utility, Press (F1) To Resume"	该故障是因为硬盘的类型设置参数与格式化时所用的参数不符	备份硬盘的数据，重新设置硬盘参数，如不行，重新格式化硬盘，再安装操作系统
开机后提示 "Device Error"，然后又提示 "Non – System Disk Or Disk Error, Replace and Strike Any Key When Ready"，提示不能启动，用应急启动盘启动后，在系统盘符下输入 "C:" 按〈Enter〉键，提示 "Invalid Drive Specification"，系统不认硬盘	该故障的原因一般是 CMOS 中的硬盘设置参数丢失或硬盘类型设置错误等	重新设置硬盘参数，并检测主板的 CMOS 电池是否有电
提示 "Error Loading Operating System" 或 "Missing Operating System"	硬盘引导系统时，读取硬盘 0 面 0 道 1 扇区中的主引导程序失败。一般原因为 0 面 0 道磁道格式和扇区逻辑或物理损坏，找不到指定的扇区或分区表的标识 55AA 被改动，系统认为分区表不正确	使用 NDD 进行修复
提示 "Invalid Drive Specification"	该故障是由于操作系统找不见分区或逻辑驱动器，由于分区或逻辑驱动器在分区表里的相应表项不存在，分区表损坏	使用 Disk Genius 等软件恢复分区表
屏幕显示 "Invalid Partition Table" 提示信息	该故障的原因一般是硬盘主引导记录中的分区表有错误	使用 DiskGenius 等软件修复

■■ 问答 7：如何排除坏道或系统文件丢失造成的无法启动故障？

如果硬盘有物理坏道或系统文件丢失，那么开机自检通过后，启动系统时通常会出现蓝屏、死机、提示某个文件损坏或数据读写错误或开机检测时提示 "HDD Controller Error"（硬盘控制器故障）或 "DISK 0 TRACK BAD"（0 磁道损坏）等故障现象。

这是由于硬盘出现坏道，而存放在坏道处的系统文件在启动系统时无法被调用，从而造成启动时出现蓝屏或死机或错误提示信息。对于逻辑坏道，可以使用 Scandisk 磁盘扫描工具进行修复，如果不行，可以用 FORMAT 命令格式化硬盘。一般的逻辑故障用格式化的方法都可以解决。对于硬盘物理故障，可以使用 NDD 或 DM 等工具进行修复。

23.2　实战：硬盘故障维修

23.2.1　电脑无法启动，提示 "Hard disk not present" 错误

故障现象：故障电脑突然无法开机了，提示 "Hard disk not present" 错误。

故障分析：根据故障提示分析，此故障可能是电脑没有检测到硬盘引起的。硬盘损坏、硬盘供电故障、数据线接触不良都有可能造成系统找不到硬盘。

故障处理：首先检查硬盘连接方面的原因，然后检查其他方面的原因。

（1）打开机箱，检查硬盘数据线和电源线，发现数据线和电源线连接正常。

（2）开机时按〈Del〉键进入电脑的 BIOS 程序，然后进入 "Standard CMOS Features" 选项检查硬盘参数，发现 BIOS 没有检测到硬盘参数。

（3）打开电脑电源，仔细听硬盘的声音，发现硬盘有电机转动的声音，说明供电正常。

（4）关闭电脑电源，用替换法检查硬盘的数据线，发现更换数据线后故障消失。

（5）仔细检查原先的数据线，发现数据线上有一个排线处有裂口，应该是数据线在此处有断线造成的系统无法找到硬盘。更换数据线后，故障排除。

23.2.2　电脑无法启动，提示没有找到硬盘

故障现象：故障电脑使用中突然停电了，来电以后再打开电脑，就提示没有找到硬盘。

故障分析：根据没有找到硬盘的提示来判断，故障可能是电脑没有检测到硬盘引起的。找不到硬盘可能是硬盘损坏、硬盘数据线接触不良、硬盘中系统文件损坏造成的。

故障处理：

（1）检查硬盘数据线的连接，没有发现松动和断线。

（2）打开电脑，按〈Del〉键进入电脑的 BIOS 程序，然后进入 "Standard CMOS Features" 选项检查硬盘参数。发现 BIOS 可以检测到硬盘参数，说明硬盘正常，怀疑硬盘中的系统文件损坏。

（3）重新安装操作系统，安装好后进行测试，电脑运行正常，故障排除。判断为突然断电导致系统文件丢失引起的故障。

23.2.3　升级电脑后无法启动

故障现象：一台旧电脑，因为硬盘太小，所以加了一块硬盘，两块硬盘都是 IDE 接口。安装了两块硬盘以后，电脑就无法启动了。

故障分析：根据现象判断，可能是因为硬盘冲突或是主从设置错误造成的。

故障处理：先要判断是硬盘故障还是硬盘冲突。

（1）用替换法。先安装一块硬盘测试，发现不管是旧盘还是新盘，都可以正常使用，这样可以判断是两块硬盘之间的冲突问题。

（2）查看硬盘的连接，注意到两块硬盘是用一根 IDE 数据线连接的。

（3）进一步检查发现，两块硬盘的跳线都是设置为主硬盘的，所以电脑无法判断哪个是主硬盘哪个是从硬盘，从而导致无法启动。

（4）将一块硬盘的跳线设置为从硬盘。

（5）开机测试，发现可以正常启动了，且硬盘容量也达到了两块硬盘的容量和，故障排除。

23.2.4 硬盘发出"嗞、嗞"声，电脑无法启动

故障现象：故障电脑开机时，电脑无法启动，提示没有找到硬盘，并且听到硬盘发出"嗞、嗞"的声响。

故障分析：根据故障现象分析，无法启动故障应该是硬盘故障造成的。硬盘盘体损坏、盘片损坏、磁头损坏都有可能造成启动时发出"嗞、嗞"的响声。

故障处理：遵循先易后难的原则，先检查固件方面的原因，然后检查其他方面的原因。

（1）用 PC3000 检查硬盘，接着用相同型号的固件刷新硬盘的固件。

（2）刷新后测试硬盘，发现硬盘故障依旧。

（3）如果硬盘中有重要的数据文件，可以在超净环境中开盘检查硬盘的磁头和盘片，如果磁头损坏，更换磁头即可。如果盘片损坏，可以考虑从未损坏的盘片中恢复需要的数据。

（4）更换磁头后，硬盘可以使用了。因此判断是磁头问题导致的硬盘故障。

23.2.5 电脑无法正常启动，提示"Hard disk drive failure"

故障现象：故障电脑今天突然无法进入系统，自检时出现"Hard disk drive failure"（硬盘装载失败）的错误提示。

故障原因：根据错误提示分析，故障可能是由硬盘电路板或固件损坏引起的。

故障处理：此类故障应首先检查硬盘连接方面的原因，然后检查固件方面的原因。

（1）打开机箱，检查硬盘的数据线连接，发现连接完好。

（2）开机时按〈Del〉键进入电脑的 BIOS 程序，然后进入"Standard CMOS Features"选项检查硬盘参数，发现 BIOS 可以检测到硬盘参数。

（3）怀疑硬盘的固件损坏，接着用 PC3000 检测硬盘，然后用相同型号的固件刷新硬盘的固件。刷新固件后测试硬盘，故障消失。看来是硬盘固件损坏引起的故障。

23.2.6 电脑无法启动，提示 I/O 接口错误

故障现象：故障电脑的硬盘是希捷 500 GB 硬盘。电脑开机时无法进入系统，提示"Disk I/O error. Replace the disk, and then press any key"硬盘接口错误。

故障分析：根据故障提示分析，此故障可能是由硬盘接口方面的问题引起的。硬盘损坏、硬盘接口电路损坏、数据线接触不良等都可能显示这个错误提示。

故障处理：对于此类故障，首先应检查接口方面的原因，然后检查其他方面的原因。

（1）重新拔插硬盘数据线和电源线。

（2）进入 BIOS 程序的"Standard CMOS Features"选项中检查硬盘，发现 BIOS 检测不到硬盘参数。

（3）开机用手摸硬盘的主轴电机，发现电机在转动，说明硬盘的供电正常。

（4）怀疑硬盘的接口电路损坏，用万用表测量控制电路板。检测硬盘的主控芯片，发现控制接口的主控芯片不正常。

（5）更换同型号的主控芯片后，开机测试，发现可以正常启动了。

23.2.7　电脑无法启动，提示找不到分区表

故障现象：故障电脑开机后无法进入系统，提示"Invalid partition table"（分区表无效错误）。

故障分析：分区表无效错误可能是硬盘损害、非法关机、病毒破坏造成的。

故障处理：对此故障的检修方法如下。

（1）将硬盘换到另一台电脑中，运行 NDD 磁盘工具软件。接着在软件界面中选择故障硬盘的 C 盘，并单击"诊断"按钮。

（2）用软件开始检测硬盘，随后弹出提示检测到错误并询问是否要修复的对话框，此时单击"修复"按钮，对硬盘进行修复。

（3）修复后将硬盘重新安装到原来的电脑中，开机测试，电脑启动正常。

（4）进入系统后用杀毒软件查杀病毒，结果发现几个病毒。由此判断是病毒引起的分区表损坏，清除病毒后故障排除。

23.2.8　电脑无法启动，提示操作系统丢失

故障现象：故障电脑开机后无法进入系统，提示"Missing operating system"（操作系统丢失错误）。

故障分析：根据故障提示分析，系统丢失可能是由于硬盘引导文件丢失、硬盘扇区损坏、分区标识丢失或病毒破坏造成的。

故障处理：对此故障的检修方法如下。

（1）用启动盘检测硬盘分区。

（2）用磁盘工具软件检测硬盘，随后弹出提示检测到错误并询问是否修复的对话框，此时单击"修复"按钮进行修复。

（3）修复后再次开机测试，发现电脑可以正常使用了。

（4）进入系统后用杀毒软件扫描，没有发现病毒。

23.3　高手经验总结

经验一：当硬盘发出"咣当、咣当"或"嗞、嗞"的响声时，最好不要再继续使用硬盘，而是赶紧去维修中心检测一下是硬盘的电路板有问题还是硬盘的盘体有问题。如果是硬盘的电路板有问题，更换电路板即可。但如果是硬盘的盘体有问题，最好赶紧备份硬盘中的资料，因为硬盘随时都有报废的可能。

经验二：当电脑总是出现死机或无法启动等故障时，在排除软件原因后，应检查一下硬盘中是否有坏道。如果硬盘中有坏道，最好将硬盘的坏道进行隔离，否则硬盘中的坏道会越来越多。

第24章

显卡故障维修实战

学习目标

1. 了解显卡常见故障
2. 掌握显卡故障的诊断方法
3. 掌握显卡故障的维修流程
4. 显卡故障维修实战

学习效果

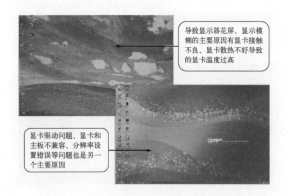

导致显示器花屏、显示模糊的主要原因有显卡接触不良、显卡散热不好导致的显卡温度过高

显卡驱动问题、显卡和主板不兼容、分辨率设置错误等问题也是另一个主要原因

检查显卡的金手指是否有脱落的现象

打开主机箱，仔细观察显卡电路板是否有划痕，电容等元器件是否有损坏或者烧焦

如果显卡不能得到很好的散热，也会导致系统产生一系列故障。所以一定要仔细检查显卡的散热器是否存在问题。如果散热器内淤积了大量灰尘，要及时进行清理

显卡故障的维修是专业的电脑维修人员应该具备的技能之一。如果显卡本身出现问题，更换显卡应该是比较简单的解决方法，而维修显卡本身是较为困难的。本章重点介绍显卡的工作原理、显卡故障维修流程、显卡故障诊断与维修方法，并提供了一些较为实用的维修实例。

24.1　知识储备

24.1.1　显卡故障分析

问答1：显卡常见的故障现象有哪些？

显卡常见故障现象主要有以下几点。

（1）开机无显示并报警。

（2）系统不稳定且容易死机。

（3）显示器花屏，看不清字迹。

（4）颜色显示不正常，偏色。

（5）屏幕出现异常杂点或图案。

问答2：哪些原因造成显卡故障？

造成显卡故障的主要原因如下。

（1）接触不良、灰尘、金手指氧化。此原因造成的故障大多数在开机时会有报警声提示。此时可以打开机箱，重新拔插显卡；清除显卡及主板上的灰尘；认真观察显卡的金手指是否发黑被氧化，并用橡皮擦干净。进行以上操作后，问题一般会得到解决。

（2）显卡元器件损坏。显卡自身的质量问题引起的故障。

（3）显卡散热条件不好。显卡芯片同CPU一样，工作时会产生大量的热量，因此需要有比较好的散热条件，而有些厂商为了降低制造成本，省去了散热片或采用了质量不好的风扇，这都会降低显卡的稳定性。另外，由于显卡风扇上的灰尘过多导致转速减慢也会引起显卡过热问题。

（4）CMOS中的相关设置不合理。

（5）兼容性问题。这类故障一般发生在电脑刚装机或进行升级后，多见于主板与显卡不兼容或主板插槽与显卡金手指不能完全接触。

（6）显卡的显存问题。显存老化、质量不好或虚焊等通常会引起电脑死机等故障。

（7）显卡工作电压不稳。当显卡的工作电压低于或高于其标准电压时就可能造成显示方面的故障。

（8）显卡超频问题。为了提高显卡的性能，对显卡进行超频而导致电脑故障。

24.1.2　诊断显卡故障

如果显卡出现问题，将可能出现黑屏、花屏、显示模糊等故障现象。

问答1：如何通过 BIOS 报警声诊断显卡故障?

启动电脑之后,系统报警声异常。下面三种不同的 BIOS 的报警声代表显卡有问题。

（1）Award BIOS：1 长 2 短的报警声表示显卡或显示器错误;不断地短声响,表示电源、显示器或显卡未连接。

（2）AMI BIOS：8 短报警声表示显存错误;1 长 8 短的报警声表示显卡测试错误。

（3）Phoenix BIOS：3 短 4 短 2 短的报警声表示显示错误。

问答2：如何通过自检信息诊断显卡故障?

如果电脑在自检过程中长时间停留在显卡自检处,不能正常通过自检,说明可能是显卡出现了问题。这时重点检查显卡是否有接触不良故障,是否存在部件损坏等问题。如图 24-1 所示为 NVIDIA 显卡电脑自检画面。

显卡的信息,第一行为显示芯片厂商和型号,第二行为版本,第四行为显存容量

NVIDIA GeForce 8800GTX VGA BIOS
VerSion 1.10.21.00
Copyright (c) 1996-2008 nVIDIA Corp.
768.0MB RAM

图 24-1　NVIDIA 显卡电脑自检画面

问答3：如何通过显示状况诊断显卡故障?

可以根据显示器的显示状况进行显卡问题的判断。虽然花屏、显示模糊或者黑屏现象是通过显示器表现出来的,但是这是比较常见的系统故障,导致这些故障的原因却通常不是显示器本身的问题。所以在通过显示状况判断系统故障的时候,要注意辨别是显示器问题导致的故障还是由于显卡问题导致的故障,如图 24-2 所示。

问答4：如何通过主板诊断卡故障代码诊断显卡故障?

当启动电脑出现黑屏的时候,可以用主板诊断卡先进行诊断。如果诊断卡故障代码为 0B、26、31,表示显卡可能存在问题。这时重点检查显卡是否与主板接触不良,是否存在损坏部件等问题。

问答5：如何通过检查显卡的外观诊断显卡故障?

检测显卡问题导致的系统故障,首先还是从物理硬件开始排查,如图 24-3 所示。

问答6：如何通过检测显卡安装问题诊断显卡故障?

独立显卡要与主板、电源、显示器还有自身的散热器相连,因此与其相关的连接线和接口比较多。一旦某一个环节出现了问题,都可能导致黑屏、花屏等问题。

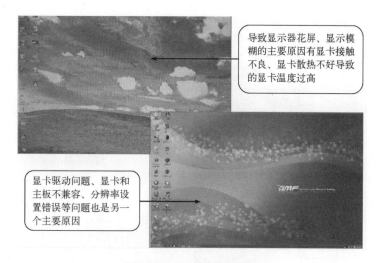

导致显示器花屏、显示模糊的主要原因有显卡接触不良、显卡散热不好导致的显卡温度过高

显卡驱动问题、显卡和主板不兼容、分辨率设置错误等问题也是另一个主要原因

图 24-2　显示器显示模糊

检查显卡的金手指是否有脱落的现象

打开主机箱，仔细观察显卡电路板是否有划痕，电容等元器件是否有损坏或者烧焦

如果显卡不能得到很好的散热，也会导致系统产生一系列故障。所以一定要仔细检查显卡的散热器是否存在问题。如果散热器内淤积了大量灰尘，要及时进行清理

图 24-3　检查显卡外观

在排查显卡连接问题的时候，主要从以下几个方面进行检查，如图 24-4 所示。

问答 7：如何通过检测显卡驱动来诊断显卡故障？

驱动程序是硬件的"灵魂"，如果显卡的驱动程序出现问题，则可能导致不同程度的系统故障。判断是否因为显卡驱动程序问题引起的系统故障，可以进入"设备管理器"查看。当有黄色问号提示时，说明驱动程序存在问题，如图 24-5 所示。这类问题处理起来比较简单，只要安装或者更新显卡驱动程序即可。

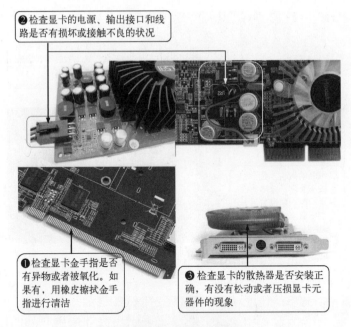

❷检查显卡的电源、输出接口和线路是否有损坏或接触不良的状况

❶检查显卡金手指是否有异物或者被氧化。如果有，用橡皮擦拭金手指进行清洁

❸检查显卡的散热器是否安装正确，有没有松动或者压损显卡元器件的现象

图24-4　检查显卡故障

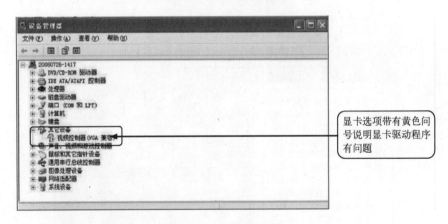

显卡选项带有黄色问号说明显卡驱动程序有问题

图24-5　显卡驱动异常

24.1.3　显卡故障诊断维修流程

当显卡出现故障后，一般可以按照下面的步骤进行检修。

第1步：擦金手指

当显卡出现问题后，第一步就是用橡皮擦擦拭显卡的金手指。这样可以解决由于金手指氧化导致的显卡与主板接触不良问题。在维修显卡的过程中，有很多"疑难杂症"都可以通过清洁金手指而化解掉。如图24-6所示为显卡的金手指。

图24-6　显卡的金手指

第 2 步：检查显卡表面

接下来仔细检查显卡表面，看显卡上有没有损坏的元器件。如果有，以此为线索进一步检修，通常可以快速查到显卡故障的原因，从而迅速排除故障。

第 3 步：查显卡的资料

某些型号的显卡可能在设计上有缺陷，存在一些通病，有的甚至被厂家召回，查到这些资料，也就找到了解决问题的捷径。

第 4 步：清洗显卡的 GPU

由于显卡大概有 50% 的问题都出在 GPU（显示芯片）上，因此笔者认为清洗显卡的GPU（无水乙醇清洗）并加焊 GPU 引脚（或者做 BGA），一般能够解决很多显卡的故障。

第 5 步：测量显卡的供电电压及 AD 线对地阻值

用万用表测量显卡供电电路的电压输出端对地阻值和 AD（地址数据线）线对地阻值，测量各个元器件。

第 6 步：检查显存芯片

如果遇到显卡花屏或死机等故障，可以用 MAST 等测试软件测试显卡的显存芯片。如果显存有问题，更换显存芯片。如图 24-7 所示为显卡显存芯片。

第 7 步：刷新显卡 BIOS 芯片

显卡 BIOS 芯片主要用于存放显示芯片与驱动程序之间的控制程序，另外还存有显卡的型号、规格、生产厂家及出厂时间等信息。当它内部的程序损坏后，会造成显卡无法工作（黑屏）等故障。对于 BIOS 程序损坏的故障，可以通过重新刷新 BIOS 程序来排除故障。

图 24-7　显卡显存芯片

24.2　实战：显卡故障维修

24.2.1　无法开机，报警声一长两短

故障现象： 故障电脑在清理完故障电脑内部的灰尘后，再开机就无法启动了，显示器没有信号，主机发出一长两短的报警声。

故障分析： 根据一长两短的报警声判断，这是由显卡连接故障造成的无法开机。

故障处理： 打开机箱，查看显卡连接。发现显卡没有完全插到显卡插槽中，一部分金手指露在外面。重新拔插显卡，开机再试，能够正常启动电脑了。

24.2.2　无法开机，显示器没有信号，没有报警声

故障现象： 有一段时间没使用电脑，再次开机时电脑无法启动了，显示器没有信号，机箱也没有报警声，但电源指示灯能亮。

故障分析： 根据故障现象推断可能是以下硬件故障导致的不能开机。

（1）CPU 故障。

（2）内存故障。

(3) 显卡故障。

(4) 主板故障。

(5) 电源故障。

故障处理：用替换法逐个检测硬件从而找到故障。

(1) 替换 CPU，发现 CPU 正常。

(2) 替换内存，发现内存正常。

(3) 替换显卡，发现显卡不能正常工作。

(4) 进一步查看显卡，发现显卡的金手指上有细微氧化。

(5) 用橡皮轻轻擦掉显卡金手指上的氧化物，再装好电脑，开机测试，电脑可以启动了。

(6) 判断是显卡金手指氧化造成显卡接触不良，导致电脑不能启动。

24.2.3 电脑必须重新拔插显卡才能启动

故障现象：以前电脑不能启动，必须将显卡拔下来重新插上才能启动，今天无论怎么重插显卡也不能启动了。

故障分析：根据故障现象分析，应该是显卡或显卡与主板连接部分存在问题，导致电脑不能启动。

故障处理：

(1) 用替换法检测显卡，发现显卡在别的电脑上没有问题。

(2) 仔细检查主板上的显卡插槽，发现插槽内的弹簧有一处变形。

(3) 用小镊子将变形的弹簧掰回原状。

(4) 开机测试，发现电脑可以正常启动了。

24.2.4 显卡无明显故障现象的损坏导致电脑无法启动

故障现象：电脑使用一年多，一直很正常，今天突然无法启动，显示器没有信号，机箱没有报警。

故障分析：电脑无法启动，机箱没有报警，可能是因为硬件存在问题，CPU、内存、显卡、主板、电源存在问题都有可能造成电脑无法启动。

故障处理：

(1) 用替换法测试 CPU、内存、显卡，发现显卡不能工作。

(2) 仔细检查显卡，没有发现明显问题。

(3) 更换显卡，开机测试，电脑能够正常启动。

(4) 判断为显卡损坏导致的电脑不能正常启动。

24.2.5 显存老化导致死机

故障现象：电脑使用一段时间后，出现频繁死机，以为是系统问题，重装系统后故障依然存在。

故障分析：重装系统后故障依然存在，说明是硬件问题导致的电脑死机，应该用替换法逐个检查 CPU、内存、主板、显卡、电源等设备。

故障处理：用替换法检测发现显卡存在问题，进一步测试显卡发现，显卡的显存性能降低。给显卡更换显存后，重新测试，电脑可以正常启动。

24.2.6　玩游戏时死机

故障现象：电脑最近玩游戏时经常死机，怀疑是系统问题，重装系统后故障依然存在。

故障分析：由于电脑是玩游戏时死机，因此排除了系统问题，多半是因为硬件设备过热引起的。

故障处理：

（1）开机后进入 BIOS 设置界面。

（2）查看电脑温度，发现 CPU 和主板的温度都不高。

（3）打开机箱查看，发现显卡风扇转动很慢，用手触摸显卡芯片和散热片，发现温度很高。

（4）更换显卡风扇，检查风扇转动正常。

（5）再开机测试，发现电脑没有再发生死机。

（6）判断是因为显卡上的散热器风扇故障，致使显卡温度过高，导致电脑死机。

24.2.7　显卡不兼容导致死机

故障现象：将显卡升级为耕昇 GTX650 后，电脑无法启动了，显示器没有信号，机箱也没有报警。

故障分析：因为是更换显卡导致的电脑无法启动，所以应该着重检测显卡的好坏。

故障处理：用替换法测试，将显卡换到另一台电脑上，发现电脑可以正常启动，将原有显卡装在故障电脑上，发现电脑也可以正常启动。说明电脑和显卡都没有问题，这说明显卡和电脑之间存在不兼容问题，更换了同型号的另一块显卡后，再开机测试，发现电脑可以正常启动了。判断是第一块显卡与故障电脑之间不兼容。

24.2.8　显卡不兼容导致无法安装驱动

故障现象：电脑以前玩游戏时很卡，升级成为新的镭风 HD6750，但是新显卡的驱动老是安装不上，以为是系统问题，重装了系统后，显卡驱动依然无法安装。查看设备管理器，发现显卡选项上有一个黄色叹号。

故障分析：无法安装驱动，但不影响开机，说明系统可以检测到显卡，但无法识别显卡。造成这个种情况可能是由于显卡上有损坏的元件、资源冲突或设备间不兼容。

故障处理：

（1）查看设备管理器，显卡上没有资源冲突。

（2）先用替换法检测显卡，将显卡放在别的电脑上，检测得显卡本身可以使用。

（3）用其他显卡装在故障电脑上，测试发现，电脑也可以使用，驱动程序也可以安装。

（4）更换同型号的其他显卡，开机测试，电脑可以正常使用，驱动程序也可以安装了。

（5）判断应该是显卡与主板之间不兼容造成的驱动无法安装。

24.2.9 集成显卡显存太小导致游戏出错

故障现象：电脑是最近组装的，玩游戏时总是显示显存太少的错误。

故障分析：提示显存少，可能是因为显卡的显存损坏，导致显存不足，但这个显卡是主板集成的，是由内存的一部分来充当的显存。

故障处理：查看显存的大小只有 16 MB，一般游戏都需要超过 16 MB 的显存。重启电脑，按〈Del〉键进入 BIOS 设置页面，将主板集成显卡的显存从 16 MB 调整为 64 MB。保存后重启电脑，测试发现没有再出现显存小的提示。

24.3 高手经验总结

经验一：显卡故障通常会造成电脑无法开机，当显卡问题导致无法开机时，通常都是显卡与主板接触不良，或有兼容性问题引起的，可以用橡皮擦拭显卡的金手指来解决接触不良问题。

经验二：显卡是发热大户，散热系统对显卡的稳定工作很重要，因此要定期清理显卡散热风扇上的灰尘，保持散热风扇能正常工作。

经验三：显卡的供电对显卡稳定工作很重要，因此在显卡出现问题后，不要忘了检查显卡的电源线是否接好。

第25章

U 盘故障维修实战

学习目标

1. 了解 U 盘常见故障
2. 掌握 U 盘故障的诊断方法
3. U 盘故障维修实战

25.1 知识储备

U 盘是基于 USB 接口的、以闪存（Flash）芯片为存储介质的新一代存储设备。U 盘体积小巧，适合随身携带，能够在各种主流操作系统及硬件平台之间进行大容量数据存储及交换，是理想的移动办公及数据存储交换产品。

25.1.1　学会分辨 U 盘故障

问答 1：U 盘常见故障有哪些?

U 盘常见故障现象如下。

（1）将 U 盘插入电脑后，出现"无法识别的设备"错误提示。

（2）将 U 盘插入电脑后，电脑没有反应，无法识别 U 盘。

（3）双击 U 盘盘符时，提示"磁盘还没有格式化"。

（4）打开 U 盘盘符，里面都是乱码。

（5）向 U 盘中存储文件时出错。

问答 2：哪些原因会造成 U 盘故障?

造成 U 盘故障的主要原因如下。

（1）U 盘 USB 接口插座接触不良或损坏。

（2）U 盘闪存芯片接触不良或损坏。

（3）U 盘时钟电路故障。

（4）USB 接口电路故障。

（5）U 盘供电电路故障。

（6）U 盘主控芯片引脚虚焊或损坏。

25.1.2　诊断 U 盘故障

问答 1：如何诊断 U 盘插入电脑后无法被识别的故障?

U 盘插入电脑后无法被识别的故障一般是由于 U 盘数据线损坏或接触不良、U 盘 USB 接口接触不良或损坏、U 盘的供电不正常、U 盘时钟电路问题、U 盘主控芯片损坏、电脑 USB 接口损坏等引起。

该故障的维修方法如下。

（1）检查 U 盘是否正确插入了电脑 USB 接口，如果使用了 USB 接口延长线，最好去掉延长线，直接插入 USB 接口。

（2）如果 U 盘插入正常，接着将 U 盘插入另一个 USB 接口测试，同时也可以用其他 USB 设备接到电脑中测试。

（3）如果电脑的 USB 接口正常，接着查看电脑 BIOS 中的 USB 选项设置是否为"Enable"（有效的）。如果不是，将其设置为有效的。

（4）如果 BIOS 设置正常，接着拆开 U 盘检查 USB 接口插座是否虚焊或损坏。如果是，重新焊接或更换 USB 接口插座；如果 USB 接口插座正常，接着测量 U 盘的供电电压是否正常。如果 USB 接口不正常，检测 U 盘供电电路中的稳压管等元器件的故障。

（5）如果供电电压正常，接着检测 U 盘时钟电路中的晶振等元器件。如果元器件损坏，更换损坏的元器件。如果时钟电路正常，则可能是 U 盘的主控芯片有故障。检测主控芯片的供电，并加焊主控芯片，如果不行，更换主控芯片。

■ **问答 2：如何诊断 U 盘插入电脑后出现错误提示的故障？**

将 U 盘插入电脑后出现错误提示故障一般是由于 U 盘的 USB 接口电路故障、U 盘时钟电路故障或主控芯片故障等引起的。

该故障的维修方法如下。

（1）当把 U 盘插入电脑后出现"无法识别的设备"错误提示时，首先拆开 U 盘检测 USB 接口电路中的电容、电阻等元器件。如果有损坏的，更换损坏的元器件即可。

（2）如果没有损坏的元器件，接着检测 U 盘时钟电路中的晶振、谐振电容等元器件是否正常。如果有损坏的元器件，更换损坏的元器件即可。

（3）如果时钟电路没有损坏的元器件，则可能是主控芯片工作不良引起的。接着检测主控芯片的供电电压、接触不良（重新加焊主控芯片）问题。如果不行，可以试换主控芯片。

■ **问答 3：如何诊断 U 盘无法保存文件的故障？**

U 盘无法保存文件故障一般是由闪存芯片、主控芯片及 U 盘固件引起的。

该故障的维修方法如下。

（1）用 U 盘的格式化工具将 U 盘格式化，看故障是否消失。如果故障依旧，接着拆开 U 盘外壳，检查闪存芯片与主控芯片间的线路中是否有损坏的元器件或断线故障。如果有损坏的元器件，更换损坏的元器件即可。

（2）如果没有损坏的元器件，接着检测 U 盘闪存芯片的供电电压（3.3 V）是否正常。如果供电电压不正常，检测供电电路故障；如果供电电压正常，重新加焊闪存芯片，然后看故障是否消失。

（3）如果故障依旧，更换闪存芯片，然后再进行测试。如果更换闪存芯片后，故障依旧，则是主控芯片损坏，试换主控芯片即可。

25.2　实战：U 盘故障维修

25.2.1　U 盘插入电脑后无法被识别

1. 故障现象

一个爱国者 2 GB 的 U 盘，插到电脑后无法被电脑检测到。

2. 故障诊断

根据故障提示分析，造成此故障的原因主要有以下几方面。

（1）U 盘接触不良。

（2）电脑 USB 接口损坏。

（3）U 盘 USB 接口损坏。

（4）U盘电路有问题。

（5）感染病毒。

3. 故障处理

（1）首先将U盘插入电脑另一个USB接口进行测试，如果可以正常使用U盘，则是电脑USB接口的问题。

（2）如果故障依旧，接着打开U盘的外壳，检查U盘的USB接口。如果USB接口脱焊，重新焊接即可。

（3）如果USB接口正常，接着检测USB接口到主控芯片间的线路及主控芯片，更换损坏的元器件。

25.2.2 将U盘插入电脑后出现"无法识别的设备"提示，无法使用U盘

1. 故障现象

将一个金士顿U盘插入一台双核电脑后，电脑提示"无法识别的设备"，无法使用U盘。

2. 故障诊断

根据故障现象分析，造成此故障的主要原因如下。

（1）感染病毒。

（2）U盘驱动程序损坏。

（3）操作系统损坏。

（4）电脑USB接口问题。

（5）U盘接口问题。

（6）U盘电路故障。

3. 故障处理

（1）用杀毒软件查杀电脑病毒后，插入U盘进行测试。如果故障依旧，接着将U盘插入另一台正常的电脑进行检测，发现电脑依旧无法识别U盘，看来是U盘的问题引起的故障。

（2）拆开U盘的外壳，检查U盘接口电路，发现U盘USB接口电路中"+Data"数据线连接的电阻损坏，导致电脑无法识别U盘。

（3）更换损坏的电阻，更换后将U盘接入电脑测试，发现电脑可以正常检测到U盘，故障排除。

25.2.3 2GB U盘插入电脑后只能检测到2MB的容量

1. 故障现象

一个紫光的2GB U盘插入电脑后，发现在电脑中检测到的"可移动磁盘"的容量只有2MB。

2. 故障诊断

根据故障现象分析，造成此故障的原因主要有以下几方面。

（1）电脑感染病毒。

（2）U盘固件损坏。

（3）U 盘主控芯片损坏。

3. 故障处理

（1）用杀毒软件查杀电脑病毒之后，插入 U 盘进行测试。如果故障依旧，接着准备刷新 U 盘的固件。

（2）先准备好 U 盘固件刷新的工具软件，然后重新刷新 U 盘的固件。

（3）刷新后，将 U 盘接入电脑进行测试，发现 U 盘的容量又恢复正常，而且 U 盘使用正常，故障排除。

25.2.4　打开 U 盘后提示"磁盘还没有格式化"

1. 故障现象

一个金士顿 DT101 U 盘，将其插在电脑上，双击其图标出现提示"磁盘还没有格式化"，但其实已经进行了格式化操作。将 U 盘插到别的电脑上还是出现这个提示。

2. 故障诊断

这个故障一般是 U 盘固件损坏造成的。

3. 故障处理

从 U 盘官方网站下载固件修复工具，对 U 盘进行修复后，U 盘就可以正常使用了。

25.2.5　电脑无法识别 U 盘

1. 故障现象

一个金邦 GL2 U 盘，将其插在电脑上，系统无法识别设备，换到其他电脑上依然无法识别。

2. 故障诊断

在不同的电脑上都无法识别设备，说明是 U 盘本身存在问题。能够检测到有设备接入电脑，说明有供电提供到 U 盘。那么就是 U 盘本身损坏或数据接口线 + Data 和 − Data 不通了。

3. 故障处理

打开 U 盘外壳，用万用表测试四条接口线，发现供电线正常，+ Data 线没有信号。顺着故障线路检查，发现电路上一个电阻断路。更换同型号电阻后，再插上电脑测试，U 盘可以使用了。

25.2.6　将 U 盘插到电脑上没有任何反应

1. 故障现象

用户将 U 盘插入到电脑上后，电脑没有检测到 U 盘，找不到可移动磁盘。

2. 故障诊断

根据故障现象分析，将 U 盘插入电脑后没有反应，可能是 U 盘损坏，或电脑的 USB 接口有问题所致。

3. 故障处理

（1）检查电脑的 USB 接口，未发现异常。

（2）将 U 盘插入到其他电脑测试，故障依旧。

（3）怀疑 U 盘损坏，拆开 U 盘，检查 U 盘的电路。测量 USB 接口附近的元器件，发现一个保险电感断路。更换保险电感后，将 U 盘插入电脑测试，电脑可以正常识别 U 盘，故障排除。

25.2.7 打开 U 盘时，提示"磁盘还没有格式化"等

1. 故障现象

一块 U 盘，可以正常被识别，但打开时提示"磁盘还没有格式化"，系统又无法格式化，或提示"请插入磁盘"，打开 U 盘里面都是乱码、容量与本身不相符等。

2. 故障诊断

根据故障现象分析，此故障一般与 U 盘硬件本身没有太大问题，只是软件问题，可能是 U 盘的固件出现了问题。

3. 故障处理

（1）用替换法检测 U 盘，发现 U 盘本身有问题。

（2）在网上下载 U 盘固件修复工具，在电脑上安装修复工具后，用修复功能修复后进行测试，U 盘可以正常使用，故障排除。

25.3 高手经验总结

经验一：U 盘的故障多数与电路有关系，有些用户在使用 U 盘的过程中，经常摔 U 盘或保存不当，造成 U 盘电路中的元器件接触不良，导致 U 盘的故障。

经验二：当 U 盘的固件损坏后，经常会出现"磁盘还没有格式化"等提示，这时可以使用 U 盘固件修复工具进行修复。

第(26)章

</>
鼠标/键盘故障维修实战

![学习目标图标] 学习目标

1. 了解鼠标和键盘常见故障
2. 掌握鼠标故障的诊断方法
3. 掌握键盘故障的诊断方法
4. 鼠标和键盘常见故障维修实战

![学习效果图标] 学习效果

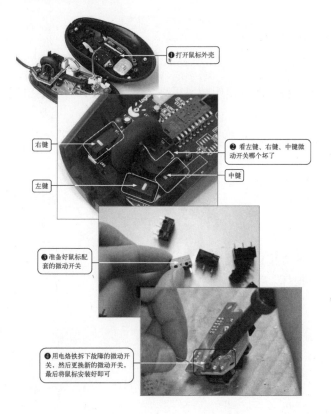

❶ 打开鼠标外壳

右键

❷ 看左键、右键、中键微动开关哪个坏了

中键

左键

❸ 准备好鼠标配套的微动开关

❹ 用电烙铁拆下故障的微动开关，然后更换新的微动开关，最后将鼠标安装好即可

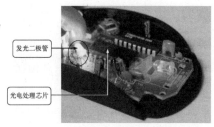

发光二极管

光电处理芯片

26.1　知识储备

键盘和鼠标是使用最频繁的设备，因此键盘和鼠标出现问题而引起电脑故障的概率也比较大。键盘和鼠标维修起来不是十分困难。本章介绍了这两种设备的诊断思路、维修方法和维修实例。

26.1.1　学会分辨键盘/鼠标的故障

问答1：键盘常见故障有哪些?

键盘是电脑中最常用的输入设备之一，由于键盘的使用频率较高，因此它也是容易出故障的一个设备。

键盘的常见故障现象如下。

（1）开机时显示"Keyboard Error"（键盘错误）提示。

（2）键盘按键按下后不能弹起。

（3）系统中无法使用键盘。

造成键盘故障的主要原因有以下方面。

（1）键盘接口接触不良。

（2）键盘损坏。

（3）主板上的键盘接口损坏。

（4）键盘按键损坏。

（5）键盘电路板被污染。

问答2：鼠标常见故障有哪些?

鼠标是电脑中最常见、最常用的输入设备，而且使用频率很高，时间一长，难免要出现一些故障。

鼠标的常见故障现象如下。

（1）鼠标按键失灵。

（2）电脑找不到鼠标。

（3）鼠标指针移动不灵活。

（4）鼠标定位不准。

造成鼠标故障的主要原因有以下几方面。

（1）鼠标与主机连接的USB接口或PS/2接口接触不良。

（2）主板上的USB接口或PS/2接口损坏。

（3）鼠标线路接触不良。

（4）鼠标彻底损坏。

（5）鼠标驱动程序丢失或损坏。

（6）鼠标按键损坏。

（7）鼠标光电设备损坏。

26.1.2 诊断键盘故障

问答1：怎样清洁键盘灰尘？

键盘用久了以后会变得非常脏，而且键盘缝隙内会积满灰尘、杂物等，清洁键盘可以让键盘焕然一新，还能延长键盘的使用寿命。

清洁键盘的一般方法如下。

（1）拍打键盘：关掉电脑电源，取下键盘。在桌子上放一张报纸，把键盘翻转朝下，拍打并摇晃，会发现键盘中有许多异物被拍打出来。

（2）吹掉杂物：使用吹风机对准键盘按键上的缝隙吹，以吹掉附着在其中的杂物。

（3）反复拍打和吹风：重复上面两个操作，直至键盘内藏匿的杂物全部清除为止。

（4）擦洗表面：用湿抹布来擦洗键盘表面，尤其是常用的按键表面。如果用水无法擦出键帽上的污渍，可以尝试用洗涤灵或牙膏来擦拭。

（5）消毒：键盘擦洗干净后，不妨再蘸上酒精、消毒液等进行消毒处理，最后用干布将键盘表面擦干即可。此外，如果用酒精对电脑进行杀毒灭菌时，很有可能会腐蚀键盘表面的防护层，使其敏感度降低，所以不要让酒精沾到键盘的电路板上。

彻底清洗：如果以上清洁方法还不能满足你对键盘的清洗要求，可以给键盘来一次彻底的大清洗。将每个按键的帽儿拆下来。普通键盘的键帽部分是可拆卸的，可以用小螺丝刀把它们撬下来，按照从键盘区的边角部分向中间部分的顺序逐个进行，空格键和〈Enter〉键等较大的按键帽较难恢复原位，所以尽量不要拆。如图 26-1 所示为拆卸下键帽的键盘。

图 26-1 拆卸下键帽的键盘

为了避免遗忘这些按键帽的位置，可以用相机将键盘布局拍下来或对照其他的键盘键位进行安装。拆下按键帽后，可以将其浸泡在洗涤剂或消毒溶液中，并用绒布或消毒纸巾仔细擦洗键盘底座。

另外，现在有一种类似胶泥的胶状物，叫作键盘灰尘去除胶，也可以用来轻松地清理键盘表面的污垢和缝隙的灰尘，只不过需要另外购买，如图 26-2 所示。

问答2：如何更换键盘橡胶垫？

键盘使用久了以后，会出现按键绵软不回弹，按键输入反应慢，甚至有的按键打不出字的情况。别急，只要更换新的键盘橡胶垫，就能让键盘焕发新春了。如图 26-3 所示为键盘橡胶垫。

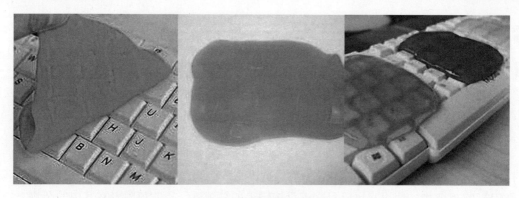

图 26-2　键盘灰尘去除胶

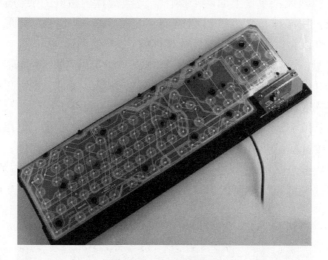

图 26-3　键盘橡胶垫

具体操作方法如下。

（1）关闭电脑，取下键盘。

（2）将键盘面朝下，拧下背面的螺丝。

（3）将键盘盖轻轻取下，注意不要让键盘帽跳得到处是。

（4）将老旧的键盘垫取下来，更换新垫。

（5）重新安装键盘，上好螺丝。键盘就会恢复原有的弹性和手感了。

问答3：如何诊断键盘按键不回弹故障？

有的键盘个别按键按下去之后，不会自动弹起，这是因为键盘上的橡胶垫老化或者断裂了。问答2讲过了更换键盘橡胶垫的方法，这里讲一讲不更换整个橡胶垫，只更换其中一两个按键的方法。如图26-4所示为废旧键盘上的橡胶垫。

（1）打开键盘。

（2）将问题键的橡胶垫用剪刀剪下来。

（3）将废旧键盘的橡胶垫上弹性好的部分剪下来。

（4）将弹性好的橡胶垫换到待维修的键盘上，用双面胶固定住。

（5）将键盘装好，这样就不必为了一个按键而更换整个橡胶垫了。

图 26-4　废旧键盘上的橡胶垫

问答 4：如何诊断线路板断路和键盘按键打不出字的故障？

键盘上有一两个键，按下之后没有任何反应。如果是几十块钱的键盘，就没有必要维修了，直接换一个新的就好了。如果是几百块钱的高档键盘，可以尝试维修。

打开键盘，发现键盘里面都是这样的结构，即三层薄膜，其中上下两层印有印刷线路，中间一层有起隔离作用的圆孔。

用万用表测量一下故障键的线路，即测量这个键下面圆点周围的线路通不通，如果有线路不通，可以用一根细铜丝（电线里的铜丝就行），在下层的薄膜中用缝衣针在断了的线路前后面各戳几个小孔把细铜丝从它的背面穿入（即从没有线路的面穿入），在穿入的两头把它弯曲成 U 型或 O 型，使细铜丝有较多的面积与线路接触，然后用粘胶纸将它重重地粘牢，让细铜丝与线路接触良好，最后用万用表量一下线路通不通，如果通了就装回去，不通的话，检查铜丝是不是未粘好。

问答 5：如何诊断键盘线路板出现氧化故障？

键盘的线路板有时候会出现氧化，这与板卡管脚的氧化情况是一样的，可以使用同样的方法，即用橡皮擦的方法来去除氧化层，如图 26-5 所示。

图 26-5　用橡皮擦去键盘线路板上的氧化层

问答 6：如何诊断键盘线路板薄膜变形故障？

键盘线路板薄膜长期受压时，可能会导致薄膜变形粘在一起，只要用绝缘胶布贴在粘在一起的部分，注意不要盖住触点，就可以将薄膜分开了，如图 26-6 所示。

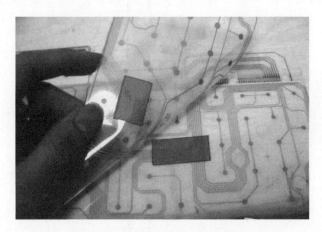

图 26-6　用绝缘胶布分开线路板薄膜

■　**问答 7：如何诊断无线键盘故障？**

　　无线键盘故障主要是由供电电池盒接触不良和无线发射端接收端损坏造成的。电池盒接触不良很容易修复，如果是发射端和接收端损坏，就必须更换。如图 26-7 所示为无线键盘的电池盒。

图 26-7　无线键盘的电池盒

26.1.3　诊断鼠标故障

　　鼠标在实际生活中修理得实在不多，一般都是遇到问题就换新的，罗技之类的高档产品还是可以修一下的。

　　鼠标的故障现象很少，基本都是左键或右键不管用了、鼠标指针不能移动了、鼠标指针漂移、鼠标一插就死机等等。

■　**问答 1：如何诊断鼠标左键或右键不管用故障？**

　　如果发现鼠标左键或右键不好用了，可以通过下面的方法进行修复，如图 26-8 所示。

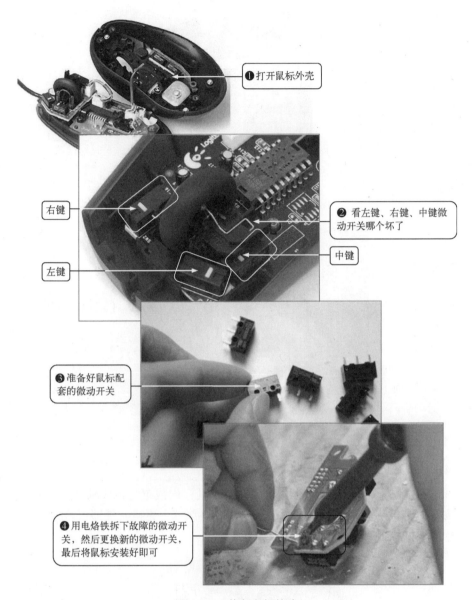

❶ 打开鼠标外壳

右键

❷ 看左键、右键、中键微动开关哪个坏了

中键

左键

❸ 准备好鼠标配套的微动开关

❹ 用电烙铁拆下故障的微动开关，然后更换新的微动开关，最后将鼠标安装好即可

图 26-8　修复鼠标故障

问答 2：如何诊断鼠标指针不能移动故障？

　　造成鼠标指针不能移动的原因有两种可能，一是鼠标的芯片损坏了，这个概率较低，二是 LED 灯或折射透镜损坏了。

　　如果是芯片损坏，就没有什么修的价值了，直接买个新的吧。如果是 LED 灯或折射透镜坏了，也很容易发现，用眼睛看就能确定，更换也很简单。如图 26-9 所示为鼠标的 LED 灯和折射透镜。

问答 3：如何诊断鼠标指针漂移故障？

　　鼠标指针漂移，这个问题与上一个差不多，也可以通过更换折射透镜来维修。如果更换了还不能解决问题，就买个新的吧。如图 26-10 所示为卸下的 LED 灯和折射透镜。

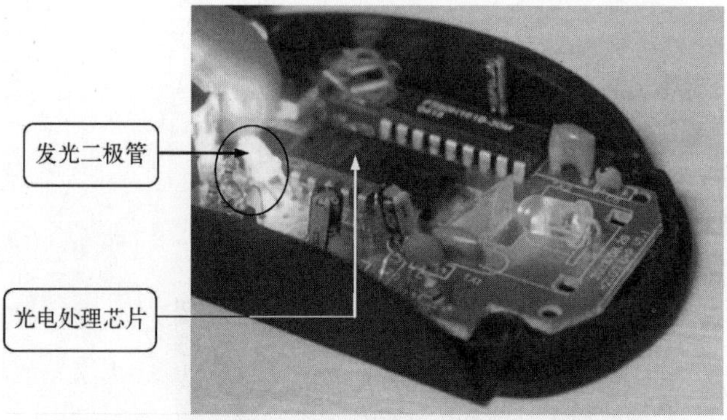

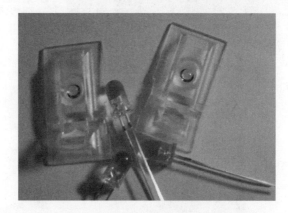

图 26-9　鼠标的 LED 灯和折射透镜

图 26-10　卸下的 LED 灯和折射透镜

问答 4：如何诊断鼠标一插就死机故障？

鼠标一插到电脑上，电脑就会死机，这是因为鼠标内或鼠标的 USB 接口处有短路的现象。只要按照电路，使用万用表逐段测量，找到短路部分，更换元件即可修好。如图 26-11 所示为鼠标内部结构。

图 26-11　鼠标内部结构

➡ ➡ ➡ ➡

■ 问答 5：如何诊断无线鼠标故障？

无线鼠标的故障主要是电池盒接触不良和无线发射端和接收端损坏。电池盒接触不良很容易修复，如果是无线发射端和接收端损坏，就必须更换。如图 26-12 所示无线鼠标的内部结构。

图 26-12　无线鼠标的内部结构

26.2　实战：键盘/鼠标故障维修

26.2.1　键盘接口损坏引起无法启动

1. 故障现象

一台电脑，由于装修搬动了电脑，重新接好后，开机自检时屏幕提示 "Keyboard Error Press F1 to Resume"，但按〈F1〉键后死机。

2. 故障诊断

根据故障现象分析，造成此故障的原因主要有以下几方面。

（1）键盘接口接触不良。

（2）键盘损坏。

（3）主板键盘接口损坏。

3. 故障处理

首先将键盘接头拔下，检查键盘接头，发现键盘接头的插针被插弯，将键盘接头中弯曲的插针用镊子等工具弄直后，再将其小心插入主板键盘接口，开机后，启动到 Windows 桌面，且键盘可以正常使用，故障排除。

26.2.2　键盘按键不起作用

1. 故障现象

一款摩西键盘，开始使用正常，但最近用时发现，数字键 2 和 4 不起作用了。

2. 故障诊断

根据故障现象分析，造成此故障的原因主要有以下几方面。

（1）键盘内部的电路板上有污垢。

（2）键盘按键接触不良。

（3）键盘电路断路。

3. 故障处理

（1）怀疑键盘内部电路有问题，首先打开键盘外壳，发现数字键 2 和 4 对应的电路板上有很多污垢。

（2）用软毛刷将电路板上的污垢清除，同时用无水酒精清洗这两个按键下面与键帽接触的部分，透明薄膜下面也一同清洗，安装好键盘，然后接入电脑进行测试，故障排除。

26.2.3 键盘按键连键

1. 故障现象

一款 Dell 键盘，在录入文字时，按一个键同时出现两到三个字母。

2. 故障诊断

根据故障现象分析，造成此故障的原因主要是键盘电路板有短路的地方。

3. 故障处理

首先检查键盘电路板，拆开键盘检查故障按键下面对应的电路板，发现电路板上有一些金属粉末，找到导致电路短路的原因。用软毛刷将金属粉末清除，再用无水酒精擦洗干净后，接入电脑并输入文字，发现故障排除。

26.2.4 键盘接触不良

1. 故障现象

一台双核电脑，启动自检时，键盘的"Num Lock"灯亮，"Caps Lock"灯闪了一下，正常启动后，键盘不起任何作用。

2. 故障诊断

根据故障现象分析，造成此故障的原因主要有以下几方面。

（1）键盘接口接触不良。

（2）键盘损坏。

（3）主板键盘接口故障。

3. 故障处理

（1）将键盘接头拔下，重新插入，然后开机自检，故障依旧。

（2）将键盘接到另一台电脑中，键盘可以正常使用，看来主板键盘接口有故障。

（3）打开机箱，发现机箱中有很多灰尘，清洁主板及机箱上的灰尘后，接上键盘开机，键盘正常，故障排除。

26.2.5 键盘按键无反应

1. 故障现象

一款明基键盘，一直使用正常，但最近发现个别键轻轻敲击无反应，使劲按才有反应。

2. 故障诊断

根据故障现象分析，此故障可能是键盘电路故障引起的。

3. 故障处理

首先拆开键盘，检查键盘电路，发现失灵键所在列的导电层线条与某引脚相连处有虚焊现象。将其重新加焊后，故障排除。

26.2.6　鼠标指针不动

1. 故障现象

一台新装的四核电脑，鼠标为双飞燕光电鼠标，使用一直正常。在今天上网时，鼠标指针突然不动了，但键盘还可以用。

2. 故障诊断

根据故障现象分析，造成此故障的原因主要有以下几方面。

（1）系统感染病毒。

（2）系统损坏。

（3）鼠标损坏。

（4）鼠标与主机接触不良。

3. 故障处理

（1）怀疑系统文件出现问题，首先重启电脑，并在启动时按〈F8〉键，选择"最后一次正确的配置"选项，将系统注册表恢复，启动后鼠标还是不能动。

（2）由于电脑的杀毒软件每天都升级，感染病毒的概率较小，因此先检查鼠标与主机的连接，发现鼠标 USB 接口上的接头有些松动，重新插紧后，发现鼠标可以正常使用，故障排除。

26.2.7　鼠标不能使用

1. 故障现象

某公司的电脑，开机后鼠标不能用，以为是鼠标与主机接触不良，将鼠标重新连接后，故障依旧。将鼠标接到其他电脑后，开机依然找不到鼠标。

2. 故障诊断

根据故障现象分析，应该是鼠标故障导致的鼠标不能用故障。

3. 故障处理

打开鼠标外壳检查，发现鼠标的电缆线与电路板的连接处有断的线，将其重新焊接后，开机测试，故障排除。

26.2.8　光电鼠标漂移

1. 故障现象

一只现代光电鼠标，使用一段时间后，出现指针漂移现象。

2. 故障诊断

根据故障现象分析，造成此故障的原因主要有以下几方面。

（1）鼠标接触不良。

（2）电脑感染病毒。

（3）鼠标电路板故障。

（4）光路屏蔽不好。

3. 故障处理

（1）怀疑鼠标接触不良，重新连接后故障依旧。

（2）以为感染病毒，用杀毒软件查杀病毒后，未发现病毒。

（3）将鼠标接到另一台电脑上，出现同样的故障，看来是鼠标内部有问题。

（4）打开鼠标外壳，检测鼠标电路，未发现异常。由于鼠标是透明造型设计，怀疑鼠标光路屏蔽不好，周围强光干扰，形成干扰脉冲导致指针漂移。

（5）将鼠标放在较暗的环境中移动鼠标，发现故障消失，看来是鼠标光路屏蔽问题引起的故障，一般只能更换鼠标，将鼠标更换后故障排除。

26.2.9 光电鼠标灵敏度下降

1. 故障现象

一只微软光电鼠标，以前一直使用正常，最近出现灵敏度下降、不听使唤的现象。

2. 故障诊断

根据故障现象分析，此故障可能是透镜通路脏或光敏元件老化引起的。

3. 故障处理

先清洁鼠标的透镜通路及其他部分，清洁后测试，故障依旧。怀疑是光敏元件中的发光二极管老化，更换发光二极管后测试，故障排除。

26.2.10 光电鼠标时好时坏

1. 故障现象

一只罗技鼠标，以前使用正常，最近发现鼠标指针有时能动有时不能动，时好时坏。

2. 故障诊断

根据故障现象分析，造成此故障的原因主要有以下几方面。

（1）电脑感染病毒。

（2）鼠标接触不良。

（3）鼠标损坏。

（4）鼠标线缆问题。

3. 故障处理

（1）用杀毒软件查杀病毒，未发现病毒，但在使用鼠标运行杀毒软件时，发现在动鼠标电缆时，鼠标指针会抖动，怀疑是鼠标电缆引起的故障。

（2）关机并拆下鼠标，打开鼠标的外壳，用万用表测量鼠标电缆中每根线的对地阻值，发现其中一根线的对地阻值较小，看来是电缆引起的故障。

（3）仔细检查电缆，发现电缆拐弯处有断线的痕迹，将断线处焊接好后，开机测试，故障排除。

26.2.11 光电鼠标无法工作

1. 故障现象

一只 USB 接口的光电鼠标，接在机箱的前置 USB 接口上，开机后，光电鼠标底部感应灯不亮，进入系统后无法移动光标。

2. 故障诊断

根据故障现象分析，造成此故障的原因主要有以下几方面。

（1）鼠标接触不良。

（2）鼠标损坏。

（3）主板 USB 接口故障。

3. 故障处理

首先将鼠标重新连接，连接后开机检测，故障依旧。接着将鼠标接在机箱后面的 USB 接口上，故障排除。看来是机箱前置 USB 接口损坏引起的故障。

26. 2. 12　鼠标右键失灵，左键可以用

1. 故障现象

一个罗技 M90 鼠标，由于使用了很长时间，最近突然右键失灵了，左键还可以使用。

2. 故障诊断

鼠标右键失灵，可能是由于右键按键损坏、右键电路故障。

3. 故障处理

（1）将鼠标插到另一台电脑上，右键依然不能用，说明是鼠标本身的故障。

（2）打开鼠标外壳，查看右键和右键电路，发现右键微动开关的针脚有虚焊。

（3）加焊右键微动开关的针脚。

（4）接上电脑测试，发现鼠标右键能够使用了。

26. 2. 13　鼠标指针飘忽不定

1. 故障现象

一个双飞燕鼠标，使用一段时间后，鼠标突然变得指针满屏幕乱闪，根本无法使用。

2. 故障诊断

鼠标指针飘忽闪动，一般是由于鼠标主板电路故障或因光路屏蔽不好而受到外来光源影响。

3. 故障处理

（1）将鼠标插在另一台电脑上测试，发现故障依然存在。这可以确定是鼠标本身的故障。

（2）打开鼠标并查看光路，发现光路基本正常，因此可以确定是主板电路的故障了。

（3）更换主板电路的性价比不高，还不如直接换一个新鼠标。

26. 2. 14　开机提示 "Keyboard error Press F1 to Resume"

1. 故障现象

一台电脑，清理一次灰尘后重新接好，但开机出现 "Keyboard error Press F1 to Resume" 提示，按〈F1〉键后电脑还是无法启动。

2. 故障诊断

出现键盘错误、按〈F1〉键重启的提示，一般是因为键盘接触不良或键盘损坏。

3. 故障处理

拔下键盘 PS/2 插头，发现插头上有一个插针弯曲了。用小镊子将弯曲的针脚掰正，重新连接电脑，开机测试，没有再出现键盘错误的提示。

◼◼ 26. 2. 15 键盘上的〈Enter〉键按下后不弹起

1. 故障现象

一个双飞燕键盘，使用了两年多，今天〈Enter〉键按下去后不弹起了。

2. 故障诊断

按键不回弹一般是按键帽卡住或弹簧失去弹性造成的。

3. 故障处理

撬起〈Enter〉键的键盘帽，发现下面的弹簧变形了，用钳子将弹簧稍微拉伸一些，再装好键盘帽，〈Enter〉键可以自动回弹了。

26.3 高手经验总结

经验一：由于键盘和鼠标是使用频率很高的两个设备，因此这两个设备损坏的频率也是很高的，一般鼠标和键盘都经常出现按键不好使的情况。

经验二：对于鼠标按键的问题，可以更换按键的微动开关来解决。

经验三：如果键盘按键的弹性不好了，也可以将不经常使用的一些按键和损坏的按键进行更换来解决。

推 荐 阅 读

Excel 2016 办公应用从入门到精通

书号：978-7-111-53870-7

定价：65.00

Office 2016 商务办公应用从入门到精通

书号：978-7-111-52274-4

定价：79.00（含 1DVD）

PowerPoint 2016 幻灯片设计从入门到精通

书号：978-7-111-54427-2

定价：55.00

Word/Excel/PowerPoint 2016
办公应用从入门到精通

书号：978-7-111-55273-4

定价：65.00

Word/Excel 2016 办公应用从入门到精通

书号：978-7-111-54748-8

定价：65.00

推荐阅读

《黑客工具全攻略》
ISBN 号：978-7-111-49934-3
定价：65.00 元（含 1CD）

《黑客攻防大曝光——社会工程学、
计算机黑客攻防、移动黑客攻防
技术揭秘》
ISBN 号：978-7-111-56502-4
定价：89.00 元

《最新黑客攻防从入门到精通》
ISBN 号：978-7-111-49787-5
定价：69.80 元（含 1CD）